本书为国家社会科学基金重点项目“党的十八大以来党领导生态文明建设的理论创新与实践经验研究”（22AZD090）、教育部哲学社会科学研究重大专项一般项目“习近平生态文明思想对人类生态文明思想的革命及其当代价值”（2022JZD019）的阶段性成果。

生态文明与绿色发展研究报告

（2021）

RESEARCH REPORT ON ECOLOGICAL CIVILIZATION AND GREEN DEVELOPMENT（2021）

王雨辰　主编

中国社会科学出版社

图书在版编目（CIP）数据

生态文明与绿色发展研究报告. 2021 / 王雨辰主编. —北京：中国社会科学出版社，2022. 7

ISBN 978 - 7 - 5227 - 0335 - 0

Ⅰ. ①生… Ⅱ. ①王… Ⅲ. ①生态环境建设—研究报告—中国—2021 Ⅳ. ①X321. 2

中国版本图书馆 CIP 数据核字（2022）第 097644 号

出 版 人　赵剑英
责任编辑　杨晓芳
责任校对　王　冉
责任印制　王　超

出　　版　中国社会科学出版社
社　　址　北京鼓楼西大街甲 158 号
邮　　编　100720
网　　址　http://www.csspw.cn
发 行 部　010 - 84083685
门 市 部　010 - 84029450
经　　销　新华书店及其他书店

印　　刷　北京明恒达印务有限公司
装　　订　廊坊市广阳区广增装订厂
版　　次　2022 年 7 月第 1 版
印　　次　2022 年 7 月第 1 次印刷

开　　本　710 × 1000　1/16
印　　张　19
字　　数　318 千字
定　　价　98. 00 元

前　言

本年《生态文明与绿色发展报告 2021》收集的是由中国社会主义生态文明小组、北京大学马克思主义学院、中南财经政法大学哲学院联合发起，中南财经政法大学哲学院、中南财经政法大学生态文明研究院、生态文明与绿色发展中心承办的“中国社会主义生态文明研究小组”2021 年学术年会部分学术论文。“中国社会主义生态文明研究小组”在这次年会上不仅回顾和总结了近年来小组的研究成绩，规划了未来小组研究的方向和目标，而且决定力争把“中国社会主义生态文明研究小组”打造成为既具有厚实学术研究功底的“学术共同体”，又能够服务于国家的生态文明建设的智库。

在本次年会上，来自北京大学、中国人民大学、福建师范大学、中南财经政法大学等全国高校和科研机构 50 余人主要围绕“中国生态文明建设与中国形态的生态文明理论研究”“当代生态思潮与生态文明理论研究”两个主题展开了研究，本期报告反映的就是小组年会讨论的部分学术成果。

本次年会的召开和本集《生态文明与绿色发展报告》的出版得到了兄弟院校、中南财经政法大学校领导、学科发展规划办公室、科学研究院等单位的大力支持与帮助，在此一并致谢。本集《生态文明与绿色发展报告》也是国家哲学社会科学基金重点项目“党的十八大以来党领导生态文明建设的理论创新与实践经验研究”（22AZD090）、教育部哲学社会科学研究重大专项一般项目“习近平生态文明思想对人类生态文明思想的革命及其当代价值”（2022JZD019）的阶段性成果。

王雨辰

2022 年 5 月 16 号

目　　录

上编　中国生态文明建设与中国形态的生态文明理论研究

下篇　当代生态文明理论与生态思潮研究

上编 中国生态文明建设与中国形态的生态文明理论研究

生态文明建设视域下的当代中国生态扶贫进路*

郇庆治　陈艺文**

党的十八大以来，大力推进生态文明建设已经成为新时代中国特色社会主义现代化发展的标志性议题领域，其基本要求则是坚持人与自然和谐共生理念和方略，走好生态优先、绿色发展之路。而从2013年党中央正式提出精准扶贫战略之后①，全国各地积极探索生态扶贫的体制机制和政策手段，在保持或恢复地域生态环境的同时更加科学地利用当地的自然资源，促进经济社会可持续发展并改善人民群众生活，成为我国实现2020年底消除农村地区绝对贫困目标的重要战略与实践进路。随着全面建成小康社会目标的基本实现和全面建设社会主义现代化国家新征程的开启，党和政府工作的重点将更加聚焦于解决发展的不平衡不充分和不可持续问题，而这意味着包括广大脱贫地区的绿色发展在内的生态文明建设将会占据更为突出的位置。正如习近平总书记所指出的，"人民群众对清新空气、清澈水质、清洁环境等生态产品的需求越来越迫切，生态环境越来越珍贵。我们必须顺应人民群众对良好生态环境的期待，推动形成绿色低碳循环发展新方式，并从中创造新的增长点"②。基于此，本文将在生态文明及其建设话语与政策视域下系统考察我国生态扶贫政策的构建与实施过程，并对

---

* 本文系国家社科基金重大项目"习近平生态文明思想研究"（18ZDA003）、国家社科基金重点项目"习近平新时代中国特色社会主义生态文明思想研究"阶段性成果（18AKS016）。

** 郇庆治，教育部长江学者特聘教授，北京大学马克思主义学院教授、博士生导师，主要学术专长为国外马克思主义、环境政治和欧洲政治；陈艺文，北京大学马克思主义学院2019级博士研究生，主要研究方向为生态马克思主义。

① 《关于创新机制扎实推进农村扶贫开发工作的意见》，人民出版社2014年版，第3—4页。

② 中共中央文献研究室（编）：《习近平关于社会主义生态文明建设论述摘编》，中央文献出版社2017年版，第25页。

三个代表性实践案例做出初步分析，以期推动对于该议题政策领域的学理性讨论。

一 生态文明及其建设话语的三重意涵

生态文明及其建设主要作为一种政策话语，经历了一个逐步形成与不断丰富发展的历史过程，包括对新中国成立以来特别是改革开放以来我国生态环境保护治理领域的制度创新与工作经验的总结提升。[①] 2007 年，党的十七大将“生态文明建设”正式纳入中国共产党的政治意识形态和治国理政方略之中[②]，2012 年，党的十八大则确立了“生态文明建设”在中国特色社会主义“五位一体”总体布局中的地位，强调生态文明建设要融入社会主义现代化建设的各方面和全过程，从而不断拓展“生产发展、生活富裕、生态良好的文明发展道路”[③]。2017 年，党的十九大进一步将“生态文明建设”置于习近平新时代中国特色社会主义思想的宏大理论体系之下，明确要求“坚持人与自然和谐共生”，“推动形成人与自然和谐发展现代化建设新格局”[④]。在此基础上，党的十九届四中全会从国家治理体系与治理能力现代化的视角提出了建立健全生态文明制度体系的四项任务要求，“实行最严格的生态环境保护制度”“全面建立资源高效利用制度”“健全生态保护和修复制度”“严明生态环境保护责任制度”[⑤]，而党的十九届五中全会则着眼于 2035 年基本实现社会主义现代化远景目标和“十四五”规划编制，系统阐述了“推动绿色发展、促进人与自然和谐共生”的四项总体要求，即“加快推动绿色低碳发展”“持续改善环境质量”“提升生态系统质量和稳定性”“全面提高资源利用效率”[⑥]。至此，我国

---

① 郇庆治：《改革开放四十年中国共产党绿色现代化话语的嬗变》，《云梦学刊》2019 年第 1 期。

② 中共中央文献研究室（编）：《十七大以来重要文献选编》（上），中央文献出版社 2009 年版，第 16 页。

③ 中共中央文献研究室（编）：《十八大以来重要文献选编》（上），中央文献出版社 2014 年版，第 7 页。

④ 习近平：《决胜全面建成小康社会 夺取新时代中国特色社会主义伟大胜利》，人民出版社 2017 年版，第 50 页。

⑤ 《中国共产党第十九届中央委员会第四次全体会议文件汇编》，人民出版社 2019 年版，第 52—54 页。

⑥ 《中共中央关于制定国民经济和社会发展第十四个五年规划和二〇三五年远景目标的建议》，人民出版社 2020 年版，第 27—29 页。

的生态文明及其建设话语，已经不再仅仅是通常意义上的生态环境保护治理制度与政策，也不局限于与生态环境保护治理目标相关的个别性绿色经济、社会与文化举措，而是有着内容丰富而且彼此契合一致的哲学价值、政治取向和战略选择等层面上的理论意涵，构成了习近平生态文明思想。

在哲学价值观层面上，生态文明意指人（社会）与自然之间和谐共生（相处）的价值态度、伦理追求与文明愿景。其首要特征在于，人类社会（同时包括社群与个体层面）以有机性的生态学思维构筑调节人（社会）与自然之间的关系，并把实现二者的和谐共生视为整个社会的文明基础、文明自觉与文明追求。对此，马克思恩格斯等经典作家已经做出过科学的阐释论证，强调人与自然并不是两个完全对立性的存在而是协同发展的统一整体，"人和自然，是携手并进的"[①]。在他们看来，一方面，作为人类生存生活的一般性条件或前提的自然生态，对于人类及其社会发展构成了一种根本性的约束因素，甚至是一种绝对的"生态边界"，但它在现实中又呈现为具有复杂样态的"人的作品和现实"而内在于人类文明之中。另一方面，人类作为能动的社会主体，通过有意识的生命活动将自身与自然区别开来，在物质生产活动中认识和改造自然以实现自身社会生活的改善和发展，但其基础仍在于对自然条件及其必然性规律的适应利用。也就是说，人类社会与大自然构成了一个相互依存的生命共同体，因而人与自然间应保持一种和谐共生的价值伦理关系。[②] 习近平总书记创造性地阐发了人与自然是生命共同体的思想，并强调"环境就是民生，青山就是美丽，蓝天也是幸福"[③]，人类美好生活理想的全面实现与自然生态系统的平衡稳定在本质上是内在一致的，而生态文明建设就是要努力实现人类社会发展与自然生态美丽之间在更高层次上的和谐统一。这也就意味着，对自然生态环境的保护优化要以增进民生福祉为导向，"让良好生态环境成为人民生活的增长点、成为经济社会持续健康发展的支撑点、成为展现我国良好形象的发力点"，与此同时，任何个人或社会对物质财富的追求及其实现也不能以破坏自然生态系统的平衡为代价，"要为自然守住安全边界和底

① 《马克思恩格斯文集》第5卷，人民出版社2009年版，第696页。

② 张云飞：《社会主义生态文明的价值论基础》，《社会科学辑刊》2019年第5期。

③ 中共中央文献研究室（编）：《习近平关于社会主义生态文明建设论述摘编》，中央文献出版社2017年版，第8页。

线，形成人与自然和谐共生的格局”①。

在政治取向层面上，生态文明建设是在社会主义文明整体框架中构建起更加健康和谐的人与自然关系，其核心目标是实现社会公平正义与生态可持续性考量的自觉结合和相互促进，从而推动中国特色社会主义的绿色革新以及向更高阶段跃升的全面综合转型。② 根据唯物史观，人类生命与生活的生产本身就包含着双重关系，即“一方面是自然关系，另一方面是社会关系”③，因而人与自然关系的变化时刻表现为对人类各主体之间社会利益关系的调整，或者说，任何一个文明形态中的人与自然关系实质上都是历史性的社会自然关系。依此而论，完整意义上的生态文明建设，不仅关涉的是人与自然之间的关系及其改善，还意味着一种社会关系结构层面上的系统性重构；不仅要解决好日渐累积起来的较为严重的生态环境问题，还要处理好围绕着自然生态条件的人民生活需要满足与发展权益保障问题。也正因为如此，我国社会主义的政治制度架构和文化观念对于推进生态文明建设有着重要的规范引领作用，尤其是它内在地要求把对自然生态环境等各种基础性资源的共同拥有、互惠共享与公平分配作为全社会的根本性原则或核心价值。对此，习近平总书记明确指出，“要坚持生态惠民、生态利民、生态为民，重点解决损害群众健康的突出环境问题，加快改善生态环境质量，提供更多优质生态产品，努力实现社会公平正义，不断满足人民日益增长的优美生态环境需要”④。当然，社会主义事业本身的人民主体性还决定了，“生态文明是人民群众共同参与共同建设共同享有的事业”⑤。也就是说，与发挥社会主义制度条件的公平正义保障作用同样重要的，是切实加强广大人民群众在生态文明建设过程中的主体参与和责任担当意识，从而在人民群众共建共治共享的创新性实践中开拓出社会主义文明新时代。

在战略路径选择层面上，生态文明建设意指通过统筹协调推进人与自然和谐共生的现代化，探索构建一种经济、社会与生态环境之间协调可持

---

① 中共中央文献研究室（编）：《习近平关于社会主义生态文明建设论述摘编》，中央文献出版社 2017 年版，第 36—37 页；习近平：《国家中长期经济社会发展战略若干重大问题》，《奋斗》2020 年第 21 期。

② 郇庆治：《作为转型政治的社会主义生态文明》，《马克思主义与现实》2019 年第 2 期。

③ 《马克思恩格斯文集》第 1 卷，人民出版社 2009 年版，第 532 页。

④ 习近平：《推动我国生态文明建设迈上新台阶》，《奋斗》2019 年第 3 期。

⑤ 习近平：《推动我国生态文明建设迈上新台阶》，《奋斗》2019 年第 3 期。

续发展的新社会。依据唯物史观，自然生态系统与经济社会发展都有着不以人的意志为转移的客观规律，同时它们又是相互联系并统一于人类实践发展的历史过程，因而实现自由解放的经济社会形态将会同时表征为“那种同已被认识的自然规律和谐一致的生活”①。由此而言，人类社会的文明发展意味着或指向合乎人性（社会）且合乎生态地调节自身生产生活方式，而生态文明建设的基本要求就是对于经济社会现代化发展与生态环境保护治理之间关系的科学认知与动态平衡。具体地说，建设生态文明既要做到科学认识并自觉遵循自然生态规律，坚持尊重自然、顺应自然、保护自然，逐渐建立健全现代化的生态环境保护治理体系，守住自然生态安全边界，同时又要主动适应社会主要矛盾变化，促进经济社会发展全面绿色转型，在创造更多物质文化财富来满足人民日益增长的美好生活需要的同时，提供更多优质的生态产品来满足人民日益增长的优美生态环境需要。对此，习近平总书记着重指出，“正确处理好生态环境保护和发展的关系，也就是我说的绿水青山和金山银山的关系，是实现可持续发展的内在要求，也是我们推进现代化建设的重大原则”②。可以清楚看出，我国的生态文明建设并不否定一般意义上的现代化或经济社会发展，而是致力于我国改革开放以来形成的现代化发展模式的生态化革新与完善，也就是把我国经济社会现代化牢固建立在自然生态系统总体稳定和可持续再生这一基础前提之上，并以人口、资源、环境与经济社会发展相协调和人民健康生活水平不断提高作为根本标准，逐步形成以生态优先、绿色发展、普惠民生为特征的高质量发展模式。

综上所述，生态文明及其建设话语以及作为其权威性表达的习近平生态文明思想，是贯穿于或影响新时代中国特色社会主义建设诸多方面或议题领域的重要理论引领、政治规约和行动指南，而这当然也包括生态环境保护修复与扶贫开发、脱贫致富相结合的生态扶贫政策领域，甚至可以说，广义上的生态扶贫已然成为我国生态文明及其建设的一个重要思考论域、战略支点或实践创新前沿。

---

① 《马克思恩格斯文集》第9卷，人民出版社2009年版，第121页。

② 中共中央文献研究室（编）：《习近平关于社会主义生态文明建设论述摘编》，中央文献出版社2017年版，第22页。

二 当代中国生态扶贫政策的演进及其主要实践模式

扶贫济困或反贫困是新中国成立以来党和政府的长期性目标任务，尤其是改革开放以后，我国组织实施了大规模的开发式扶贫战略行动，而1994年3月公布的《国家八七扶贫攻坚计划》（1994—2000）标志着中国扶贫开发战略进入攻坚阶段。[①] 值得关注的是，该计划明确将生态失调作为扶贫攻坚主战场之一，并提出要“加快植被建设、防风治沙，降低森林消耗，改善生态环境”[②]。进入新世纪之后，坚持扶贫事业与可持续发展理念相结合，逐渐被确立为我国扶贫开发战略的基本原则。例如，国务院2001年印发的《中国农村扶贫开发纲要（2001—2010年）》就明确提出了坚持可持续发展的扶贫开发基本方针，强调“要以有利于改善生态环境为原则，加强生态环境的保护和建设，实现可持续发展”[③]。2011年中共中央、国务院印发的《中国农村扶贫开发纲要（2011—2020年）》则明确把改善生态环境作为我国扶贫开发新阶段的主要任务之一，要求“坚持扶贫开发……与生态建设、环境保护相结合，充分发挥贫困地区资源优势，发展环境友好型产业，增强防灾减灾能力，提倡健康科学生活方式，促进经济社会发展与人口资源环境相协调”[④]。

2012年，党的十八大报告正式提出“全面建成小康社会”宏伟目标，不仅要求贫困人口数量大幅减少，人民群众生活水平全面提高，还要求生态系统稳定性增强、人居环境明显改善，资源节约型、环境友好型社会建设取得重大进展。[⑤] 2013年，习近平总书记在湖南考察时首次做出了“实事求是、因地制宜、分类指导、精准扶贫”的重要指示，并强调“扶贫开

---

① 郝志景：《新中国70年的扶贫工作：历史演变、基本特征和前景展望》，《毛泽东邓小平理论研究》2019年第5期。

② 中共中央文献研究室（编）：《十四大以来重要文献选编》（上），人民出版社1996年版，第783页。

③ 中共中央文献研究室（编）：《十五大以来重要文献选编》（下），人民出版社2003年版，第1880页。

④ 中共中央文献研究室（编）：《十七大以来重要文献选编》（下），中央文献出版社2013年版，第357—358页。

⑤ 中共中央文献研究室（编）：《十八大以来重要文献选编》（上），中央文献出版社2014年版，第14页。

发要……同保护生态环境结合起来"[①]。2015年是新时代党和政府扶贫工作取得重大进展的一年。10月，习近平总书记在减贫与发展高层论坛上提出实施精准扶贫战略，要求根据具体情况采取"五个一批"扶贫政策，即"通过扶持生产和就业发展一批，通过易地搬迁安置一批，通过生态保护脱贫一批，通过教育扶贫脱贫一批，通过低保政策兜底一批"[②]；同月，党的十八届五中全会从实现全面建成小康社会目标出发明确提出，到2020年我国现行标准下农村贫困人口全部实现脱贫，解决区域性整体贫困问题，并实现生态环境质量总体改善[③]；11月，习近平总书记在中央扶贫开发工作会议上再次强调，打赢脱贫攻坚战要精准施策，实施"五个一批"工程，并重点阐述了摆脱贫困与环境保护治理的辩证关系，指出考虑到我国贫困地区与生态安全屏障区和生态敏感脆弱区的高度重合性，"可以结合生态环境保护和治理，探索一条生态脱贫的新路子"[④]；随后，中共中央、国务院发布《关于打赢脱贫攻坚战的决定》并确立了"精准扶贫、精准脱贫"基本方略，其中将坚持保护生态、实现绿色发展作为一项基本原则，要求牢固树立"绿水青山就是金山银山"理念，把生态保护放在扶贫开发的优先位置，并系统阐述了结合生态保护实现脱贫的任务要求。[⑤] 2017年，党的十九大报告进一步将防范化解重大风险、精准脱贫和污染防治确立为决胜全面建成小康社会"三大攻坚战"，强调坚持人与自然和谐共生，为人民创造良好生产生活环境。[⑥] 至此，在精准扶贫、全面脱贫攻坚的国家反贫困战略与政策体系下，"生态扶贫"发展成为中国特色反贫困道路的一个重要侧面或进路，并构建起了贫困救助、扶贫开发与生态环境保护相

① 《深化改革开放推进创新驱动 实现全年经济社会发展目标》，《人民日报》2013年11月6日。

② 习近平：《携手消除贫困 促进共同发展：在2015减贫与发展高层论坛的主旨演讲》，人民出版社2015年版，第6页。

③ 《中国共产党第十八届中央委员会第五次全体会议文件汇编》，人民出版社2015年版，第6页。

④ 中共中央文献研究室（编）：《习近平关于社会主义生态文明建设论述摘编》，中央文献出版社2017年版，第65页。

⑤ 《中共中央、国务院关于打赢脱贫攻坚战的决定》，人民出版社2015年版，第4—5页、第11页。

⑥ 习近平：《决胜全面建成小康社会 夺取新时代中国特色社会主义伟大胜利》，人民出版社2017年版，第27—28页、第24页。

互促进、彼此形塑的良性互动格局。[①]

党的十九大之后，党和政府进一步强化、细化“生态扶贫”工作部署，使之成为一个理念更为丰富、政策意涵更加明晰的重大战略举措。这其中具有标志性意义的是2018年1月由国家发改委等六部委共同制定的《生态扶贫工作方案》。该方案从“原则要求—工作目标—战略举措与任务”等三个层面系统阐述了我国的生态扶贫政策话语体系，即总体上坚持“绿水青山就是金山银山”理念与“精准扶贫、精准脱贫”基本方略，围绕农民增收和生态改善这两大方面，全力推进“生态工程、生态公益、生态产业、生态补偿”等多项任务举措，从而“推动贫困地区扶贫开发与生态保护相协调、脱贫致富与可持续发展相促进”，努力实现2020年贫困人口“生产生活条件明显改善”与“可持续发展能力进一步提升”[②]。此后，生态扶贫工作进一步全面推进。2018年9月，党中央、国务院印发《乡村振兴战略规划（2018—2022年）》[③]，强调“坚持人与自然和谐共生”的基本原则，深入实施精准扶贫精准脱贫，推动构建“人与自然和谐共生的乡村发展新格局”，助力实现“产业兴旺、生态宜居、乡风文明、治理有效、生活富裕”的乡村振兴新图景。12月，生态环境部发布了《关于生态环境保护助力打赢精准脱贫攻坚战的指导意见》和《生态环境部定点扶贫三年行动方案（2018—2020年）》，旨在指导实施行业扶贫和定点扶贫工作，协同推进生态环境保护和脱贫攻坚。[④] 不仅如此，习近平总书记也在多个场合阐述了生态扶贫对于攻克深度贫困和巩固脱贫成果的重要意义，强调“生态环境是关系党的使命宗旨的重大政治问题，也是关系民生的重大社会问题”，生态环境等领域构成了全面建成小康社会的明显短板，因而“解决好重点地区环境污染突出问题”是打好精准脱贫攻坚战、全面建成小康社会的重点任务。[⑤]

---

① 吴平：《破解生态退化与贫困的伴生困局》，《光明日报》2018年8月11日；雷明：《绿色发展下生态扶贫》，《中国农业大学学报》（社科版）2017年第5期。

② 国家发展改革委：《关于印发〈生态扶贫工作方案〉的通知》（2018年1月18日），http：//zfxxgk. ndrc. gov. cn/web/iteminfo. jsp？id＝14198。

③ 《中共中央 国务院印发〈乡村振兴战略规划（2018—2022年）〉》，《人民日报》2018年9月27日。

④ 《生态环保扶贫绘就“绿富美”新画卷》，《中国环境报》2021年1月15日。

⑤ 习近平：《推动我国生态文明建设迈上新台阶》，《奋斗》2019年第3期；习近平：《关于全面建成小康社会补短板问题》，《奋斗》2020年第11期。

因而，“生态扶贫”思路及其实践是新时代中国精准扶贫、精准脱贫战略的重要内容，集中体现了以习近平同志为代表的当代中国共产党人在反贫困理念与行动上的政治魄力与制度政策创新。正如习近平总书记所指出的，“脱贫攻坚要取得实实在在的效果，关键是要找准路子、构建好的体制机制，抓重点、解难点、把握着力点”[①]。这其中最为重要的就是做好如下三条，即结合本地实际创新发展思路和发展手段、科学制定生态脱贫工作方案和统筹推进脱贫攻坚与绿色发展。基于此，过去几年中全国各地依据本地区的自然资源禀赋与生态环境承载力，充分挖掘现存的经济社会发展特色与优势，积极探索符合自身实际的多样化生态扶贫（脱贫）路径，在笔者看来，可以大致概括为如下三种进路或模式。

1. “绿色发展”模式：甘肃康县

所谓绿色发展模式，是指通过合理开发利用当地较为丰厚优越的自然资源和生态环境来发展生态农林业、生态旅游业和区域特色经济，将自然生态禀赋有效转化为绿色产品优势、产业优势和经济优势。正如习近平总书记所指出的，“发展产业是实现脱贫的根本之策”，“要通过改革创新，让贫困地区的土地、劳动力、资产、自然风光等要素活起来，让资源变资产、资金变股金、农民变股东，让绿水青山变金山银山，带动贫困人口增收”[②]。尤其是考虑到中国大多数经济贫困地区都拥有丰富的自然生态资源，发展切合当地自然生态条件且具有较高经济收益的绿色产业以实现经济增长与民生改善，理应是我国生态扶贫（脱贫）的主要途径。对于这类地区而言，它们所关注的主要问题是，如何在守护好当地自然生态环境质量的前提下，探索实现“绿水青山就是金山银山”的转化渠道机制，并逐渐培育构建起较为完整的生态产业体系，而甘肃省陇南市的康县就是这样一个成功案例。

康县地处陕甘川三省交界地带的秦巴山区，是长江上游水源地保护区、生物多样性主体功能区，森林覆盖率高达67%，动植物种类繁多，自然生态资源十分丰富。基于此，党的十八大后康县确立了“生态为基、发

---

① 中共中央党史和文献研究院（编）：《习近平扶贫论述摘编》，中央文献出版社2018年版，第62页。

② 中共中央党史和文献研究院（编）：《习近平扶贫论述摘编》，中央文献出版社2018年版，第83页；中共中央文献研究室（编）：《习近平关于社会主义生态文明建设论述摘编》，中央文献出版社2017年版，第30页。

展为要、民生为本、党建为先”的总体发展思路，将美丽乡村建设作为全县头号工程部署安排，统筹各类资源，集聚群众合力，致力于打造美丽乡村的“西北样板”[①]。围绕着促进绿色发展总目标，康县坚持“生态经济化、经济生态化”的整体思路，以发展生态农业和生态旅游业为重心来带动地区生态产业体系建设，并借助电子商务等新手段助力美丽乡村建设成果向经济发展成果转化，从整体上推动了县域经济的“绿色崛起”，于2019年底成功实现整县脱贫、退出摘帽。[②]

具体来说，其一，将生态优先、绿色发展思路贯穿于美丽乡村建设的各方面与全过程。这突出表现在，康县坚持“不搞大拆大建大集中”“就地取材、顺势而为”的人与自然和谐共处理念和“不砍树、不埋泉、不毁草、不挪石”的原生态乡村建设原则，持续推进“四个全域”工程（全域绿美净、全域无垃圾、全域美丽乡村、全域旅游大景区），同时全面开展拆危（违）治乱和明窗亮灶行动，把康县建设成为一个自然宜人、美美与共的大景区。到2019年，全县美丽乡村覆盖率达到97.7%，1镇12村被评为中国最美村镇，其中珍爱茶山村上榜中国美丽休闲乡村，花桥村入选第二届中国美丽乡村百佳范例。

其二，立足于山水景观优势，结合美丽乡村建设，大力发展生态旅游业。在这方面，康县不仅强调走差异化的旅游开发之路，按照“一村一规、一村一景、一户一品”的要求规划全县生态旅游大景区的建设，积极探索花桥村“政府引导+公司运营+协会管理+农户联动”、大水沟村“协会+农家客栈+农户”等多种旅游扶贫模式，同时还十分重视品牌示范引领，坚持推进“十村百户千床”乡村旅游示范工程，持续打造三百里旅游文化风情线和白云山生态综合示范项目，突出长坝旅游片区和阳坝景区龙头示范辐射带动作用，大力发展农家乐和农家客栈以及乡村旅游集散基地和房车营地等配套设施，不断提升全县乡村旅游接待能力和服务水

---

① 中共康县县委组织部：《党建引领助脱贫 绘就美丽乡村新画卷：康县抓党建促脱贫攻坚综述》，《秘书之友》2020年第9期；郇庆治：《生态文明建设试点示范区实践的哲学研究》，中国林业出版社2019年版，第157—165页。

② 黄建新：《迈步在绿色生态的康庄大道上：康县精准扶贫精准脱贫工作综述》，《发展》2018年第6期；《甘肃康县：生态产业化 美丽村连村》，《经济日报》2018年4月24日；《康县：绿色金融助推生态旅游特色产业发展》，《甘肃日报》2017年9月4日；康县统计局：《2019年康县国民经济和社会发展统计公报》（2020年6月5日），http://www.gskx.gov.cn/staticPage/1019/1990700/content/0605173943681.html。

平。到2019年，全县已建成4个国家4A级、2个国家3A级旅游景区，并获得了“美丽乡村旅游名县”称号。据统计，全县旅游综合收入从2012年的2.94亿元增长到2019年的15.9亿元。

其三，利用其丰富的自然生态资源，积极推进特色产业培育经营，加快新农村的整体化建设和品牌化经营。由于其特殊地理区位，康县既是玉米、小麦等农作物的重要产地，也是花椒、核桃、茶叶等经济作物的主要产地和全国知名的食用菌培育基地。近年来，康县确立了“整县核桃、南茶北椒，区域优势、做精做优”的产业发展思路，除了重点支持传统区域特色优势产业发展，提升其规模化、集约化、产业化水平，还积极发展循环农业、中医中药、节能环保、通道物流等绿色生态产业，聚力打造特色鲜明的县域绿色生态产业体系，加快推进绿色生产、标准化生产和品牌创建。不仅如此，它还大力扶持智慧城市、电信服务等数据信息产业发展，全面推行“全域互联网+电子商务+龙头企业+特色产业”的发展模式，释放“一店带一户”“一店带多户”的辐射带动效应，将生产加工与产品促销相衔接、发展产业与促进创业相结合。到2019年，兴源土特产、满福农产品开发公司入选首批国家级重点扶贫产品供应商名录，农业特色产业高质量稳定发展，成功打造了“康耳”“翠竹”等一批名优农特产品，其电商年销售额达到3.82亿元，带动2.3万名贫困群众持续稳定增收。

2. “生态公益”模式：青海三江源国家公园

所谓生态公益模式，是指通过承担维护国家生态安全职责和参与国家生态保护地体系建设来获得国家财政转移支付和生态补偿资金，并在此基础上助力当地居民实现摆脱贫困和就业增收。这一模式主要关涉的是位于国家重点生态功能区或自然保护区之内及其周边的社区民众，由于他们对维持改善生态环境或“守住绿水青山”所做的努力，并不只是为了自身生存家园的修复，还同时承担着维护国家或区域的生态安全屏障的职能，并由此失去或牺牲了通过自然资源开发来实现经济发展的机会，因而理应从社会与环境正义的角度得到经济发展、生态环境修复改善意义上的某些财政补偿或奖励，从而为他们的脱贫致富提供必要条件或动力支持。对此，习近平总书记强调指出，“要把生态补偿扶贫作为双赢之策，让有劳动能力的贫困人口实现生态就业，既加强生态环境建设，又增加贫困人口就业收入”，“结合建立国家公园体制，可以让有劳动能力的贫困人口就地转成护林员等生态保护人员，从生态补偿和生态保护工程资金中拿出一点，作为他们保护生态的劳动报酬”[1]。近年来，青海省三江源国家公园，作为我国开展国家公园体制试点的十个国家公园之一，开展了围绕生态公益扶贫的内容广泛的实践探索。[2]

三江源国家公园位于我国西部的青海省境内，处于有世界屋脊之称的青藏高原腹地，是我国重要的水源涵养区，也是世界高海拔地区生物多样性最集中、面积最大的地区，对中国乃至世界的生态安全稳定都极为重要。与此同时，由于其敏感和脆弱的自然生态条件，以及较为传统的游牧生产生活方式，三江源地区人民长期处于贫困生活状态，经济发展与生态保护的矛盾十分突出，是我国重点扶贫地区之一。相应地，国家公园体制试点的重要内容之一，就是构建起科学有效的生态补偿政策等生态公益扶贫机制，从而做到三江源生态保护和当地民生改善的协同推进。从2008年开始，我国开始实施重点生态功能区的转移支付制度，以引导地方政府加强生态环境保护，提高国家重要生态安全屏障所在地区政府的公共服务保障能力，到2019年支付金额已累计达811亿元。此外，国务院2016年发布了《关于健全生态保护补偿机制的意见》，不仅把青藏高原作为开展生态保护补偿的重点区域，还特别强调要结合生态保护补偿推进精准脱贫，规定“生态保护补偿资金、国家重大生态工程项目和资金按照精准扶贫、精准脱贫的要求向贫困地区倾斜，向建档立卡贫困人口倾斜。重点生态功能区转移支付要考虑贫困地区实际状况，加大投入力度，扩大实施范围”[3]。在此基础上，青海省制定出台了《三江源国家公园生态管护员公益岗位管理办法（试行）》《三江源国家公园经营性项目特许经营管理办法（试行）》《三江源国家公园项目投资管理办法（试行）》《三江源国家公园志愿者管理办法（试行）》等多个规范性文件，并在2017年颁布实施《三江源国家公园条例》，进而形成了三江源国家公园规划、政策、制度等15项标准体系，制定了生态管护公益岗位、科研科普、访客管理等13个管理办法，为三江源自然生态保护和可持续利用管理提供全面的制度政策保障。具体到公益补偿资金的来源，三江源国家公园大致形成了财政专项、

---

① 中共中央党史和文献研究院（编）：《习近平扶贫论述摘编》，中央文献出版社2018年版，第74页、第67—68页。

② 陈婉：《三江源国家公园体制试点走出了青海模式》，《环境经济》2020年第6期。

③ 《国务院办公厅关于健全生态保护补偿机制的意见》（2016年5月13日），http：//www.gov.cn/zhengce/content/2016－05/13/content_ 5073049.htm。

行业扶贫、地方配套、金融信贷、社会帮扶和各地对口支援等构成的“六位一体”的投入保障机制。① 围绕着这些资金的合理高效使用，三江源国家公园开展了生态公益扶贫机制方面的诸多探索，除了落实天然林保护工程、森林生态效益补偿（国家级公益林补偿）、湿地生态补偿、退耕还林还草工程、草原生态保护补助奖励等项开支外，还创新设置生态管护公益岗位，积极开展与国家公园功能定位相符合的特许经营项目等。②

就前者来说，由于三江源国家公园地域辽阔且海拔较高，专人管护不仅难度大，而且有极高的运营成本。为此，三江源国家公园设立了生态管护公益岗位，当地群众接受必要的生态管护培训之后，从事生态体验辅导、环境教育服务、生态维护监测、执法监督辅助等方面的公益工作，并获得一定的岗位补助金与意外保险。这不仅有助于解决国家公园的高额管护成本难题，还可以提高当地居民的环保意识与主体意识，促进形成环境友好的生产生活方式，扩宽居民就业增收渠道。近年来，三江源国家公园不断完善生态管护公益岗位管理，认真落实《三江源国家公园体制试点方案》所规定的“一户一岗”政策，推进山水林湖草组织化管护和网格化巡查，组建了乡镇管护站、村级管护队和管护小分队，构建起“点成线、网成面”的生态管护体系，并且通过建立生态管护员信息管理数据库和制定生态管护标准规范等方式，提高生态管护员队伍的正规化、专业化、信息化管理水平。2019 年，青海省统筹落实生态管护公益岗位补助资金 3.7 亿元，并做到及时精准发放。迄今，全公园共有 17211 名生态管护员持证上岗，约占牧民总数的 27%，人均年增收 2.16 万元，生活水平稳步改善。

就后者而言，由于三江源地区生态脆弱，不宜进行大规模产业开发活动，三江源国家公园对经营性项目实行特许经营管理，坚持保护第一、合理开发、永续利用的原则，制定了园区产业发展正面清单及其扶持政策，着力支持与生态环境相适应、与民族风情相融合、与人民需要相一致的绿色产业，特别鼓励广大当地群众参与园区建设，帮助扶持他们以多种形式

① 陈小玮：《三江源国家公园：美丽中国建设的生态范本》，《新西部》2020 年第 Z4 期；王宇飞：《国家公园生态补偿的实践探索与改进建议：以三江源国家公园体制试点为例》，《国土资源情报》2020 年第 7 期。

② 三江源国家公园管理局：《三江源国家公园公报（2019）》，《青海日报》2020 年 3 月 4 日；赵晓娜等：《三江源国家公园牧民生计与生态保护》，《边疆经济与文化》2020 年第 3 期；李晓南：《聚焦生态保护和民生改善 三江源国家公园扶贫工作取得阶段性成效》，《青海党的生活》2019 年第 2 期。

开展生态体验和自然教育、家庭旅馆、牧家乐、民族文化演艺等环境友好型经营项目，带动居民充分就业和收入持续增长。与此同时，三江源国家公园尝试从草场承包经营逐步转向特许经营，推进生态畜牧业、高端畜牧业等绿色产业发展，积极开展藏药产业、有机畜牧业以及生态旅游等新型产业项目，拓展农畜产品销售途径，打造区域性产品品牌，带领牧民共享绿色发展成果。到2020年，首批特许经营项目生态体验试点已为当地社区带来超过100万元的收入，其中45%为接待家庭所得，45%纳入当地社区基金，10%用于生态保护工作。

3. “生态搬迁”模式：山西岢岚县宋家沟

所谓生态搬迁模式，是指将那些“一方水土难以养一方人”的地理偏远、资源匮乏和生态系统脆地区的居民进行易地搬迁安置，成立移民社区（村）从而帮助贫困群众稳定脱贫。对此，习近平总书记指出，“生存条件恶劣、自然灾害频发的地方，通水、通路、通电等成本很高，贫困人口很难实现就地脱贫，需要实施易地搬迁”，“要有序推进易地搬迁扶贫，让搬迁群众搬得出、留得下、能致富，真正融入新的生活环境”①。虽然生态搬迁看似是一劳永逸式的解决举措，但实际上却是异常复杂的、牵涉到方方面面的系统性工程。这种异地安置方案既要从根本上改变搬迁居民的生态环境状况，确保新家园的生态环境宜居和自然资源充足，还要为搬迁居民提供必需的住所及其配套设施、就业创业条件、社会交往空间和文化认同氛围等。在这方面，山西省岢岚县宋家沟村是一个通过易地搬迁从根本上改变所处的自然生态地理、人居环境与生产生活条件的典型案例。

隶属于山西忻州市的岢岚县地处黄土高原中部、吕梁山深处，山大沟深、坡陡地瘠，全县近一半村庄散落在沟壑边缘，是首批国家级扶贫开发重点县，其中宋家沟村是典型的深度贫困村，2014年建档立卡时贫困发生率高达40%。在全面脱贫攻坚政策的支持下，岢岚县在2016年开始实施整村易地扶贫搬迁，而宋家沟村是8个搬迁集中安置点之一。习近平总书记2017年6月21日曾来到宋家沟村进行考察，并特别强调了异地搬迁的系统性规划问题，“实施整村搬迁，要规划先行，尊重群众意愿，统筹解决好人往哪里搬、钱从哪里筹、地在哪里划、房屋如何建、收入如何增、

① 中共中央党史和文献研究院（编）：《习近平扶贫论述摘编》，中央文献出版社2018年版，第66页、第82页。

生态如何护、新村如何管等具体问题”①。此后，岢岚县有组织、有计划地大力推进整村易地扶贫搬迁，并设计开展搬迁后新村提升项目，通过保生态、兴产业、帮就业不断改善人民生活。到2018年底，岢岚全县116个贫困村全部实现脱贫摘帽。2019年，宋家沟村被评为国家3A级景区、第一批全国乡村旅游重点村、中国美丽休闲乡村和全国乡村治理示范村。宋家沟村的脱贫经验可以概括为，坚持“规划引领、统筹推进、新区建设、产业支撑、乡村治理”的总思路，将搬迁前科学规划与搬迁后集约建设、精准脱贫与生态文明建设相结合，整合各方面各渠道扶贫项目，从而找到了同时破解环境问题与贫困问题的扶贫（脱贫）新路径。②

具体来说，一方面，通过易地搬迁及其之后的新区建设，从根本上改变了居民生活困境。岢岚县首先在搬迁规划上就做出了精细周到的安排，确立了“政府主导、群众自愿、统筹规划、分步实施、分类安置、综合扶持”的原则，并形成了1个县城、8个中心集镇和41个中心村的“1+8+41”的安置规划，居民自愿选择迁居去向并得到相应的不同形式的搬迁补助。2017年以来，宋家沟村新建移民安置房265间、5300平方米，承接全乡14个行政村、145户易地搬迁户的265人入住，并进行了统一的房屋装修与家居配置。在搬迁资金筹措上，宋家沟搬迁项目筹措资金共计5200万元，其中包括政策资金（656.8万元）、易地搬迁资金（976万元）、政府融资（3094.4万元）、风貌整治自筹（472.8万元）等四大部分，而每一个三口之家的建设费用（以60平方米为标准）在11.4万元左右，基本可以做到“搬迁不举债”。在新村建设上，为了节约利用资源，岢岚县坚持就地取材，结合宅基地改革等政策，采取规划、设计、招标、施工、管理“五统一”的方式规划建设新区，整合使用扶贫搬迁、危房改造、垃圾治理、人居环境整治等不同渠道资金，统筹实施住房、卫生、水电、道路等15项小康社区建设行动，让村民过上“水管子接到灶台、出门就能坐上

---

① 《扎扎实实做好改革发展稳定各项工作为党的十九大胜利召开营造良好环境》，《人民日报》2017年6月24日第1版。

② 曹阳：《芝麻开花节节高：山西岢岚县宋家沟村脱贫调查》，《人民日报》2020年10月5日第2版；陈家兴等：《最实在的获得感：回访山西岢岚县宋家沟村周牡丹家》，《人民日报》2020年2月14日第1版；山西省岢岚县卫生健康委：《山西省岢岚县宋家沟村 立足人民健康 抓实脱贫巩固》，《健康中国观察》2019年第12期；忻州市政府：《岢岚县2019年脱贫攻坚巩固提升实施方案》（2019年5月30日），https://zwgk.sxxz.gov.cn/szfgzbm/sfpkfbgs/ghjh3/201905/t20190530_2956336.shtml。

车”的现代便捷生活。而为了彻底摆脱贫困，宋家沟村因地制宜，大力推进沙棘、蘑菇、经济林等特色产业，持续深化养羊、大豆种植等六大传统产业和光伏、中药材、乡村旅游等三个新兴产业开发，不断完善利益联结机制，让村民嵌入全县域产业链，共享发展红利。到2019年，宋家沟村人均可支配收入达到8816元，较2014年翻了一番。

另一方面，高度重视对自然生态的治理修复与可持续利用，坚持生态修复保护和脱贫攻坚相结合，因地制宜探索生态扶贫之路。这突出体现在，岢岚县对完成搬迁的村庄实施了整体拆除、退耕还林、荒山造林和生态修复等多方面的生态环境治理，并借助生态工程建设促进贫困群众就业增收。例如，在2019年，岢岚县实施人工造林4.92万亩，全部由扶贫攻坚造林专业合作社承接实施，构建造林扶贫合作社带贫机制，实行造林、管护、经营一体化运行，帮助贫困人口获得稳定的劳务收入，尤其是在生态管护方面，建立了“县建、乡聘、站管、村用”的生态林管理机制，雇佣生态护林员500多名，实现稳定脱贫增收。不仅如此，宋家沟村还坚持“依山就势、错落有致、乡土风情”的原则，做好新时期村镇规划建设，对所有新旧住房和闲置房屋及其庭院实施了风貌整治提升，将昔日破败荒凉的小村庄改造为宜居宜业的新乡村，并结合其周边历史文化资源，建设具有浓厚乡土风情和晋西北风格的乡村生态旅游区，发展农庄民宿、民俗体验、观光农园、生态教育等多种模式的休闲观光旅游业。2018年以来，宋家沟村举办了两届乡村旅游季，接待游客48万人次，收入200余万元，带动贫困户户均增收1.5万元。

三 比较与理论分析

应该说，上述叙述性阐释尤其是对于甘肃康县、青海三江源国家公园和山西岢岚县的案例分析，大致反映了我国生态扶贫话语政策体系的形成发展与现实推进水平。总体而言，作为一种公共政策及其落实，生态扶贫可以大致理解为在新时代中国特色社会主义现代化建设的宏观背景与语境下，通过国家专项政策、各方面资源投入和各级地方政府的有效组织，来实现对具有较为丰厚生态环境资源的经济贫困地区的绿色开发或自然生态环境较为贫瘠的经济贫困人口的异地发展。在“决战决胜脱贫攻坚、全面建成小康社会”的全民政治共识与国家重大战略统领之下，生态扶贫逐渐发展为一个理念丰富、政策综合和途径多元的议题性话语政策实践体系，并构成了中国特色社会主义扶贫理论与实践的重要侧面或维度，而大力推进绿色发展、建立健全生态公益补偿机制、有序开展生态易地搬迁是其中最具代表性的三种实践模式或进路。正如习近平总书记在2020年决战决胜脱贫攻坚座谈会上所指出的，“通过生态扶贫、易地扶贫搬迁、退耕还林还草等，贫困地区生态环境明显改善，贫困户就业增收渠道明显增多，基本公共服务日益完善”①。到2020年底，我国现行标准下农村贫困人口全部脱贫，贫困县全部摘帽，消除了绝对贫困和区域性整体贫困，近1亿贫困人口成功实现脱贫。这其中，生态扶贫各项目助力2000多万贫困人口实现脱贫，成效显著：绿色发展政策带动1600多万贫困人口脱贫增收；生态公益补偿政策累积选聘110.2万名生态护林员、吸纳160多万名建档立卡贫困人口参与生态工程建设、借助公益性岗位兜底安置496.3万贫困人口；生态易地搬迁政策实现960多万建档立卡贫困群众乔迁新居。② 因而可以说，正是生态文明建设与精准扶贫、精准脱贫战略和政策的深度融合，党和国家以及各地区政府和人民群众的共同努力，使得我国的生态扶贫工作在生态环境保护和贫困群众脱贫致富两方面都取得了历史性进展，并发展成为一种特色鲜明且具可持续性的扶贫（脱贫）实践模式。

而从生态文明及其建设这一更高位阶战略或更宽阔视域来看，我国的生态扶贫政策及其实践还提出或彰显了如下三个需要进一步讨论的问题。其一，生态扶贫话语政策及其实践的生态保护抑或脱贫致富的“初心”问题。如同生态文明建设一样，生态扶贫本身也是一个综合性和整体性的考量、政策与实践，其中会牵涉到从自然生态地理、经济社会发展到历史文化的方方面面因素，而且它们之间必须是相互支撑和促动的，其中生态环境的“绿水青山”本色或“绿水青山”再造都是最为基础性的因素。应当肯定的是，我国生态扶贫过程中所涌现出的绿色发展模范区（县市镇）、生态公益补偿试点地区和易地搬迁安置点，都在总体上遵循了生态优先、绿色发展的生态文明建设理念与原则，也就是致力于保护好或修复“绿水青山”的“初心”。例如，生态环境部从2017年开始评选了四批共262个国家生态文明建设示范市县，它们中的相当一部分都是协同推进高质量发

① 习近平：《在决战决胜脱贫攻坚座谈会上的讲话》，《党建》2020年第4期。

② 《决战脱贫攻坚 创造脱贫壮举》，《人民日报》2021年1月2日；《脱贫攻坚：决战之年这样走过》，《人民日报》2020年12月23日；《生态扶贫目标任务全面完成》，《经济日报》2020年12月2日。

展与高水平环境保护的经济相对贫困地区。文化和旅游部与国家发改委从2019年开始评选的两批全国乡村旅游重点村已经涵盖了来自各省市自治区的1000个乡村，除了旅游资源丰富和服务设施完善之外，其基本条件还包括自然生态保护较好和就业致富带动效益明显，明确要求以“文化引领、生态优先、农民主体”为原则来打造乡村旅游发展的重点示范。① 而国家发改委在2019年开展的生态综合补偿试点，同样强调了生态保护与地区经济发展的协调适应，并充分肯定三江源地区通过生态补偿手段较好地实现保护与发展的平衡以及民生的改善，成为高原地区的生态脱贫样板。②

但也必须承认，脱贫而不是生态是我国现阶段生态扶贫政策及其实施的首要价值。事实上，我国精准扶贫地区的识别判定主要以经济指标为主，并且对扶贫成效的考核评估也以贫困人口的就业收入等经济指标为主要依据。例如，依据2016年中共中央、国务院办公厅印发的《关于建立贫困退出机制的意见》③，贫困人口和贫困村县的脱贫指标涵盖经济收入、医疗教育、基础设施和公共服务供给等方面，但并没有包含与生态环境改善有关的衡量指标。结果是，许多地方政府仍在以一种泛经济化思维来理解与开展生态扶贫工作，也就难以真正消解或克服生态环境保护与现代化经济社会发展之间的冲突或矛盾一面。④ 比如，从广大贫困群众自身的角度来看，尽管生态扶贫通过生态教育实践和提供生态公益岗位等方式提高了他们的生态保护意识，但其参与扶贫的最大动力依然是改善生计而不是保护生态，经济权益考量仍是规约人们思维与行动的第一动力，而生态扶贫过程中不断扩展的资本渗透或“资本下乡”也可能会进一步强化经济至上主义文化。⑤

二是生态扶贫政策及其实施中的主体结构及社会主义政治向度问题。一般而言，我国生态扶贫的主体包括党和政府、社会责任企业和普通民

---

① 《首批全国乡村旅游重点村名录出炉》，《中国环境报》2019年8月14日；《两部委发布第二批全国乡村旅游重点村名单》，《人民日报》2020年9月4日。

② 蒋凡、秦涛、田治威：《生态脆弱地区生态产品价值实现研究：以三江源生态补偿为例》，《青海社会科学》2020年第2期。

③ 《中办国办印发〈关于建立贫困退出机制的意见〉》，《人民日报》2016年4月29日。

④ 张怡梦、尚虎平：《中国西部生态脆弱性与政府绩效协同评估：面向西部45个城市的实证研究》，《中国软科学》2018年第9期。

⑤ 尚静、张和清：《贫困、环境退化与绿色减贫：一个华南村庄的社会工作实践案例研究》，《开放时代》2020年第6期。

众，其理想结构则是这些不同主体之间形成一个协同配合的整体。但客观地说，迄今为止的生态扶贫政策及其实施仍在相当程度上是一种“自上而下”的政治社会动员，其中突出呈现为党和政府的绝对主导性，体现在资金投入、人力资源投入和大型项目组织等方面，而层层干部下派、部门地方结对合作、东西部对口支援、地方干部驻村包户等则构成了脱贫攻坚战的关键性支撑力量。比如，党的十八大以来，中央财政专项扶贫资金每年新增200亿元，2020年达到1461亿元，而全国选派50多万名干部担任第一书记参与扶贫，共派出300多万名干部驻村帮扶。① 对此，习近平总书记强调，“越是进行脱贫攻坚战，越是要加强和改善党的领导”，“致富不致富，关键看干部”②。毋庸置疑，对于那些生态环境条件恶劣、发展基础差的贫困地区而言，党和政府以及各级领导干部的深度介入与统筹协调是至关重要的，可以充分发挥社会主义制度在保障人民群众基本需求、长远利益和环境正义等方面权益的突出优势，从而更好促进这些区域生态可持续性、社会可持续性与经济现代化发展的融合统一。③ 尤其值得提及的是，通过发展集体合作社来促进保障当地居民对于生态工程和产业的参与，通过成立集体性质企业来促进实现当地居民对经济发展资源和收益的共享，都是生态扶贫的社会主义集体化优势的重要体现。比如，岢岚县宋家沟村依托管涔山国有林场成立了造林合作社，带动全村贫困户户均年增收7000多元，而康县凤凰谷村成立的集体旅游公司对贫困户实行股份分红，贫困户脱贫后转让股份给其他贫困户，带动群众共享经济发展成果。④

但也不容回避的是，毕竟广大普通群众才是生态扶贫（脱贫）的真正主体，如何保障与促进他们的切实和制度化参与有着根本性意义。为此，既要下力气解决广大贫困地区由于长期处于偏远地理环境，缺乏足够的自我发展能力与意愿的问题，也要制度化解决在有限时间内消除绝对贫困的政治目标和主要采取财政转移支付或政策优惠等“输血式”扶贫方式所导

① 《决战脱贫攻坚 创造脱贫壮举》，《人民日报》2021年1月2日。

② 中共中央党史和文献研究院（编）：《习近平扶贫论述摘编》，中央文献出版社2018年版，第39页、第43页。

③ 郇庆治：《生态文明建设，须注入社会主义政治考量》，《中国生态文明》2019年第6期；蔡华杰：《政府主导，能更好保障环境正义》，《中国生态文明》2019年第6期。

④ 曹阳：《芝麻开花节节高：山西岢岚县宋家沟村脱贫调查》，《人民日报》2020年10月5日；刘海天、镡世理：《甘肃康县：用诗情画意破解贫困难题》，《人民日报》2016年6月29日。

致的生态扶贫效应稳定性与可持续性不足问题。[①] 这其中，《中共中央、国务院关于打赢脱贫攻坚战的决定》所提出的“坚持群众主体，激发内生动力”[②]，应该成为我国新时期推进生态扶贫向纵深发展的重点所在，尤其是加强扶贫工作队（干部）撤离之后的社会自组织建设，逐步实现从外部直接“输血”到激励内部“造血”的主导扶贫方式转变，促进贫困地区的内生性发展。因而，对于新时期的生态扶贫工作来说，中国特色社会主义的政治考量或维度依然不可或缺甚至更加重要，特别是要更加注重从当地居民的实际需要出发，因地制宜地发掘弘扬地方资源优势，构建现代化的绿色产业经济体系，坚持“扶资”“扶智”与“扶志”相结合，着力提高贫困地区民众的生态意识与绿色发展技能，构建和谐团结而充满活力的社会基层组织体系。而对于那些易地搬迁贫困群众而言，要着重解决好在新建和移居社区中的本地化适应融合问题，克服因背井离乡而产生的空间失衡感和心理孤独处境，从而尽快构建起社会主义新乡村意象和发展愿景[③]，而这就需要从更为宽阔的社会与文化视野，而不只是从经济层面来考虑这些贫困社群的民生改善或生态恢复问题。

三是生态扶贫话语政策与生态文明及其建设战略的逐渐对接融合问题。一方面，从话语政策本身来说，生态扶贫（脱贫）和生态文明及其建设有着多重意义上的相通甚至重合之处，比如，生态扶贫的目标及其实现也是考虑各方面目标追求、各种形式动力机制、各个社会主体的协同一致的整体性综合性过程，因而，生态扶贫（脱贫）的绿色发展实践模式或进路和生态文明建设的绿色发展实践模式或进路其实是高度重合的。所以，习近平总书记才强调，“通过各种举措，形成支持深度贫困地区脱贫攻坚的强大投入合力”[④]，而我们在生态扶贫（脱贫）实践中经常看到的也是生态保护修复、贫困人群救助、美丽乡村建设、老少边穷地区扶持、新党建等多种政策的组合运用。另一方面，随着我国广大农村地区绝对贫困与区域性整体贫困现象的基本消除和全面建设社会主义现代化国家新征程的开

---

① 万健琳、杜其君：《生态扶贫的实践逻辑：经济、生态和民生的三维耦合》，《理论视野》2020 年第 5 期。

② 《中共中央、国务院关于打赢脱贫攻坚战的决定》，人民出版社 2015 年版，第 5 页。

③ 刘少杰：《易地扶贫的空间失衡与精准施策》，《福建师范大学学报》（哲社版）2020 年第 6 期。

④ 中共中央党史和文献研究院（编）：《习近平扶贫论述摘编》，中央文献出版社 2018 年版，第 93 页。

启，我们需要从一种新的政治高度与理论视野来认识这些经济相对贫困地区的“生态”“贫困”“发展”的现状、成因与变革愿景，并进行一种更加科学的概念理论化、议题政治化和政策制度化，其中最为重要的是重新认识这些生态环境敏感脆弱地区的生态安全屏障与生态系统服务功能，并在此基础上重新构想包括这些地区在内的整个国家乃至全球的经济社会生态化发展愿景，而就此而言，生态文明及其建设显然是一种更具理论与政治弹性的绿色伞形概念或话语，至少可以在新的起点与高度上重塑“生态扶贫”术语本身。

依此而论，同时由于国家现代化发展阶段和反贫困理论范式的缘故，生态与扶贫（脱贫）在当代中国语境下达成了一种十分自然而方便的政治“联姻”。这种历史性结合，使得党和政府可以集中大量社会资源来解决庞大人口数量和地理区域的经济绝对贫困问题，并取得了举世瞩目的反贫困公共政策治理成效，彰显了社会主义当代中国强大的社会政治动员能力与治国理政水平。但也必须看到，这种时代结合的历史性质是显而易见的。因为，我们对于生态修复和环境保护的认知与实践水平，就像我们对于生态文明经济样态和绿色社会的认知与把握水平一样，还是非常有限的，相应地，现实中的大量生态扶贫实践及其努力的经济社会与生态效果，还需要更长的时间跨度来检验。[①] 而这意味着，一方面，我们目前所创造的生态扶贫（脱贫）模式及其成功，还只是非常初级或初步性的，接下来还需要采取更加持久与更大力度的决心和行动，所以，习近平总书记才强调，“脱贫摘帽不是终点，而是新生活、新奋斗的起点”[②]。另一方面，从生态文明及其建设话语体系来说，生态扶贫在很大程度上只是一种具有阶段性和过渡性意涵的政策战略，它所解决的更多是构建一种人与自然和谐共处关系的自然环境条件和物质经济基础，但这并不意味着我们依此消除社会关系层面上比如传统生产生活方式所导致的社会不公正与生态不可持续问题，更不意味着我们由此就能迈入尊重自然、顺应自然、保护自然的未来社会。

① 杨文静：《生态扶贫：绿色发展视域下扶贫开发新思考》，《华北电力大学学报》（社科版）2016 年第4 期。

② 习近平：《在决战决胜脱贫攻坚座谈会上的讲话》，《党建》2020 年第4 期。

从交叠型扩散到结构化协同
——中国生态扶贫政策的创新与转型

万健琳　杜其君*

改革开放以来，我国开始从生态工程建设、生态产业、生态移民、生态补偿四个大的方面探索生态扶贫的政策措施，推动了贫困地区的经济、生态和民生事业的不断进步。根据国家林业和草原局的数据，党的十八大以来，生态扶贫助力2000多万贫困人口实现脱贫增收。2020年，中国如期完成绝对贫困人口全部脱贫的历史任务，开始进入乡村振兴时代。贫困包括制度型贫困和资源型贫困两种，新中国成立以来的扶贫措施主要凭借制度发力，重点解决的是制度型贫困，因此，乡村振兴时代的贫困治理会向生态化方面转型。① 生态贫困是长期存在的，生态扶贫成为中国公共治理的一项长期任务。在乡村振兴时代，一方面，生态化转型不是另起炉灶，它仍然建立在过去生态扶贫的基础上，需要总结和吸纳过去的治理经验；另一方面，转型也不是对原有政策的简单调整和延续，而要与乡村振兴的环境相适应，推动治理创新。

一　文献综述与问题的提出

乡村振兴是中国未来农村治理的重要战略，2020年3月，习近平总书记提出，要推进全面脱贫与乡村振兴有效衔接。乡村振兴与生态扶贫紧密关联，学界主要从三个方面开展乡村振兴时代生态扶贫的研究。

（一）乡村振兴背景下生态扶贫的经验总结

经过长期的实践，生态扶贫为乡村振兴时代的相对贫困治理积累了经

---

* 万健琳，中南财经政法大学哲学副教授；杜其君，中南财经政法大学公共管理学院博士生。

① 温铁军、王茜、罗加铃：《脱贫攻坚的历史经验与生态化转型》，《开放时代》2021年第1期。

验。从实践层面来看，生态扶贫通过基础层、产业层、服务层推进绿色产业发展，培育生态服务市场，搭建了以绿色为导向的生态产业链，基本形成了比较完整的生态扶贫制度体系[①]，其中绿色发展、生态补偿、易地搬迁三种实践模式最具有代表性[②]，是中国特色社会主义反贫困理论体系的创新。从过程性特征来看，中国的生态扶贫具有融合性，它实现了与生态系统服务供给水平、生态产品价值实现、农民就业增收等的有机结合[③]，为乡村振兴时代的生态扶贫准备了基础性条件和经验参考。

（二）生态扶贫与乡村振兴的衔接

生态扶贫和乡村振兴是基层治理不同阶段的两种战略形态。在与乡村振兴的衔接中，生态环境是发展的基础，是乡村振兴的重要支撑[④]，生态建设是两者衔接的关键点[⑤]。生态扶贫与乡村振兴的衔接就是实现从生态扶贫到生态振兴的转向，实现农村生态宜居[⑥]，因此，生态宜居是生态扶贫的升级版[⑦]。但是，不能简单地将生态扶贫与乡村振兴等同起来，要注意二者在目标要求、侧重点、总体要求等方面存在的差异[⑧]，警惕生态扶贫方式的可持续性不足而引起的突发环境事件[⑨]，防范治理风险。

（三）乡村振兴时代生态型相对贫困的治理

乡村振兴时代的生态扶贫首先要坚持以人民为中心的价值遵循[⑩]，坚

---

① 郑继承：《中国生态扶贫理论与实践研究》，《生态经济》2021 年第 8 期。

② 郇庆治、陈艺文：《生态文明建设视域下的当代中国生态扶贫进路》，《福建师范大学学报》（哲学社会科学版）2021 年第 4 期。

③ 胡振通、王亚华：《中国生态扶贫的理论创新和实现机制》，《清华大学学报》（哲学社会科学版）2021 年第 1 期。

④ 廖彩荣、郭如良、尹琴、胡春晓：《协同推进脱贫攻坚与乡村振兴：保障措施与实施路径》，《农林经济管理学报》2019 年第 2 期。

⑤ 郭苏豫：《生态扶贫与生态振兴有机衔接的实践基础及现实路径》，《生态经济》2021 年第 3 期。

⑥ 王国敏、何莉琼：《巩固拓展脱贫攻坚成果与乡村振兴有效衔接——基于“主体—内容—工具”三维整体框架》，《理论与改革》2021 年第 3 期。

⑦ 王春城、戴翊超：《促进脱贫攻坚与乡村振兴有机衔接的公共政策供给》，《地方财政研究》2019 年第 10 期。

⑧ 胡钰、付饶、金书秦：《脱贫攻坚与乡村振兴有机衔接中的生态环境关切》，《改革》2019 年第 10 期。

⑨ 黄金梓、李燕凌：《突发环境事件与生态脆弱性地区返贫风险防控》，《江西社会科学》2021 年第 4 期。

⑩ 邓玲、顾金土：《后扶贫时代乡村生态振兴的价值逻辑、实践路向及治理机制》，《理论导刊》2021 年第 5 期。

持走向精准化道路，对贫困地区进行准确“把脉”[1]；着眼于生态资本增殖和文化资本挖掘，构建绿色产业大扶贫格局[2]，推进生态产业化发展，走内源式发展之路[3]，“构建经济韧性、环境韧性、社会韧性和文化韧性相结合的有机治理结构”[4]。其次，完善生态补偿等政策体系[5]，重构林业绿色减贫的“生态—经济”循环机制[6]，坚持人才优先战略，实施对外开放[7]，在新发展格局下推进“产业—生态”协同振兴[8]。此外，前期的生态扶贫还存在贫困人口内生动力不足等问题，因此需要防范返贫等“内卷化”风险[9]。

总体来看，学界对生态扶贫经验的总结揭示了其内在的创新价值，概括了实践过程中的代表性模式，但是，这些研究主要是从宏观层面切入的，生态扶贫在公共政策方面的历史经验还需要进一步挖掘。生态扶贫与乡村振兴的衔接以及乡村振兴时代的生态扶贫不能脱离原有的治理基础，但也并不意味着就是过去政策的延续。一些学者仍然坚持原有的治理路径，忽视了从扶贫到乡村振兴战略转变的内在逻辑。一些学者在研究中虽然提出了转变思路，但没有深入讨论如何建构原有的治理基础与新的政策环境之间的关系。因此，有两个问题值得思考：生态扶贫的政策经验是什么？乡村振兴时代，这些政策和政策经验应该如何延续与转型？

据此，本文试图运用政策扩散理论来提炼生态扶贫的政策创新经验，总结原有扩散的主要问题，在此基础上提出乡村振兴时代生态扶贫的转

---

① 孟庆武：《“后扶贫时代”精准生态扶贫的实现机制》，《人民论坛》2019年第24期。

② 王元聪、刘秀兰：《相对贫困绿色治理：逻辑、困境及路径——以四川藏彝民族地区为例》，《民族学刊》2021年第2期。

③ 丁智才、陈意：《内源式发展：后脱贫时代生态型脱贫村产业选择》，《青海社会科学》2020年第6期。

④ 许小玲：《韧性治理视域下农村贫困地区乡村振兴实践路径研究》，《理论月刊》2021年第7期。

⑤ 孙雪、刘晓莉：《后扶贫时代民族地区生态补偿扶贫的现实困境与未来出路》，《新疆社会科学》2021年第4期。

⑥ 董玮、秦国伟：《后扶贫时代深度贫困地区林业绿色减贫演化与重构》，《北方民族大学学报》2020年第5期。

⑦ 降雪辉：《农村相对贫困地区发展生态经济的现实困境与纾解》，《河南大学学报》（社会科学版）2021年第61年第5期。

⑧ 翟坤周：《新发展格局下乡村“产业—生态”协同振兴进路——基于县域治理分析框架》，《理论与改革》2021年第3期。

⑨ 黄金梓、李燕凌：《“后扶贫时代”生态型贫困治理的“内卷化”风险及其防范对策》，《河海大学学报》（哲学社会科学版）2020年第6期。

型方向。

二　交叠型扩散：中国生态扶贫政策创新的经验

兴起于20世纪60年代的政策扩散理论认为，政策创新是对一种新方法、新实践或新事物的采用，只要对于客体而言是新的即为创新①。政策扩散指政策在一定时间内经由一定途径在特定主体间的传播过程，它不仅包括一项政策在不同地区或部门之间的传播，也包括新的政府对这些政策的采纳过程。因此，政策扩散的过程在一定程度上就是政策创新的过程，只要政策在本辖区的公共治理中还未提出和实施过，那么政府对它的扩散就是政策创新。

改革开放以来，我国进行了长期的生态扶贫政策创新的探索。从1978年开始，中央开始实施"三北"防护林工程建设、退耕还林还牧、"三西"农业建设计划移民项目等政策，地方总结了生态农业、生态旅游、光伏下乡扶贫、生态补偿式扶贫等政策形式。在此基础上，中央和地方也相互吸纳和借鉴成功经验，推动创新政策的扩散。经过实践的检验，地方的政策措施逐渐被中央吸纳，中央在政策试点之后开始向全国大范围推广。2018年，国务院扶贫办、国家发改委等六部门出台《生态扶贫工作方案》，将已有的生态扶贫政策措施整合起来，从生态工程建设、生态产业、生态移民、生态补偿四个方面提出了生态扶贫的政策体系。之后，地方也相继出台对应的生态扶贫政策方案，生态扶贫政策体系开始自上而下向全国扩散。总体来看，我国生态扶贫政策扩散的不同模式和机制并非单独发挥作用，其相互之间的融合与互动形成了交叠型的政策扩散体系，这主要表现在三个方面：

（一）相互融合的政策扩散模式

中国生态扶贫政策的扩散与政府层级和府际关系紧密相关，基于这些变量，可以将中国生态扶贫政策扩散概括为纵向推进型、横向自主型和斜向偶发型三种模式。纵向推进型包括自上而下的强制扩散和自下而上的吸纳与推广。横向自主型指同级政府间的扩散，由于政府层级一致，没有科层压力的存在，政策主体就能够对政策扩散做出自主选择。斜向偶发型指

---

① WALKER J L. The Diffusion of Innovations among the American States, American Political Sciences Review, 1969, 63, pp. 880 – 889.

政府对社会主体、国外政府的经验借鉴，以及不具有隶属关系的政府之间、“条”与“块”之间的政策借鉴。囿于政策信息的有限性，政策主体对跨层级的吸纳是一种偶发式的行为。在实践中，生态扶贫政策的这三种扩散模式是相互融合的。

在纵向型扩散与横向型扩散的融合中，纵向型扩散包括自上而下与自下而上两种，政策试点是一种基于强制机制的自上而下的扩散方式①。在自下而上的纵向扩散中，上级政府也有治理创新的需要，一般会对下级政府的政策经验进行吸纳，例如合肥市的光伏扶贫就被安徽省政府吸纳。在地方竞争的影响下，自上而下的政策试点和自下而上的吸纳也会受到同级政府的关注，从而推动横向扩散。横向型与斜向型扩散模式相互融合的突出特点是排除了层级制的影响，地方的自主性更强。在晋升提拔、财政分成的约束下，下级政府要实现自身利益的最大化，就不能仅依靠被动地执行上级的政策，因而会积极推动政策扩散，由此，横向扩散和斜向扩散就实现了相互的融合。纵向与斜向扩散相互融合的典型是纵向扩散与“条—块”扩散的融合。从“条”到“块”或从“块”到“条”是一种明显的斜向扩散，在此过程之前或之后再进行“条条”与“块块”的纵向扩散，从而将纵向与斜向扩散统一起来。同时，政府首先对其他主体的经验进行斜向吸纳后，再将这些经验进行自上而下或自下而上的传递，也是纵向扩散与斜向扩散相融合的一种形式。例如，21 世纪 80 年代，学术界提出了生态农业的理念并向政府提出了政策建议，中央政府吸纳了这一理念，并在湖北省蒲沂县严家湾村等地方进行了政策试点。

（二）“刚柔并济”的政策扩散机制

政策扩散机制刚性与柔性的分野是政策主体在扩散过程中所承担的科层压力和所具有的自主性。生态扶贫政策三种扩散模式的形成是强制、竞争、吸纳、学习和模仿机制的组合产物。在这五种机制中，以科层传导为基础的强制机制表现出刚性特征，学习、模仿和吸纳机制的主体自主性较为明显，是一种柔性机制，竞争机制受科层压力和政府自主性的双重影响，具有“刚柔并济”的特点。

生态扶贫政策扩散的刚性机制主要来自三个方面。第一，“条块组合”

① 赵慧：《政策试点的试验机制：情境与策略》，《中国行政管理》2019 年第 1 期。

的主体刚性。“条块”关系在一定程度上反映了上级对下级的控制。[①] 中央、省一级的生态扶贫主要由扶贫办、林业部门等“条”负责，而在基层，由于“条”本身的政策资源有限，政策扩散一般由“块”来统一协调，从而形成了“条块组合”结构。第二，层级控制的政策刚性。上级政府具有正式的组织权威，下级的财政预算、转移支付等的最终裁量权也由上级政府掌握，政治控制和财政控制使下级严格扩散上级生态扶贫政策，《重庆市高山生态扶贫搬迁资金管理办法》就是这种控制的典型表现。第三，干部考核与监督的过程刚性。人事权是发布科层任务的稳定性权威基础[②]，在生态扶贫政策扩散中，干部考核与监督的内容是多元的，考核与监督也具有刚性意义，如果干部考核不合格，其就有可能晋升失败甚至被问责，2014 年中央印发的《关于改进贫困县党政领导班子和领导干部经济社会发展实绩考核工作的意见》就提出将扶贫实绩作为干部年度考核、提拔任用的重要依据。

柔性机制的基础是地方政府自主性，这与两个因素有关。首先，学习型政府强调政府行为的自主与自觉，它是政府理性能力的体现。正是观察到相互间生态扶贫的差异，地方政府才会主动进行学习、模仿和吸纳，重庆市在借鉴其他省份生态移民的基础上开展的高山生态移民就与其地理位置有着直接的关联，这种扩散是地方自身的选择，不受上级的影响。其次，互动型治理是一种多边互动、多元合作的协商治理手段。生态扶贫政策自下而上的纵向吸纳反映了不同层级政府之间的互动，表现为上级对下级政府自主性的确认和激励。由于同级政府间生态贫困的相似性更强，同级政府间的互动降低了政策模仿和学习的风险与成本，促进了横向扩散。高污染企业的自利行为是生态贫困的社会诱因，政府与社会的这种互动是生态扶贫的内在要求。

“刚柔并济”机制指同级政府间的竞争机制。竞争机制的“刚性”来源于“晋升锦标赛”，虽然上级政府没有直接要求下级围绕晋升而竞争，但考核和晋升权掌握在上级政府手中，从而使考核具有了科层刚性。竞争机制的“柔性”体现在横向竞争的自发性。虽然考核由上级把控，但竞争的领域、方式由下级政府自己选择，这与政府所面临的生态贫困实际有着

---

① 曹正汉、王宁：《一统体制的内在矛盾与条块关系》，《社会》2020 年第 4 期。

② 高翔、蔡尔津：《以党委重点任务为中心的纵向政府间治理研究》，《政治学研究》2020 年第 4 期。

密切关系，从而形成了“情境竞争”，例如三亚市对贵州省乡村旅游发展经验的借鉴，也同样使其在与海南省其他地级市政府的竞争中获得了主动权。同时，一些地区在考核中抢占政策的“首次”“第一”等高地，形成了“创新竞争”。这些竞争标的给予了地方政策扩散的动力，推进了政策扩散进程。

（三）相互协调的政策扩散体系

第一，“统筹”的党政协调体系。通过党政互动，党的指导思想得以进入政权体系，从而对生态扶贫政策的扩散产生直接影响，例如，1983 年中共中央印发的《当前农村经济政策的若干问题》提出的清洁能源建设成为了全国清洁能源扶贫的重要指导理念。同时，我国党政职能体系相互依存，同级党委或党组领导政府，各级组织权力向党组织集中，形成了统一的党政科层结构，“构成了执政党实现融入和统筹协同功能的双边组织基础”①。中国共产党的理念指导通过党政科层体系形成了高位推动的政治势能，党的领导具有绝对性，在“四个全面”等政治纪律的约束下，下级组织必须严格落实上级党组织的决定，这种势能赋予了生态扶贫政策扩散的动力。

第二，“合作”的权力协调体系。中国语境下的权力分类强调的是权力之间的合作关系。结构性权力合作指人大、政府、“两院”的合作，生态扶贫虽然由政府主导，但立法部门也通过法律法规的形式对生态扶贫的政策理念予以确认，2003 年河北省人大常委会通过的《河北省旅游条例》就提出建立旅游扶贫试验区。司法部门通过司法力量保障相关政策行为的合法有效，例如 2016 年最高检和国务院扶贫办出台《集中整治和加强预防扶贫领域职务犯罪专项工作方案》，提出了预防扶贫领域职务犯罪的具体规定。生态扶贫政策扩散的功能性权力合作主要表现在政府决策权、执行权与监督权之间，决策权是生态扶贫政策扩散的原因，执行权是政策扩散的动力，监督权是政策扩散的保障，三者构成了政策扩散的基本架构。

第三，“统一”的行政协调体系。行政主体协调主要表现为多元行政主体的合作和跨域治理的协作。扶贫、农业等诸多部门通过联合发文、共同参与等形式将各部门优势积聚起来，实现了从个别部门到跨部门、从职

① 王浦劬、汤彬：《当代中国治理的党政结构与功能机制分析》，《中国社会科学》2019 年第 9 期。

能部门到专职机构与辅助机构的结合①，推动了政策扩散。政策内容协调主要表现在两个方面。其一，各子政策的相互耦合。生态扶贫的各项子政策由分离走向耦合，相互耦合的政策形式赋予了各项子政策生命力，使其从一个维度向多个维度扩散，例如生态农业和沼气建设的耦合形成了沼气生态农业的发展方式。其二，长期规划与短期政策方案的结合。长期规划是中国公共政策的核心机制，短期政策方案则是对长期规划的细化和落实，两者的结合为政策扩散提供了方向。例如，生态移民作为久经实践检验的政策，从改革开放以来一直被保留至今。

三　弱持续性：交叠型政策扩散存在的问题

要维持和增进政策创新扩散的绩效，就要保证政策创新能够适应不同的治理环境，保持政策扩散的持续性。回顾我国生态扶贫政策的扩散历程，虽然不少创新型政策逐渐被探索出来，但一些政策在扩散过程中还具有单一性，一些政策主体简单机械地进行政策扩散，甚至依赖于其他政策主体，使得生态扶贫政策的扩散表现出潜在盲目性、碎片化和相对同质性的特征，成为影响生态扶贫政策扩散可持续的突出问题。

（一）政策体系的规范性缺失带来政策扩散目标选择的潜在盲目性

生态扶贫政策扩散目标选择的潜在盲目性指的是政策主体基于自身的考虑而选择政策扩散的目标主体和内容。不同层级政府的政策内在地存在不一致，因此政策扩散的这种盲目性隐藏在主体角色的分殊背后，是一种潜在盲目性。生态扶贫政策中除了生态补偿政策外，大部分政策还没有上升到规范性建设的层面，虽然一些政策理念得到一些法律法规的认同，但这只是一种合法性确认，并不是一种规范性约束，这就使得下级政府在进行政策扩散时存在方向性的迷失。

首先，生态扶贫政策扩散并没有正式的议事规程，政策主体的扩散决定主要取决于自身的判断，但政策主体所能获得的目标政策信息是有限的，地方政府难以准确评估“明星政策”和“政策高地”，难以把握政策学习和模仿的尺度，因而一般会选择一些扩散程度较高的政策作为扩散的对象，成本—收益分析过程被人为地省略，由此形成了跟风模仿。其次，

① 吕普生：《制度优势转化为减贫效能——中国解决绝对贫困问题的制度逻辑》，《政治学研究》2021年第3期。

政策扩散决定在很大程度上受到领导注意力分配的影响，下级政府更有可能在政策扩散中对上级领导感兴趣的内容投入更多资源，例如武义县“下山脱贫”模式得到省级领导人的认同后，诸多地方就开始引入这种模式。这种扩散决定并不完全是政府根据治理实际做出的，具有临时性的人治特征。

由于正式规则的缺失，掺糅“人治”色彩的自主性选择使得地方政策扩散的规范性不足，扩散的政策难以与本地的治理实际相匹配，而在科层和竞争压力之下，地方政府又不甘成为政策扩散的“保守者”，“积极主动”的心态与政策选择的“人为”特征就导致了政策扩散的盲目性。潜在盲目性容易造成扩散的政策难以与本地的治理实际相匹配，甚至因为弱生态性而使政策难以具有可持续性。

（二）政策结构的协同性不足造成政策扩散内容的碎片化

虽然生态扶贫政策扩散体系具有交叠性，一些政策的扩散也表现出整合性，但从扩散的内容上来看，仍然具有碎片化的特征。

首先，主体结构的联结性不强。如前所述，生态扶贫需要农业、生态等多个部门的参与，但地方生态扶贫政策的主体比较单一，多个省、市出台的生态扶贫工作方案由林业部门来牵头，环保、社会保障部门等的角色被弱化，而林业等主体重点关注如何执行本部门的任务，忽视了政策间的相互关系。政策扩散主体的分散使得整合性的政策被分解为了单一性的任务，在严格的考核制度下，这些任务被细化为详细的考核指标，成为地方政府政策执行的重要方向。任务导向型的模式使地方政府越来越关注本部门的政策达标情况，协同治理被置于政策执行的次优位置，从而造成扩散内容的碎片化。

其次，体系结构的分离性明显。在政策扩散中，生态农业、生态补偿等表现出了整合趋势，但在中央《生态扶贫工作方案》将已有的政策探索转化为统一性的政策体系后，原有的这种整合趋势在地方反而出现了分离。一方面，如前所述，地方对中央自上而下政策扩散的回应主要是执行，执行过程也是政策分解的过程，统一的政策体系被分解为具体的政策任务。另一方面，即使中央要求地方在一些政策执行中进行协同治理，但由于相关的监督考核机制并没有明确划分协同部门之间的责任，而不同主体所面临的治理复杂性、治理范围又存在差异，这就激发了政策主体的“邀功”与“避责”行为，引发“有的事抢着干，有的事没人干”的怪象，造成政策执行的协同性不足。

碎片化的扩散内容必然面临政策可持续的问题，当现有的政策指标达标、政策资源回收之后，政策执行的过程就会终结，但生态贫困长期存在，原有的政策如何保障乡村振兴时代的贫困治理就成为了新的问题。

（三）地方政策过程中的自主性收缩导致政策扩散结果的相对同质性

生态扶贫政策扩散结果的相对同质性指的是政策主体在政策扩散的过程中更多进行政策转移，被扩散的政策保留了原有政策的大部分内容，因地制宜的适应性不强，使得扩散结果具有相对同质性，这主要体现为纵向的“政策对齐”与横向的“政策对标”。

纵向的“政策对齐”指生态扶贫政策在向下扩散中，下级政府并未过多地考虑本地的生态贫困状况，只是一味地将上级的政策转变为行政任务，然后分配或“发包”给不同的部门。在科层控制下，一方面，在科层组织中，上级组织具有天然的权威，这种科层权威明显，下级的自主性必然被压缩。另一方面，上级政府掌握着政策目标、政策任务以及完成政策的财政权力。生态贫困地区本身的经济状况就不理想，生态扶贫政策需要更多的财政支持。为了获得这种支持，下级政府就需要按照上级的要求完成政策任务，否则，政策任务就很难完成。由此，上级政府便可以通过财政手段挤压下级的自主性。

横向的“政策对标”指下级政府为了在考核中占据优势，将自身生态扶贫的政策与其他地区政府尤其是具有潜在竞争关系的政府的政策进行对标，并在这一过程中规避政策扩散或不扩散的风险。由于下级政府的政策资源总是有限的，如果下级政府被动地将更多的扩散能力运用到来自上级的政策上，就必然减损自主扩散能力。如果下级政府将部分注意力分配到自主的扩散上，那么上级政策的执行也会相应受到影响，这就使下级政府在竞争中可能处于不利地位。因此，地方政府通常会选择一些风险较小但晋升机会较大的政策进行扩散，因而采取“政策对标”的方式，将其他政府的创新作为“模板”直接进行政策转移。

“政策对齐”现象虽然说明上级政策得到了执行，但这种依靠强制机制而形成的扩散具有很强的时效性，并不一定能够适应政策环境的变换，政策可持续性难以保证。“政策对标”的结果是地区之间政策的相对同质化，政策的主体、内容、实施方式等都基本一致，这容易造成政策主体对“政策高地”的路径依赖，当政策对齐达到饱和时，原有的政策就会难以有效处理新的生态贫困问题，从而影响生态扶贫政策的可持续性。

四 结构化协同：乡村振兴背景下生态扶贫政策的转型

生态扶贫政策的弱持续性问题产生于政策过程，在乡村振兴背景下，增强政策创新的可持续性需要实现生态扶贫政策的结构化协同转型。结构化协同指的是政策体系、政策结构、政策过程之间及其内部各个维度的协调。政策体系、政策结构、政策过程是生态扶贫政策扩散的基本逻辑框架，增强可持续性不能脱离原有的治理基础，需要保持这一框架的系统性。规范性的缺失使生态扶贫政策因政策环境的变化而失去持续创新的动力，因此提升可持续性的首要任务是推动制度化转型，保持政策体系的延续。在此基础上，要将生态扶贫政策结构与基础治理结构对接起来，使其获得可持续性提升的载体，保持可持续性的稳固。最后，制度也并不是一劳永逸的，增强政策的可持续性仍然需要不断地根据治理实际来调适，消解政策过程中的机制性阻弊，避免陷入“路径依赖”的窠臼。

（一）可持续性的提升：政策体系的制度化转型

当前的生态扶贫政策除了生态补偿已经进入制度化的阶段外，其他政策目前还停留在政策工具阶段。但是，并不是每一项政策都可以或者都需要通过制度将其固定下来，有些政策是短期的，例如“三北”防护林建设、主体功能区的生态移民等，这些政策在相关的建设任务完成后，就会进入防护林的养护、移民的后期发展等新的阶段。因此，生态扶贫政策不宜作为一个整体来进行制度化建设，需要“先破后立”，要跳出已有的政策框架，将适宜的子政策融入乡村振兴的宏观制度框架中，实现制度化转型，继续推进生态补偿制度建设，推进农村生态保护、社会保障等制度建设进程。同时，借鉴交叠型的扩散经验，在政策制度创新形成后，需要推进制度的有效扩散。

生态扶贫意识的培养是非正式制度建设的关键，而意识归根结底是一种文化，乡村振兴时代生态扶贫非正式制度建设的重点应该是文化的建设。首先，应该培育具有中国特色的绿色发展文化形态。从传统和现实、理论和实际等多元角度挖掘具有中国特色和底蕴的绿色发展价值，形塑中国独特的绿色发展文化形态。其次，开辟全民绿色发展文化意识培养的实践途径。推广绿色健康的生产生活方式，引导公民消费生态文化产品，形成多维度的绿色发展参与途径。最后，营造积极向上的绿色发展文化氛围。将绿色发展文化融入政府文化、企业文化、社区文化等各个方面，增强绿色发展文化的濡化能力，提高绿色发展文化的影响力、凝聚力和号召力，形成高度认同的绿色发展文化体系。

（二）可持续性的稳固：政策结构的差异化转型

经济、生态和民生的三维耦合是生态扶贫的实践逻辑[①]，完善政策结构需要从这三个方面出发，重点是将生态扶贫政策与基层治理的宏观结构衔接起来。

在经济维度，加大生态产业扶贫政策的扶持力度，实现政策引导与市场化发展的协同，逐渐向产业的市场化运作转型。增强经营主体的管理能力和抵御市场风险的能力，在此基础上，适当引入市场竞争，真正实现生态产业的市场化。对此，一方面需要政府“扶上马，送一程”，完善产业帮扶、市场监管政策，另一方面也需要其他市场主体的进入，在资金、人员、技术等方面予以帮扶，同时建立和完善市场合作关系，通过业务合作关系建立产业共同体，保障市场稳定，同时排除恶性竞争的风险。

在生态维度，将原有的生态工程建设扶贫、生态补偿式扶贫政策融入生态文明建设体系，实现生态保护与绿色发展的协同，逐步向生态文明建设转型。生态文明建设是指向全国的，是中国长期发展的基本遵循，这就要求各地区在乡村振兴中把生态文明建设作为一项长期工程来抓，保持政策的韧性。同时，通过生态立法、督查、追责等具体的形式，遏制地方因经济发展而牺牲生态环境的短视行为，稳固生态扶贫的绩效。

在民生维度，建设普惠型、包容性的乡村社会福利体系，重点关注生态移民地区的后续发展，实现政策兜底与自主发展的协同，逐渐向社会保障建设转型。将现有的生态产业发展和相对完善的社会保障和福利体系结合起来，共同发力。一方面，通过普惠型社会福利制度监控农村人口的生活状况，进行动态管理，加大对贫困人口的帮扶，解决好贫困问题后及时退出。另一方面，通过包容性社会福利制度激发贫困人口的内生动力，增强农村区域性发展能力，真正实现从“脱贫”到“致富”的转变。

（三）可持续性的调适：政策过程中约束性与自主性的协调

由于地方政府在政策执行中同样具有价值理性，组织和官僚个体都潜

---

① 万健琳、杜其君：《生态扶贫的实践逻辑——经济、生态和民生的三维耦合》，《理论视野》2020年第5期。

在地追求自利性的目标，从而造成政策执行的偏差，但从另一个角度来看，它也是弱激励机制下的一种政策压力纾解机制。① 地方政府只有在政策执行过程中实现约束性与自主性的统一，才能实现公共政策绩效。地方自主性是生态扶贫政策创新得以形成的关键原因。原有的生态扶贫政策对于解决绝对贫困具有积极作用，但如何解决相对贫困问题还需要进一步的探索和创新。因此，适当减轻对地方的约束，培育地方自主性，使二者处于一个相对平衡的状态，是乡村振兴的现实要求。

对此，首先需要平衡上下级政府间的权力地位，建立伙伴型的政府间关系。上级政府要适当放权，在一定程度上给予下级行动的自主性，主要是在宏观政策目标等方面加强对下级政府的监督，履行监管责任而非干预职能。改革对下级政府的考核方式，增强考核的弹性，把干部政绩考核与生态扶贫的实际统一起来。其次，建立财权与事权相匹配的结构体系，重新界分上下级政府的财权与事权划分，按照生态扶贫的收益范围来逐渐理顺事权关系。合理配置上级政府与下级政府的收益分配，增强下级政府在生态补偿方面的收益权。最后，加大对政府间恶性竞争的治理，构建政府间公平、健康的竞争秩序框架。完善政治激励，进一步推动干部的跨区域交流与任职机制，推进区域间干部的合理流动。

五 结语

政策扩散是解释中国生态扶贫成功的重要范式，在实践过程中，生态扶贫政策从单个政策走向聚合，形成了统一的政策扩散体系，在党政协调、权力协调、行政协调体系的支撑下，“刚柔并济”的政策扩散机制将三种不同方向的政策扩散模式整合起来，推动了生态扶贫政策的扩散。生态扶贫政策扩散为乡村振兴时代的相对贫困治理总结了丰富的实践经验，积累了扎实的实践基础。从深层次看，当前的生态扶贫政策扩散还存在相对同质性、碎片化和潜在盲目性问题，这需要从政策过程的规范性、协同性和自主性维度来理解。在长远方面，需要进行制度化、差异化转型，平衡约束性与自主性，提升政策的可持续性。

---

① 张翔：《压力与容纳：基层政策变通的制度韧性与机制演化——以 A 市食品安全“全覆盖监管”政策的执行情况为例》，《中国行政管理》2021 年第 6 期。

全面提高国家生物安全治理能力的创新抉择

张云飞[*]

为了有效防范生物风险和维护生物安全，党的十八大以来，习近平总书记反复强调，必须加强国家生物安全风险治理体系建设，全面提高国家生物安全治理能力。近年来，我国在这方面已取得了一些重要进展，但在生物安全治理绩效上仍然存在极大提升空间。在全面建设社会主义现代化国家的今天，我们必须以创新方式提高国家生物安全治理能力。

一　提高生物安全治理的科技能力和水平

科学技术不仅是第一生产力，而且是第一治理能力。实现生物安全国家治理现代化首先要实现科技化，即大力发展生物安全科技，将之作为生物安全治理的重要工具。生物安全科技就是用来维护生物安全的所有科技原则和科技手段的总和。在风险时代，我们应该将维护生物安全作为全部科学技术体系的发展方向，促进整个科技范式转向维护生物安全。从这次疫情防控的实际来看，我国在防疫初期之所以出现一些疏漏，就在于一些领导干部的治理能力和专业能力明显跟不上。现在，我国之所以能够取得疫情防控的战略性成果，就在于以习近平同志为核心的党中央发出了“为打赢疫情防控阻击战提供强大科技支撑”的动员令，科技手段成为公共卫生治理的有效工具。同样，美国于 2018 年发布的《国家生物防御战略》提出：“在全球生命科学的空前进步和创新不断改变我们的生活方式之际，为了确保美国准备好迎接挑战，我们致力于在整个国家生物防御事业中推

* 中国人民大学马克思主义学院教授，博士生导师，中国人民大学国家发展和战略研究院研究员，中国人民大学生态文明研究院研究员。

动创新。”因此，对于我国来说，不仅要将发展生命科学和生物技术作为国家科技创新的重点前沿领域，而且要将发展生物安全科技作为推动生物安全治理的首要选择。

随着脱氧核糖核酸（DNA）的发现等一系列重大科技成果的取得，生命科学和生物技术成为新科技革命的前沿领域。但是，它们具有明显的“二重性”或“双重用途”（Dual—use）。例如，基因治疗既可以杀死癌细胞也可能伤及正常细胞。如果将其正效应运用到治理当中，那么，就可以成为生物安全治理的科学而有效的手段。反之，如果将其负效应扩散出去，那么，就可能造成生物安全风险。因此，习近平总书记提醒我们，古往今来，很多技术都是“双刃剑”。美国《国家生物防御战略》将“承认生命科学和生物技术的‘双重用途’性质”作为其重要目标之一，认为改善健康、促进创新和保护环境的科学技术可能被滥用，用来促进生物攻击。因此，美国寻求防止滥用科学技术，同时促进和加强合法使用和创新。今天，我们必须科学认识到生命安全和生物技术的二重性，将发挥和运用其正效应、抑制和避免其负效应作为生物安全治理的重要课题和任务，这样，才能提高生物安全治理的科学化水平。

面向生物安全的主要领域，我们要大力推动生物安全科技的创新发展，将其成果有效转化为生物安全治理的手段和工具。在狭义“生物安全”（biosafety）领域，我们要大力推动保护基因多样性、物种多样性、生物多样性的科技创新，大力推动保护生物圈的科技创新，大力推动实现人与生物圈和谐共生的科技创新，为维护国家生物资源主权、维护人民群众的生态环境健康提供科技支撑。在“生物安保”（biosecurity）领域，我们要科学认识外来物种入侵、动植物疫情、突发传染病等生物安全事故的发生规律及其社会危害，科学预警有毒生物故意释放、生物实验室泄漏以及转基因食品食用等生态风险可能造成的生物安全事故，有效防范和减少生物安全事故的影响，为维护国家生物安全和人民生命安全提供科技保障。在“生物防御”（biodefense）领域，我们要形成有效抵御生物武器、生物恐怖主义、生物战争的科技优势，为维护国家主权和国家安全、推动构建人类命运共同体提供有效的科技支撑。在总体上，遵循我国《生物安全法》第六十七条，我们必须加强生物安全风险防御与管控技术的研究，推动生物安全核心关键技术和重大防御技术的成果产出与转化应用，切实有效地提高我国生物安全的科技保障能力。

在以综合创新的方式推动生物安全科技创新的同时，我们要将相关成果有效转化为生物安全治理的科技手段。其中，一个重要的方面是要统筹传统科技和现代科技的发展，推动生物安全治理。在防御生物灾害、治疗传染疾病等方面，传统科技具有自己的独特优势。例如，中国传统农学发现除虫菊具有杀虫的功效。今天，将之运用于农业生产中，可以取得有效抑制病虫害、避免出现病虫害的耐药性、避免化学农药污染土壤等多重效益。再如，在没有特效药和疫苗的情况下，清肺排毒汤、化湿败毒方、宣肺败毒方、金花清感颗粒、连花清瘟胶囊、血必净注射液等“三药三方”在治疗新冠肺炎中发挥了重要作用。其所以如此，就在于中国传统农学和中国传统医学是按照生态学范式发展起来的经世致用的知识，能够在促进人与生物和谐的基础上实现生态、生产、生活的朴素统一。相比之下，建立在牛顿力学基础上的现代科技是一种典型的机械论范式的科技，具有明显的“双重用途”。因此，打通传统科技和现代科技就是要将生态学范式和机械论范式有机地结合起来，将前现代、现代、后现代的科学技术的各自优势发挥出来、结合起来，形成优势合力。这样，在推动实现科技自身的创新发展和绿色发展的同时，可以为生物安全治理提供有效的科技工具。例如，中西医结合、中西药并用，是我国夺取疫情防控战略成果的重要科技保障，是我国治理公共卫生危机的重要科技手段。在此基础上，我们要统筹生物科技和信息科技的发展，推动生物安全治理。在疫情防控中，大数据、人工智能、云计算等数字技术，在疫情监测分析、病毒溯源、防控救治、资源调配等方面发挥了重要的支撑作用，丰富了生物安全治理的工具箱。我们应该进一步将之转化为生物安全治理的效能。最后，我们应该按照跨学科的方式促进生物安全科技的创新发展并将之转化为生物安全治理的手段。美国《国家生物防御战略》认识到，“为了有效应对生物威胁，必须对国家生物防御事业采取协作、多部门和跨学科的方法”。在大科学时代，我们同样必须按照跨学科的方式发展生物安全科技，充分发挥人文科学和社会科学在生物安全科技发展和生物安全治理中的作用。文学、史学、哲学、经济学、政治学、法学、社会学等都影响着人们对微生物、传染病的看法和处理方式。例如，“微生物政治学”就是这样的重要选项。

由于生物安全科技和生物安全治理具有公共性、风险性等特征，生命安全和生物安全领域的重大科技成果也是国之重器，因此，我们不能通过单纯市场化的方式发展生物安全科技和推动生物安全治理，而必须完善与之相关的新型举国体制。新型举国体制就是要在社会主义市场经济的条件下充分发挥社会主义集中力量办大事、办难事、办急事的优势。我国取得的新冠肺炎疫情防控战略性成果再次充分证明，社会主义能够集中力量办成大事、办好大事，能够有效化解难事、有效办妥急事。习近平总书记指出，“要完善关键核心技术攻关的新型举国体制，加快推进人口健康、生物安全等领域科研力量布局”。因此，我们必须进一步建立和完善生物安全科技领域的新型举国体制，在生物安全治理方面形成我们的制度优势。目前，重点要做好以下工作。

加大生物安全科技研发的投入。美国《国家生物防御战略》提出，要将生物防御方面的研究和开发（R&D）纳入联邦规划当中。强生、辉瑞、默沙东三家美国最大药企的研发投入总额相当于我国全年研发总支出的10%。随着我国社会经济的发展，在逐年按比例加大我国研发投入的基础上，国家必须加大对于开发生物安全领域科技和治理的投入。在不影响国家安全的前提下，我们也可以探索社会融资的方式。

加强生物安全科技人才的培养。现在，我国生物安全领域的专业人才在数量、素质、结构、能力等方面都存在着这样或那样的问题。我国《生物安全法》提出，要加强生物科技人才队伍建设。美国《国家生物防御战略》提出，要建立向各级政府公共和兽医卫生部门提供大量人员的能力。目前，我们必须按照人才强国战略，坚持尊重知识和尊重人才的方针，完善生物安全人才的发现、培养、激励机制，放心大胆地使用生物安全领域人才，避免人才闹剧和人才悲剧。同时，我们要坚持按照“革命化、年轻化、知识化、专业化”的方针，选好和用好生物安全科技人才和管理人才，尤其是在要在坚持严格的标准下让专业人才管理专业事务，有效避免重蹈外行领导内行的覆辙。

加强生物安全基础设施的建设。生物安全实验室等科研设施是开展生物安全科技研发的重要科研基地，是维护国家生物安全的重要技术保障。美国《国家生物防御战略》提出，要确保强大的公共卫生基础设施，确保美国政府能够使用实验室基础设施。现在，美国拥有 12 个 P4 实验室，1500 个 P3 实验室。我国目前正式运行的 P4 实验室有 2 个，通过科技部建设审查的 P3 实验室有 81 个。这种差距固然与国家综合实力有关，也与重视程度有关。因此，我国《生物安全法》提出，要加强生物安全基础设施建设。我们要在统筹推进新型基础设施建设过程中，加强生物安全基础设施建设。

最后，我们要将大力发展生物安全科技和完善生物安全新型举国体制统一起来，用这一体制促进生物安全科技的创新发展，用生物安全科技成果巩固和完善这一体制，这样，我们就可以在生物安全科技创新发展和生物安全新型举国体制的互动中提高我国生物安全治理的科技化水平。

二 提高生物安全治理的法治能力和水平

从人治转向法治是从管理到治理转变的关键之一。法治是人类政治文明的重要成果，是现代社会治理的基本方式。只有法治才能为我们事业的健康发展提供根本性、全局性、长期性的制度保障。依法推动生物安全治理是生物安全治理的重要方向和重要方式。在国际层面上，《关于禁用毒气或类似毒品及细菌方法作战议定书》（1925 年）、《国际植物保护公约》（1952 年）、《关于特别是作为水禽栖息地的国际重要湿地公约》（1971 年）、《濒危野生动植物种国际贸易公约》（1973 年）、《禁止细菌（生物）及毒素武器的发展、生产及储存以及销毁这类武器的公约》（《禁止生物武器公约》，1975 年）、《国际承认用于专利程序的微生物保存布达佩斯条约》（1977 年）、《保护迁徙野生动物物种公约》（1979 年）、《生物多样性公约》（1992 年）等法律文件，为生物安全国际治理提供了法律依据和法律准则。在领导中国人民抗击疫情的伟大斗争中，习近平总书记提出："尽快推动出台生物安全法，加快构建国家生物安全法律法规体系、制度保障体系。"这就表明，法治化是实现国家生物安全治理现代化的重要方向和重要途径。

在加强社会主义法制建设的过程中，我国已经初步形成了一个相对完善的生物安全法律体系。在新冠肺炎疫情防控之前，我国已经出台了一些与生物安全相关的法律，但尚无专门的生物安全法。针对这种情况，习近平总书记提出："要加强法治建设，认真评估传染病防治法、野生动物保护法等法律法规的修改完善，还要抓紧出台生物安全法等法律。"在以往多次审读的基础上，《中华人民共和国生物安全法》在 2020 年 10 月 17 日通过并公布，于 2021 年 4 月 15 日开始施行，为生物安全治理提供了法律依据，完善了我国社会主义生物安全法律体系。但是，由于法律对象、立法理念、立法时间等方面的差异，与生物安全相关的各种法律之间的协调性、整体性、有效性仍然有待于进一步提高。

面向未来，根据生物安全治理的复杂形势和艰巨任务，我们应该像编纂“民法典”一样编纂一部“生物安全法典”，形成维护生物安全的完整法律体系。第一，在立法理念方面，我们应该以总体国家安全观为指导思想，以中国特色国家安全道路为道路选择，以生物安全理念为基本理念，按照生物安全的层次性、关联性和整体性，形成对生物安全治理的全领域、全过程、全方位的法律规定。第二，在完善立法方面，我们要回应人民群众的关切，围绕基因技术等生物技术的研发（如实验室生物风险）、产业应用（如转基因农业生物风险）、医学应用（如生殖医学生物风险和传染病）、军事应用（如生物武器生物风险）等风险热点形成专门的法律、法规、标准，形成严格系统具体的法律规范。第三，在法律配套方面，我们要研究梳理与生物安全相关的《国境卫生检疫法》《进出境动植物检疫法》《动物防疫法》《传染病防治法》《野生动物保护法》《种子法》《粮食安全保障法》《食品安全法》《突发事件应对法》等法律，统筹推进立法修法工作，形成维护生物安全的法律合力。第四，在国家安全总体立法方面，我们应该统筹发展和安全，统筹传统安全和非传统安全，充分考虑生物安全与资源安全、环境安全、生态安全等相关安全的内在关联，形成统筹这些安全的法律规定，在维护国家总体安全的过程中维护生物安全。

在完善生物安全立法的基础上，我们必须全面加强生物安全执法司法守法。第一，在执法方面，我们要进一步明确各级各类社会主体尤其是直接涉及生物安全的党政部门、工厂企业、教科文卫单位维护生物安全的法律责任和义务，完善权责明确、程序规范、执行有力的执法机制，加大执法监督的力度。在加强涉及生物安全各个具体领域执法的基础上，我们要加强联合执法和统一执法。按照我国《生物安全法》的规定，“涉及专业技术要求较高、执法业务难度较大的监督检查工作，应当有生物安全专业技术人员参加”。在此基础上，考虑到未来生物风险的不确定性、不可预测性、高度危险性，人民公安应该考虑像设立森林警察那样设置专门的生物安全执法队伍，以增强执法的专业性、专门性、权威性。第二，在司法方面，为了有效应对生物风险的挑战和压力，人民检察机关应该像提起环境公益诉讼那样提起生物安全公益诉讼，加强对维护生物安全方面失职渎职行为的诉讼。人民法院应该像设立生态环境法庭那样设立生物安全法庭，加大对造成生物风险、破坏生物安全行为的审判力度。目前，应该围绕生物风险热点问题展开生物安全司法工作。围绕着“快速响应以限制生物事故的影响”，美国《国家生物防御战略》提出，要加强“取证和归因”。具体来说，一是利用法医工具和调查能力进行法医检查，以支持生物威胁或生物事故的归因。二是使用适用的协议和协议备忘录，以便将潜在的生物污染证据和机密材料运输到适当的预先指定的设施进行分析。因此，我们应该加强和提升法医的生物安全知识水平，让具有生物安全知识背景和专门技能的法医深度、全面参与生物安全司法工作。第三，在守法方面，按照我国《生物安全法》第七条，我们应该通过各种途径和方式加强生物安全知识和生物安全法律法规等方面的宣传教育普及工作，提升全体人民的生物风险意识和生物安全意识，推动全社会依法防范生物风险、依法维护生物安全。

在现代国家治理中，法律和道德是两种相辅相成的方式和手段。习近平总书记指出：“要坚持依法治国和以德治国相结合，实现法治和德治相辅相成、相得益彰。”因此，在坚持依法推动生物安全治理的同时，我们还必须坚持以德推动生物安全治理，让德治成为生物安全治理的准则和手段。这就是要按照生物安全伦理进行生物安全治理。生物安全伦理是关于防范生物风险、维护生物安全的道德准则和评价体系的总和。美国《国家生物防御战略》就有这方面的明确规定。例如，在支持和促进生命科学和生物技术企业的负责任行为方面，它提出：“支持和促进生命科学领域的全球生物安全、生物安保、道德和负责任行为文化。”在生物安全事故期间支持提供医疗保健和进行临床研究方面，它提出：“建立并预先确定进行伦理、有效和可解释的临床试验的方案，以在国内或国际生物安全事故期间测试有希望的研究医疗对策。”现在，我国《生物安全法》亦有相应的明确伦理道德方面的规定。在生物技术方面，第三十四条提出：“从事生物技术研究、开发与应用活动，应当符合伦理原则。”在生物医学方面，第四十条提出，“从事生物医学新技术临床研究，应当通过伦理审查，并在具备相应条件的医疗机构内进行”。在人类遗传资源方面，第五十五条提出：“采集、保藏、利用、对外提供我国人类遗传资源，应当符合伦理原则，不得危害公众健康、国家安全和社会公共利益。”这样，我国《生物安全法》事实上也搭建起了一个生物安全伦理的框架，初步实现了生物安全法律和生物安全伦理的有机结合。

面向未来，我们应该建立一个独立而完整的生物安全伦理体系。在全国抗击新冠肺炎疫情表彰大会上，习近平总书记引用《庄子》的话指出："爱人利物之谓仁。"北宋唯物主义哲学家张载提出的"民胞物与"思想与这一思想具有内在的一致性。将天下人民看作是自己的兄弟、将天地万物看作是自己的伙伴，是中华民族固有的生态美德和生命美德。"爱人利物"和"民胞物与"的实质就是"敬佑生命"（敬畏生命）。今天，按照以人民为中心的价值取向，按照人与自然是生命共同体的科学理念，按照社会主义核心价值体系和社会主义核心价值观的精神实质，我们应该将"敬佑生命"作为处理生物安全问题的"绝对命令"。第一，针对不同的领域，我们应该提倡不同的生物安全伦理规范。在狭义"生物安全"领域，我们应该倡导这样的伦理规范：凡是有助于保护生物多样性和保护生物圈的行为就是善的，反之就是恶的。在"生物安保"领域，我们应该倡导这样的伦理规范：凡是有助于防范生物风险的行为就是善的，反之就是恶的。在"生物防御"领域，凡是有助于防范御生物武器、生物恐怖主义、生物战争的行为就是善的，反之就是恶的。第二，针对不同的社会行为主体，提出不同行业或不同人员的生物安全伦理。例如，广大的党政干部和解放军指战员应该从维护国家政治安全和军事安全的高度将维护国家生物安全作为自己的责任和使命，不能出卖国家的生物安全利益，坚决捍卫国家的生物资源主权；从事与生物安全相关的专业人员和企业人员要以防范行业和职业的生物风险作为自己的首要生物安全行为准则，不能由于工作失误造成生物风险，应该通过自己的工作维护和促进国家的生物安全；普通群众应该在日常生活和本职工作中遵守国家的生物安全法律，积极投身维护国家生物安全的活动，与破坏和威胁国家生物安全的行为进行斗争等。我国《生物安全法》第七条明确规定，"任何单位和个人不得危害生物安全"，这是我们遵守生物安全伦理的道德底线。

为了促进生物安全伦理内化于心外化于行，我们应该通过各种方式加强生物安全伦理宣传教育，将之贯彻于国民教育全过程、精神文明各环节当中。在此基础上，我国应该将生物安全法律转化为全社会的内心信仰和自觉行动，将生物安全伦理转化为生物安全法律理念和法律规范，实现德法互济。这样，才能有效实现生物安全治理的法治化，提升我国的生物安全治理能力。

三 提高生物安全治理的领导能力和水平

由于生物安全具有专业性、整体性、公共性、风险性等特点，因此，提高生物安全治理能力必须要提高生物安全治理的领导力。现在，强化集中和领导是国际社会防范生物风险、维护生物安全的共同选择。由于意识到“管理生物事件的风险是美国的切身利益”，因此，美国《国家生物防御战略》明确将“生物防御”看作是联邦政府的责任。根据我国的经验和实际，我们只能选择中国共产党的领导。因此，我国《生物安全法》第四条明确规定：“坚持中国共产党对国家生物安全工作的领导，建立健全国家生物安全领导体制，加强国家生物安全风险防控和治理体系建设，提高国家生物安全治理能力。”其所以如此，就在于：一是从党的性质和宗旨来看，中国共产党是中国工人阶级和中华民族的先锋队，坚持以全心全意为人民服务为宗旨。二是从中国特色社会主义的本质和优势来看，中国共产党的领导是中国特色社会主义最本质的特征和中国特色社会主义制度的最大优势。三是从我国安全治理的成效来看，正是有中国共产党的领导，我们才能成功应对一系列重大风险挑战，才能有力应变局、平风波、战洪水、防非典、抗疫情、胜地震，才能化险为机、转危为安。

加强党对国家生物安全治理的领导，必须坚持党对国家生物安全治理的全面领导。第一，从思想领导上来看，我们必须坚持以习近平新时代中国特色社会主义思想中关于生物安全的重要论述为指导思想。党的十八大以来，从国家安全总体观、国家治理体系和治理能力现代化等高度，习近平总书记就生物安全问题发表了一系列重要论述。从价值取向上来看，必须按照以人民为中心的思想，从维护人民群众生命安全和身体健康的高度，努力满足人民群众的美好生活需要，做好生物风险防控和生物安全维护工作。从战略地位来看，重大传染病和生物安全风险是事关国家安全和发展、事关社会大局稳定的重大风险挑战，要把生物安全作为国家总体安全的重要组成部分。从战略任务来看，要加强野生动物保护，维护生物多样性，做好重大病虫害和动物疫病的防治，保证食品完全和药品安全，做好疫情防控工作，保证疫苗安全。从战略举措来看，要推动生物科技创新和生物安全科技创新，运用最新科技手段推进疫情防控；制定和完善生物安全法，加快构建国家生物安全风险防控和治理体系，加快构建国家生物安全法律法规体系和制度保障体系。第二，从组织领导上来看，我们要在中央国家安全委员会的指导下开展工作。中央国家安全委员会是中国共产党中央委员会下属机构，其职责是按照集中统一、科学谋划、统分结合、协调行动、精干高效的原则，紧紧围绕国家安全工作的统一部署狠抓国家总体安全的落实。我国《生物安全法》第十条已经明确了中央国家安全委员会的法律地位和法律责任："中央国家安全领导机构负责国家生物安全工作的决策和议事协调，研究制定、指导实施国家生物安全战略和有关重大方针政策，统筹协调国家生物安全的重大事项和重要工作，建立国家生物安全工作协调机制。"美国《国家生物防御战略》提出，除了美国总统领导、国家安全委员会协调、总统国家安全事务助理行事之外，应该设立"生物防御指导委员会"来"负责监督和协调战略及其实施计划的执行，并确保联邦与国内和国际政府及非政府合作伙伴的协调"。借鉴这一经验，我们应该在中央国家安全委员会建立的协调工作机制的基础上，专门成立生物安全治理机构和机制，以统筹和指导生物风险防范、生物安全维护等工作。

在党的领导下，在中央国家安全委员会的指导下，中央生物安全治理机构和机制应该成为专门的中央生物安全治理的机构和机制。其主要职责应该包括：一是全面研究全球生物安全环境、形势和面临的挑战、风险，深入分析我国生物安全的基本状况和基础条件，系统提出我国生物安全风险防控和生物安全国家治理体系建设规划。目前，我们应该抓紧时间制定和出台国家"生物安全战略规划"（2021—2049），为全面建设社会主义现代化国家提供生物安全保障。二是围绕着生物安全风险的防范和应对，从提高国家生物安全治理能力的角度，大力提升国家生物安全风险的识别能力、预警能力、监测能力、响应能力、恢复能力。同时，要形成生物安全风险的问责和追究机制，促进广大党政干部形成高度的生物风险意识和生物安全意识，提升其生物安全治理能力。三是从维护国家生物安全的高度，居安思危，与政法系统一道做好应对生物恐怖主义的工作，与外事系统一道做好参与生物安全国际治理的工作，与军事系统一道做好应对生物战争的工作。

在坚持党的领导的前提下，我们必须不断改善党的领导，让党的领导更加适应实践、时代、人民的要求。在生物安全治理方面，我们要努力促进生物安全治理的科学化和民主化。第一，在科学化方面，我们要建立和完善生物安全治理的专家参与生物安全决策和管理的机制。我国《生物安全法》第十二条提出："国家生物安全工作协调机制设立专家委员会，为国家生物安全战略研究、政策制定及实施提供决策咨询。"同时，行政管理部门组织建立相关领域、行业的生物安全技术咨询专家委员会，为生物安全工作提供咨询、评估、论证等技术支撑。因此，按照马克思主义认识论关于"实践—认识—再实践—再认识"的人类认知图式理论，我们应该将社会系统工程方法和德菲尔法结合起来，建立和完善生物安全治理专家决策系统。第二，在民主化方面，我们要建立和完善人民群众参与生物安全决策和管理的机制。群众是真正的英雄。习近平总书记指出："要坚持群众观点和群众路线，拓展人民群众参与公共安全治理的有效途径。"爱国卫生运动就是人民群众参与国家生物安全治理的有效形式和宝贵经验，在取得疫情防控战略性成果方面发挥了重要作用。我们要科学总结新冠肺炎疫情防控斗争的经验，丰富爱国卫生运动的内涵，创新爱国卫生运动的方式方法，推动从环境卫生治理向全面社会健康管理转变，推动从全面社会健康管理向防范生物风险和维护生物安全转变，推动从群众参与生物安全治理向群众参与国家总体安全维护转变。各级党委和政府要把爱国卫生工作列入重要议事日程，探索更加有效的生物安全治理的社会动员方式。

总之，只有在党的领导下，在专门的中央生物安全治理机构和机制的框架中，把干部、专家、群众三个方面的积极性都调动起来，我们才能有效提高国家的生物安全治理能力。

十八大以来党领导生态文明建设的理论创新和实践创新及其当代价值*

王雨辰　彭奕为**

十八大以来，以习近平同志为核心的党中央根据新时代中国特色社会主义所处的历史方位，通过回答“为什么要建设生态文明”“如何建设生态文明”和“怎样建设生态文明”三个重大的理论问题和实践问题，实现了生态文明理论创新和实践创新。如何把握十八大以来党领导生态文明建设的理论创新与实践创新的内涵及其价值，学术界已经作了初步和有意义的探索。但是，如何根据中国特色社会主义从富起来到强起来的历史方位和人类文明发展的生态转向的总体视角，从人类生态文明思想发展史、生态运动和社会主义的本质与理想的三重维度上进一步深化对上述问题的研究，依然是学术界面临的重要课题。

一　十八大以来中国共产党实现生态文明理论创新和实践创新的历史逻辑

十八大以来党所实现的生态文明建设的理论创新与实践创新同新时代中国特色社会主义所处的历史方位密切相关。中国共产党自成立始就把为中国人民谋幸福、为中华民族谋复兴作为自己的初心使命，以毛泽东同志为代表的中国共产党人把马克思主义基本原理与中国具体实际相结合，建立了社会主义新中国，实现了马克思主义中国化的第一次历史性飞跃，形

---

* 本文系国家社科基金重点项目“党的十八大以来党领导生态文明建设的理论创新与实践经验与研究”、教育部人文社科研究一般项目“习近平生态文明思想对人类生态文明思想的革命及其当代价值”阶段性成果。

** 王雨辰，教育部长江学者特聘教授，中南财经政法大学哲学院教授，博士生导师；彭奕为，中南财经政法大学哲学院博士生。

成了毛泽东思想的理论创新，使中华民族真正站起来了；以邓小平同志、江泽民同志和胡锦涛同志为代表的中国共产党人总结新中国成立以来的正反经验，把党和国家的工作重心转移到经济建设上来，成功地开创了中国特色社会主义，并围绕“什么是社会主义、怎样建设社会主义”等问题探索形成了邓小平理论、“三个代表”重要思想和科学发展观的理论创新，实现了中华民族从“站起来”到“富起来”的历史性转变；以习近平同志为代表的中国共产党人就新时代“坚持和发展什么样的中国特色社会主义、怎样坚持和发展中国特色社会主义，建设什么样的社会主义现代化强国、怎样建设社会主义现代化强国，建设什么样的长期执政的马克思主义政党、怎样建设长期执政的马克思主义政党等”重大时代课题展开探索，提出一系列原创性的治国理政新理念新思想新战略，形成了习近平新时代中国特色社会主义思想的理论创新，开启了中华民族强起来的伟大征程。中华民族从“站起来”“富起来”到“强起来”是新时代中国特色社会主义实践所处的历史方位。为了实现中华民族“强起来”的战略目标，以习近平同志为代表的中国共产党人分析了新时代中国特色社会主义实践面临的深层次问题。具体说：第一，改革开放使中国特色社会主义实践取得了巨大成就，经济总量跃居世界第二，人民生活水平迅速提高。但是在我国社会主义现代化建设取得巨大成绩的同时，“必须清醒地看到，我国经济规模很大，但依然大而不强，我国经济增速很快，但依然快而不优。主要依靠资源等要素投入推动经济增长和规模扩张的粗放型发展方式是不可持续的”[①]。粗放型发展方式不仅造成经济结构的畸形发展，而且造成严重的生态环境问题，使得粗放型发展方式难以为继。第二，中国社会的主要矛盾已经从人民日益增长的物质文化需要同落后的社会生产之间的矛盾转换成人民日益增长的美好生活需要和不平衡不充分的发展之间的矛盾。如何通过转换发展方式，实现绿色发展和高质量发展，满足人民群众对美好生活方式的需要，成为新时代中国特色社会主义实践应当着力解决的问题。第三，党的执政的目的是满足人民对美好生活的追求和向往，实现中华民族的永续发展，这就决定了新时代中国特色社会主义现代化是人与自然和谐共生的现代化，既要给人民群众提供更多的物质财富与精神财富，又要给人民群众提供良好的生态产品和优美的生活环境。第四，对社会主义建

① 《习近平谈治国理政》，外文出版社 2014 年版，第 120 页。

设规律认识的深化，要求我们建设社会主义现代化强国必须根据中国社会主要矛盾的变化而不断作出战略调整，体现为改革开放以来的中国特色社会主义实践在坚持“以人民为中心”的发展思想，促进人的自由全面发展和全体人民共同富裕的同时，中国特色社会主义事业的总体布局依次经历了“两个文明”到“三位一体”、“四位一体”到十八大以后的“五位一体”的演变，这一演变过程实际上揭示了党对“中国式现代化”新道路，国家富强、民族振兴、人民幸福的“中国梦”的不懈探索和追求，强调只有把生态文明建设置于新时代中国特色社会主义事业的基础和战略性地位，才能克服自然资源的制约，实现绿色发展和高质量发展，满足人民群众对美好生活的向往，实现“中国梦”和中华民族的永续发展。“生态兴则文明兴，生态衰则文明衰”的人类社会发展规律要求既应当把生态环境看作人类社会生存和发展的根基，坚持马克思主义关于人与自然辩证统一关系的学说，在利用和改造自然的过程中尊重自然、顺应自然、敬畏自然和善待自然，又应当吸取古代埃及文明、巴比伦文明和我国的楼兰文明因为生态环境的破坏而衰落的历史教训，高度重视生态文明建设在社会主义现代化建设中的战略地位。第五，生态文明建设关乎人类未来。建设绿色家园是人类的共同梦想，保护生态环境和应对气候变化是人类共同的责任，任何民族国家都不可能置身事外，这一方面要求应当以“人类命运共同体”理念为指导，促进全球生态治理和构筑绿色低碳经济体系，共建清洁美丽世界，另一方面也要求我们成为全球生态文明建设的重要参与者、引领者，为全球生态文明建设提供中国方案、中国智慧，拓展发展中国家既实现现代化又保护好生态环境的途径选择，提升中国在全球生态文明建设中的国际话语权。

十八大以来党所实现的生态文明建设的理论创新与实践创新同人类文明发展的生态转向密切相关。人类文明发展的理想是在生产力发展和社会物质财富极大丰富的基础上，实现人的自由全面发展，人类对这一理想的追求展现为文明形态的多样性与统一性的辩证关系。从人与人关系的维度看，具体展现为原始社会、奴隶社会、封建社会、资本主义社会和社会主义社会的发展过程；从人与自然关系的维度看，体现为原始文明、农业文明、工业文明和生态文明的发展过程。资本主义工业文明虽然创造了丰富的物质文明，但是也给人类带来了巨大的生态创伤和人与人之间关系的异化。伴随着当代生态科学等自然科学的兴起，人类文明的发展出现了生态转向。这种生态转向形成了割裂自然观与历史观辩证统一关系的抽象的伦理生态共同体话语和强调自然观与历史观辩证统一关系的历史唯物主义的生态共同体话语。西方生态思潮和生态文明理论是以抽象的伦理生态共同体为理论基础的，它们或者把经济发展、技术进步和生态文明建设绝对对立起来，以贬损人类的尊严和权利为代价追求人与自然的和谐关系，进而否定发展中国家的发展权和环境权，是服务于发达国家以追求生活质量为导向的西方中心主义的生态文明理论；或者是强调在技术进步、经济增长的基础上，制定严格的环境政策以实现资本主义经济的可持续发展，进而形成绿色资本主义理论。十八大以来党领导的生态文明建设是以历史唯物主义话语的生态共同体思想为理论基础的，这就决定了党的生态文明建设思想一方面强调树立生态文明理念，转换生产方式，走以科学技术创新为主导，以维系人与自然和谐关系为目的的生态文明发展道路的重要性；另一方面又始终强调人与自然关系的性质取决于人与人关系的性质，坚持“环境正义”的价值取向，把合理协调人与人的生态利益关系看作是解决人与自然关系的关键，坚持“五个文明”协调共同推进，并把生态文明的价值目的和归宿定位于是否能够提升民生福祉，始终坚持“人民至上”和“以人民为中心”的发展思想和“环境民生论”。这实际上是要求不能脱离维系人与人之间的和谐关系，抽象地谈论维系人与自然的和谐关系。只有理解党的生态文明建设思想的上述特质，才能认识和理解党的生态文明建设的理论创新与实践创新的本质与当代价值。

总而言之，只有立足于新时代中国特色社会主义实践所处的历史方位和人类文明发展生态转向的总体视角，才能真正理解和把握十八大以来党领导生态文明建设所实现的理论创新和实践创新的历史逻辑，才能真正把握十八大以来党所实现的生态文明建设理论创新和实践创新对于推进新时代中国特色社会主义事业的意义和对推进人类文明发展的世界意义。

二 十八大以来中国共产党实现生态文明建设理论创新和实践创新的理论逻辑

十八大以来党领导生态文明建设所实现的理论创新和实践创新的理论逻辑是对马克思主义生态思想的继承和发展，是对西方生态文明理论的超越和对中华传统生态智慧的创造性转化。只有立足于人类生态文明思想发展史、生态运动和社会主义的本质和理想三个维度，才能科学地揭示十八大以来党领导生态文明建设所实现的理论创新和实践创新的理论逻辑。

从人类生态文明思想发展史的维度看，生态文明理论是对工业文明所造成的日益严重的生态危机的反思和19世纪以来生态科学等自然科学兴起的结果。工业文明的哲学世界观、自然观是以近代理性主义“主体—客体”二元对立哲学世界观和以牛顿力学为基础的机械论的自然观，其理论特点是把整个世界描绘为遵循机械运动发展规律的被动客体，把哲学的任务归结为运用哲学理性把握自然界的内在规律，把人与自然的关系归结为控制和被控制、利用和被利用的关系，把自然仅仅看作是满足人类需要的遵循机械运动规律的被动客体，认为自然的价值在于满足人类的主观需要，由此形成一种人类中心主义的价值观，它们与资本相结合构成了资本主义工业文明发展的基础。在资本利润动机的支配下，资本主义工业文明一味追求物质财富的无限增长，信奉以占有和消费物质为特征的消费主义价值观和物质主义幸福观，在促进工业文明高度发展和经济快速增长的同时，也导致了人与自然关系的日益紧张和工业文明发展呈现出不可持续性的特点。工业文明发展的消极后果使得资源的稀缺性和有限性成为人们关注和讨论的热门话题，并由此形成各种保护地球的生态运动。生态学等自然科学的发展揭示了构成生态共同体的人类、生物和自然界之间处于相互依赖、相互影响和相互作用的关系，突破了近代机械论的哲学世界观、自然观与还原主义的分析方法，逐渐形成了有机论、整体论的生态思维方式，人类开始认识到人类利用和改造自然的行为必须尊重自然的规律，并考虑地球生态系统所能承受的限度，否则就会破坏生态平衡和遭受自然的惩罚。1949年美国学者奥尔多·利奥波德的《沙乡年鉴》一书不仅提出了人类应当放下征服者的角色，把自己看作是地球生态系统中普通的一员，而且反对人类仅仅从经济价值的角度对待人类之外的存在物，要求人类应当把道德关怀的对象拓展到人类之外的存在物上，强调他的“大地伦理”的核心是主张“当一个事物有助于保护生物共同体的和谐、稳定和美丽的时候，它就是正确的，当它走向反面时，就是错误的”①，实际上是把维护生态共同体的和谐当作最高的善，由此被认为是当代生态思潮和生态文明理论形成的标志。20世纪50年代以后，生态文明理论逐渐发展成为生态中心论的“深绿”生态文明理论、现代人类中心论的“浅绿”生态思潮和

① ［美］利奥波德：《沙乡年鉴》，侯文蕙译，吉林人民出版社1997年版，第213页。

生态学马克思主义生态文明理论，他们围绕着生态危机的根源与解决途径、生态文明的本质、技术进步和经济增长与生态文明建设的关系等问题展开了激烈的争论，虽然其具体理论观点和价值立场存在着差别甚至是对立，但其共同点则是如何调整人类的价值观和实践行为，实现人类与自然关系的和谐。十八大以来党领导生态文明建设的理论创新就是在坚持和发展马克思主义生态思想的基础上，对当代西方“深绿”生态文明理论、“浅绿”生态思潮、生态学马克思主义生态文明理论的理论成果继承和超越的结果。

“深绿”生态文明理论、“浅绿”生态思潮在如何看待生态问题上的分歧和争论大致可以归纳为如下四点内容：第一，在生态本体论上，“深绿”生态文明理论秉承生态科学等自然科学所揭示的有机论、整体论的哲学世界观和自然观，反对近代机械论的哲学世界观和自然观，强调人类和自然是一种有机联系的关系，并以贬损人类的尊严和权利为代价维系自然生态系统的和谐与稳定；“浅绿”生态思潮则秉承与资本联系在一起的机械论的哲学世界观和自然观，把人类与自然的关系归结为控制和被控制、利用和被利用的关系，强调人类利用和改造自然的必要性与合理性。第二，在生态价值观上，“深绿”生态文明理论认为人类中心主义价值观是造成生态危机的根源，把破除人类中心主义价值观，树立以“自然价值论”和“自然权利论”为代表的生态中心主义价值观看作是解决生态危机的途径；“浅绿”生态思潮则强调保护生态环境的根本目的是捍卫人类的利益，人类中心主义价值观既不可能是造成生态危机的根源，更不应该否定人类中心主义价值观本身，需要改变的是近代人类中心主义价值观。因为它错误地把人类中心主义价值观解释为不追问人的感性需要的合理性问题就要求无条件予以满足的“人类专制主义”和“强式人类中心主义”，造成了人类在利用和改造自然的过程中忽视了保护自然的责任和义务，只要把近代人类中心主义价值观修正为基于理性欲望、保护自然的责任和义务以及建立在人类整体利益和长远利益基础上的现代人类中心主义价值观，就不会造成生态危机。第三，在生态文明的本质问题上，“深绿”生态文明理论反对人类改造和利用自然的行为，把生态文明的本质理解为人类屈从于自然的生存状态；“浅绿”生态思潮本质上是一种维系资本主义可持续发展的绿色资本主义理论。在他们那里，生态文明的本质被理解为维系资本主义再生产自然条件的环境保护。第四，在技术运用、经济增长与生态文明建设的关系问题上，“深绿”生态文明理论把技术运用、经济增长与生态文明建设对立起来，忽视人民群众和广大发展中国家希望通过发展满足基本生存和消除贫困的愿望，从原本反对技术理性的滥用进一步发展为反对科学技术本身，进而拒斥技术进步和经济增长，倡导经济零增长的稳态经济模式，其目的在于或者维系中产阶级的既得利益和生活品质，或者保护人类实践尚未涉足的“荒野”；“浅绿”生态思潮则强调技术进步和经济增长的必要性和重要性，在他们看来，生态危机之所以发生就在于现代技术的内在缺陷、人口的过快增长和经济发展之间的不平衡。但由于“浅绿”生态思潮是一种维系资本主义可持续发展的绿色资本主义理论，因而他们所说的“技术”本质上是服从和服务于资本追求利润的技术理性，他们所说的经济增长的目的并不是满足人民群众的基本生活需要，而是为了满足资本追求利润的需要。这就意味一方面他们所追求的可持续发展只能造成穷者愈穷、富者愈富的两极分化的结果，另一方面他们所追求的可持续发展不仅无法解决生态危机，而且在资本追求利润动机的支配下资本主义生产体系的扩张会进一步强化生态危机。虽然“深绿”生态文明理论、“浅绿”生态思潮之间存在着上述分歧和争论，但他们又存在着如下的共同点。具体说：第一，他们都割裂自然观与历史观、人类与自然的辩证统一关系，不去考察一定社会制度和生产方式下人与自然物质与能量交换的实际过程，仅仅从抽象的生态价值观的维度探讨生态危机的根源与解决途径，进而把生态问题简单地归结为一个价值问题，秉承的都是一种抽象的文化价值决定论的理论立场，都看不到资本主义的现代化和全球化才是造成生态危机的根源，不仅推卸资本应当承担的当代全球生态治理的责任，而且要求所有人承担资本主义现代化和全球化所造成的生态危机的后果，是一种有违“环境正义”原则的生态文明理论和生态思潮。第二，“深绿”生态文明理论的目的是追求中产阶级生活质量和审美趣味，“浅绿”生态思潮追求的是资本主义可持续发展和维护资本利益，他们都是“追求生活质量导向”的生态文明理论和生态思潮，都漠视人民群众和发展中国家的生存权与发展权，难以用于指导发展中国家生态文明建设。因为对于发展中国家而言，如何通过绿色低碳可持续发展实现生存是其生态文明建设的主要任务，其生态文明理论应当是“追求生存导向”的生态文明理论。第三，“深绿”生态文明理论、“浅绿”生态思潮忽视和否定资本主义现代化和全球化是当代生态危机的根源，又漠视和否定人民群众和发展中国家生存权与发展权，秉承的是西方中心主义的价值立场，是维护中产阶级和资本利益的特殊维度、地区维度的生态文明理论和生态思潮。

生态学马克思主义既是以历史唯物主义为理论基础分析当代生态危机的根源与解决途径的理论，又是对“深绿”生态文明理论、“浅绿”生态思潮回应和批判的结果。历史唯物主义坚持自然观与历史观、人与自然的关系是以人类实践为基础的具体的、历史的统一关系，强调自然既是人类实践活动的前提，人类实践活动必须尊重自然规律，同时人类又可以根据自己的需要能动地改造自然，人与人关系的性质又决定人与自然关系的性质。生态学马克思主义由此批评“深绿”生态文明理论和“浅绿”生态思潮不去考察一定社会制度和生产方式下人与自然实际的物质与能量交换过程，而是把生态问题简单地归结为一个抽象的价值问题，并明确指出资本主义制度和生产方式是生态危机的根源，资本物欲至上的价值观和消费主义生存方式进一步强化了生态危机，解决生态危机的途径就在于把生态运动与有组织的工人运动相结合，变革资本主义制度和生产方式，建立生态社会主义社会。在此基础上，他们对生态文明的本质、生态价值观、技术进步与经济增长同生态文明建设的关系问题作出了系统的论述。具体说：第一，在生态文明的本质问题上，生态学马克思主义强调生态文明并不是要人们回到穷乡僻壤和人类屈从于自然的生存状态，也不认为这种状态就意味着处理好了人与自然的关系问题。并明确把生态文明理解为超越工业文明的新型文明形态，强调生态文明的本质是继承工业文明的技术成就，为人们创造多种满足形式，使人们在创造性的劳动而不是在异化消费中寻求幸福和自由的体验；第二，在生态价值观问题上，生态学马克思主义既批评“深绿”生态文明理论所主张的“自然价值论”和“自然权利论”力图脱离人类的利益谈论生态危机和生态平衡，脱离人类的经验和文化建构生态学理论，不仅难以保证其理论的科学严密性，而且在实践中会导致自然神秘化和贬损人类的价值的后果；同时也批评“浅绿”生态思潮所主张的人类中心主义价值观并不是真正意义上的人类中心主义价值观，而是以古典政治经济学为基础，服从于资本追求利益的资本中心主义。在此基础上，生态学马克思主义对生态价值观展开了重构，提出了以人类整体利益和长远利益为基础，以满足人民群众，特别是穷人基本需要的新型人类中心主义价值观和以反对资本主义制度颠倒使用价值和交换价值，恢复事物本性的新型生态中心主义价值观；第三，在技术进步与经济增长同生态文明建设的关系问题上，他们明确肯定生态文明建设与技术进步与经济增长不仅不是对立的关系，而且必须以技术进步与经济增长为基础和前提。他们由此既同意“深绿”生态文明理论对技术理性的批判，又没有因此而陷入到反对科学技术本身和经济增长的后现代主义的泥潭；既同意“浅绿”生态思潮要求发展科学技术和经济增长的现代主义立场，又反对“浅绿”生态思潮把科学技术归结为服从经济理性的技术理性，所追求的经济增长本质上不是以满足人民群众需要为目的的，而是以满足资本追求利润为目的的。生态学马克思主义强调只有把科学技术进步建立在生态理性基础上，只有把经济增长的目的定位于满足人民群众的需要，技术进步和经济增长才能实现人与自然、人与人的共同和谐发展。

从上述三种生态文明理论和生态思潮分歧和争论我们大致可以归纳出如下三点结论。具体说：第一，不同的理论基础是他们产生争论的根本原因。“深绿”生态文明理论是以割裂自然观与历史观、人与自然辩证统一关系的抽象伦理话语的生态共同体思想为理论基础；“浅绿”生态思潮以实现资本主义的绿色发展为目的，是以割裂自然观与历史观、人与自然辩证统一关系的机械论的哲学世界观与自然观为理论基础；生态学马克思主义则是以强调自然观与历史观、人与自然辩证统一关系的历史唯物主义生态共同体思想为理论基础。正是由于理论基础的区别，使得他们在分析生态危机的根源和探索生态危机的解决途径问题上发生分歧和争论；第二，理论立场上的现代主义和后现代主义的差别。“深绿”生态文明理论借助直觉、体验建构其理论，以贬损人类的尊严和权利为代价维系生态整体的和谐，反对科学技术运用和经济增长，其理论具有相对主义、神秘主义、反对主体性和反对科学技术的特点，其理论在本质上是一种后现代理论；“浅绿”生态思潮和生态学马克思主义坚持技术进步和经济增长的现代主义立场，但“浅绿”生态思潮坚持的是以经济理性和资本利益为基础的技术理性和经济可持续发展；生态学马克思主义坚持的则是以生态理性和人民群众利益为基础的科学技术进步和经济增长；第三，价值立场的“西方中心主义”和“非西方中心主义”的差别。“深绿”生态文明理论和“浅绿”生态思潮信奉自由主义政治哲学或自由主义发展哲学，都力图在资本主义制度框架范围内解决生态危机，不仅起到了为资本推卸全球生态治理责任的作用，而且都否定人民群众和发展中国家的生存权和发展权，是一种“追求生活质量导向”的西方中心主义的生态文明理论和生态思潮；生态学马克思主义不仅把破除资本主义制度和生产方式，建立生态社会主义社会看作是解决生态危机的关键，而且是以满足人民群众基本生活需要为目的的“生存导向”的非西方中心主义生态文明理论。十八大以来党所实现的生态文明的理论创新就是对上述生态文明理论批判继承和超越的结果。

要把握十八大以来党所实现的生态文明的理论创新和实践创新还必须联系当代生态运动展开分析。当代生态运动与人类的环境意识的提升是一个相互促进的过程。伴随着20世纪40年代末西方生态文明理论的产生以及20世纪60年代人类对自然资源稀缺性和有限性的反思，特别是20世纪70年代以后以罗马俱乐部发表《增长的极限》一书以及所引发的争论开始，就出现了诸如“地球之友”“环境保护——绿色行动”“自然之友”等各种环境保护组织和环保运动，并逐渐使环境问题上升为民族国家和联合国的重要议题。根据生态运动不同的价值旨趣我们可以把当代生态运动划分为三种类型：一种是与生态中心主义思潮相联系的生态运动和生态政治，其核心是强调自然的内在价值，而要求人类亲近自然、尊重自然，放弃对自然的利用和改造，由此形成生态自治主义和生态无政府主义的生态政治和生态运动，主张树立自然价值论和自然权利论，并通过经济零增长的稳态经济模式来维系人与自然关系的和谐；第二种是与环境主义思潮、可持续发展理论和生态现代化理论相联系的以追求可持续发展和绿色发展为目的的生态运动。上述两种类型的生态运动都是在不改变现有资本主义制度框架范围内的生态运动；三是以马克思主义生态学为指导的生态运动，其特点是主张把生态运动与有组织的工人运动相结合，破除反生态的资本主义社会，建立生态社会主义社会。当代生态运动对生态文明理论建构和生态文明建设包含三种启示：一是我们必须充分认识到自然资源的有限性及其对人类文明发展的制约；二是必须正确区分环境保护与生态文明建设的区别。生态文明建设是环境保护，但不是所有的环境保护都是生态文明建设。西方各种力图在资本主义制度框架范围内发起的绿色发展运动无疑是一种环境保护，但由于其哲学世界观还没有上升到生态哲学世界观和自然观，其发展的目的并不是以满足人民群众的需要为目的的，其环境运动的目的是维系资本主义再生产所需要的自然条件；三是环境保护与社会制度的关系。由于资本主义制度是服务于资本追求利润的，其生产是为了生产交换价值而不是使用价值，这就决定了资本主义生产必须遵循经济理性而不是生态理性，这就决定了资本主义制度的反生态本性。因此“将可持续发展仅局限于我们是否能在现有生产框架内开发出更高效率的技术是毫无意义的，这就好像把我们整个生产体制连同非理性、浪费和剥削进行了‘升级’”而已。……能解决问题的不是技术，而是社会经济制度本身”①。在资本主义制度中只维系资本主义再生产自然条件的环境保护，不可能有真正的生态文明建设，生态文明建设只有在社会主义社会中才有可能真正展开，只有阐明社会主义的本质和理想，我们才能真正把握上述结论。

马克思、恩格斯在《1844年经济学哲学手稿》《共产党宣言》《德意志意识形态》和《资本论》等著作中，批判了资本主义制度不仅造成了资本主义社会自然资源的枯竭、生态环境的破坏，城乡之间、人与自然物质变换关系的裂缝，而且通过殖民活动在开拓世界市场的过程中，对被殖民国家进行自然资源的掠夺，也造成落后国家的生态环境破坏问题，使生态问题呈现出全球化发展的趋势。只有破除资本主义制度和生产方式，代之以能够合理协调人与自然物质变化关系的共产主义社会，才能真正解决人与自然的关系问题。因为只有在共产主义社会中，“社会化的人，联合起来的生产者，将合理地调节他们和自然之间的物质变换，把它置于他们的共同控制之下，而不让它作为一种盲目的力量来统治自己；靠消耗最小的力量，在最无愧于和最适合于他们的人类本性的条件下来进行这种物质变换”②。可见，马克思把共产主义社会设想为合理协调了人与人、人与自然关系，实现人与人、人与自然关系和谐的生态型社会。马克思、恩格斯的上述思想被生态学马克思主义所继承和发展，并由此形成了生态社会主义思潮。生态学马克思主义在批评资本主义社会生产是为了生产交换价值，而不是为了生产使用价值，缺乏“生产正义”的同时，也批评了现实社会主义社会没有继承马克思、恩格斯对资本主义社会生产目的的非正义性的批判，反而把社会主义的主题转向了追求分配正义，实际上是继承了资本主义社会的政治话语，有违马克思、恩格斯对资本主义社会的生产目的的非正义性的批判。他们所主张的生态社会主义社会由此强调应当恢复生态社会主义创始人的原意，把“生产正义”作为生态社会主义社会的首要价

---

① ［美］约翰·贝拉米·福斯特：《生态危机与资本主义》，耿建新等译，上海译文出版社2006年版，第95页。

② 《马克思恩格斯文集》第7卷，人民出版社2009年版，第928页。

值。也就是说，社会主义的本质和理想应当是以满足人民群众的需要和自由全面发展为目的，使技术进步和经济增长有利于实现人与自然、人与人的和谐共同发展的社会主义理想。

十八大以来党领导的生态文明建设正是在批判地反思人类生态文明思想史、生态运动，继承和发展社会主义的本质和理想的基础上，通过对中国传统的“天人合一”“贵和”的和合文化价值观，取之有时、取之有度的节俭生存方式的生态智慧展开创造性的转化，并以“人民至上”和“环境正义”的价值取向为指导，辩证地处理经济发展、技术进步与生态文明建设的关系、促进民族国家的绿色低碳发展与全球环境治理，以“五位一体”总体布局体现社会主义的本质和理想追求，实现人类生态文明思想史上的革命变革和理论创新的。

三 十八大以来中国共产党所实现的生态文明建设的理论创新

十八大以来中国共产党正是在以马克思主义生态思想为基础，批判地超越西方生态文明理论和对中华传统生态智慧进行创造性转换的基础上，在深刻地回答为什么建设生态文明、建设什么样的生态文明、怎样建设生态文明的重大理论和实践问题的过程中实现生态文明理论创新的。这种理论创新主要体现在如下五个方面。

第一，与“深绿”“浅绿”生态文明理论和生态思潮割裂自然观与历史观辩证统一关系，在人与自然关系问题上各执一端的做法不同，十八大以来中国共产党以历史唯物主义关于自然观与历史观、人与自然关系辩证统一的理论为基础，吸收了“深绿”生态文明理论的有机论、整体论的生态哲学世界观和中国传统生态智慧“天人合一”的思想，在生态本体论上先后创造性地提出了“生命共同体”“人与自然生命共同体”以及“地球生命共同体”概念。上述概念的核心就是强调组成地球生态共同体各要素之间、人与自然之间构成了相互依赖、相互影响和相互作用的有机关系，这种有机关系要求我们尊重自然规律、顺应自然规律，把自然看作是人类生存和发展的基础，树立地球生态共同体的生态哲学世界观和生态自然观，只有将人类利用和改造自然的实践活动限制在自然所能承受的限度内，才能维系人与自然和谐共生的关系，否则就会受到自然规律的惩罚。

第二，强调生态整体的和谐与“生态优先”原则是“深绿”生态文明理论的突出特点。但他们在谈论上述思想时是以割裂自然观与历史观辩证统一关系的抽象的伦理话语的生态共同体思想为基础的。这使得他们的理论具有两个鲜明的特点：一是脱离人与人的关系谈论生态危机和生态和谐的问题，看不到生态危机虽然以人与自然关系危机的形式表现出来，本质上反映的却是人与人生态利益关系的危机，只有协调好人与人的生态利益关系，实现了人与人关系的和谐，才能真正实现人与自然关系的和谐；二是由于“深绿”生态文明理论在人与自然的关系问题上是把自然生态系统的和谐与权利凌驾于人类的权利之上的，因此，他们贬损人类价值和尊严，秉承的是让人类屈从于自然的维系生态整体和谐的后现代主义价值立场。十八大以来党所实现的生态文明理论的创新则是以历史唯物主义为基础，既吸收了“深绿”生态文明理论关于维系生态整体和谐与生态优先的原则，又吸收了历史唯物主义自然观和历史观、人与自然辩证统一的思想，摒弃了其后现代主义价值立场，并对中华民族贵和尚中、和而不同的文化理想进行创造性转化，形成了以“和”的生态文化价值观为核心的生态文化体系。党的十九大报告在强调人与自然生命共同体的基础上，明确指出我们要建设的现代化是人与自然和谐共生的现代化；习近平总书记在深入推动长江经济带发展座谈会上的讲话中强调“推动长江经济带发展必须坚持生态优先、绿色发展的战略定位，这不仅是对自然规律的尊重，也是对经济规律、社会规律的尊重”[①]。但这里所讲的“生态优先”原则、人与自然关系的和谐与“深绿”生态文明理论存在着本质的区别。具体来说，十八大以来党的生态文明建设思想所强调的“生态优先”原则是与“绿色发展”的生态发展观紧密联系在一起的，摈弃了“深绿”生态文明理论把“生态优先”原则与发展对立起来的做法，强调生态文明建设应当以经济发展为基础和前提，脱离了经济发展谈论生态文明建设，无异于缘木求鱼。同时又强调这里所说的经济发展，不是那种“边发展，边污染”的传统发展方式，也不是为了经济发展而将生态文明建设看作一种权宜之计，而是要确立生态文明建设在中国特色社会主义实践中的战略地位，追求的是一种绿色低碳发展以及人与自然和谐共生发展的生态文明发展方式。这也决定了不能立足于后现代主义价值立场，而应当立足于现代主义的立场来理解人与自然和谐关系的现代化，因此，十八大以来党的生态文

① 中共中央文献研究室编：《习近平关于社会主义生态文明建设论述摘编》，中央文献出版社 2017 年版，第 68 页。

明建设思想所强调的“和”的文化价值观包括以往生态文明理论所不具有的三重内涵。具体说：其一，人与自然关系的和谐，必须树立“生命共同体”的生态哲学世界观和自然观，在实践中尊重自然、敬畏自然和顺应自然，维系人与自然的和谐共生关系；其二，人与人关系的和谐，核心是要坚持历史唯物主义的环境正义原则，通过建立科学的生态补偿制度，合理协调人与人之间的生态利益关系，切实保障人们的生态权益，真正建立一个人与人和谐共处的和谐社会，并在坚持自然观与历史观辩证统一关系的基础上，把实现人与人的和谐关系看作是实现人与自然和谐关系的关键，从而从根本上与“深绿”生态文明理论区分开来；其三，人的身心的和谐。工业文明不仅造成了生态创伤，而且工业文明盛行的消费主义价值观和生存方式也造成了人与人关系、人的身心关系的异化。“和”的文化价值观要求通过强化公民的环境意识和倡导树立以珍爱自然为核心的生态文化价值观，形成节约适度、绿色低碳、文明健康的生活方式和消费方式，实现人的身心关系的和谐。

第三，“深绿”生态文明理论和“浅绿”生态思潮或者把技术运用、经济增长与生态文明建设对立起来，或者把生态文明建设归结为维护资本主义可持续发展的自然条件的环境保护，以满足资本对利润的追求，都不能正确地处理生态文明建设与发展的关系问题。十八大以来党的生态文明建设思想坚持生态文明建设与发展是不可分离的辩证关系，这种发展不是传统的以劳动要素投入为主的粗放型发展，而是以科技创新为主导的生态文明发展方式。这种发展方式要求树立“绿水青山就是金山银山”的生态文明理念，明确绿水青山既是自然财富、生态财富，又是社会财富、经济财富，践行“保护生态环境就是保护生产力，改善生态环境就是发展生产力”的生态生产力观，科学处理经济发展与生态环境保护之间的矛盾，找到实现发展与保护生态环境协同共生的新路径，从而使得“保护生态环境就是保护自然价值和增值自然资本，就是保护经济社会发展潜力和后劲，使绿水青山持续发挥生态效益和经济社会效益”①。

第四，“深绿”生态文明理论和“浅绿”生态思潮在生态治理问题上或者秉承单纯的德治主义路向的生态治理观，或者秉承单纯的技术主义路向的生态治理观，并由此形成地方生态自治和以市场为主导的多中心的生

---

① 《习近平谈治国理政》第3卷，外文出版社2020年版，第361页。

态治理模式。十八大以来党的生态文明建设思想既强调最严格制度最严密法治的生态文明制度体系建设的生态法治论，又强调培育生态价值观和生态文化建设的生态德治论，使外在的制度强制规范转化为内在的道德自觉的“德法兼备”的社会主义生态治理观，不仅克服了“深绿”生态文明理论和“浅绿”生态思潮在生态治理问题上摇摆于“德治”和“法治”两个极端，而且建立了党政主导和人民群众共同参与、共同建设、共同享有的生态治理模式。

第五，“深绿”生态文明理论和“浅绿”生态思潮在生态治理和生态文明建设的价值归宿上或者是为了保证中产阶级的既得利益和生活品质，或者是为了维护资本追求利润，既缺乏满足人民群众需要的“人民性”的价值追求，也缺乏对人类共同利益的价值关怀。而“人民性”的价值追求和“人类情怀”恰恰是十八大以来党的生态文明建设思想的价值归宿。这主要体现在“以人民为中心”的发展思想、“环境民生论”以及共谋全球生态文明建设三个命题上。中国共产党始终坚持历史唯物主义的群众史观，这也决定了中国共产党要始终“把人民立场作为根本立场，把为人民谋幸福作为根本使命，坚持全心全意为人民服务的根本宗旨，贯彻群众路线，尊重人民主体地位和首创精神”①，始终坚持“以人民为中心”的发展思想，把发展的根本目的建立在满足人民群众对美好生活的追求与向往，促进人的自由全面发展的基础上。正是“以人民为中心”的发展思想使得十八大以来党的生态文明建设思想提出了“环境民生论”的命题，其核心不仅是把提供良好的生态产品和生态环境看作最普惠的民生，而且强调把人民群众是否满意，是否有获得感和幸福感看作是衡量生态文明建设得失成败的唯一标准。这决定了各级政府必须以对人民群众和子孙后代负责，明确生态治理和生态文明建设应当以解决损害群众健康的突出环境问题为重点，坚持预防为主、综合治理，强化水、大气、土壤等污染防治，着力推进重点流域和区域水污染防治，着力推进重点行业和重点区域大气污染治理。十八大以来党不仅高度重视中国的生态文明建设与绿色低碳发展问题，而且以“人类命运共同体”理念为基础，强调气候问题等全球环境问题是关系到人类能否建设地球绿色家园和维系子孙后代的生存空间，这一方面要求民族国家都承担起保护唯一地球家园的责任和义务；另一方面在

① 《习近平谈治国理政》第3卷，外文出版社2020年版，第136页。

当代全球环境治理中，应当坚持环境正义原则，按照造成生态问题的历史责任和民族国家发展的现实程度，遵循“共同但有差别”的原则，建构全球绿色低碳经济体系，把民族国家通过绿色发展消除贫困与全球共同繁荣发展有机结合起来。“人民性”的价值取向和“人类情怀”是十八大以来党的生态文明建设思想的价值归宿，超越了“深绿”生态文明理论和“浅绿”生态思潮，具有鲜明的理论特质。

十八大以来中国共产党的生态文明理论的创新从方法论上鲜明地体现了党在追求绿色发展过程中的问题导向思维、整体思维、系统思维和协同思维，这使得党的生态文明建设思想能够伴随着中国特色社会主义实践和人类文明发展面临的问题不断创新和发展，并为十八大以来中国共产党的生态文明建设的实践创新提供了科学指南。

四 十八大以来中国共产党所实现的生态文明建设的实践创新

十八大以来中国共产党所实现的生态文明建设理论创新和实践创新是一个辩证统一的历史过程。党所实现的生态文明建设的实践创新主要体现在通过“五位一体”总体布局和“四个全面”战略布局确立生态文明建设的战略地位，党从“思想、法律、体制、组织、作风上全面发力，全方位、全地域、全过程加强生态环境保护，推动划定生态保护红线、环境质量底线、资源利用上线，开创一系列根本性、开创性、长远性工作。……我国生态环境保护发生历史性、转折性、全局性变化”[①]。十八大以来中国共产党在生态文明建设上的实践创新主要体现在如下四个方面。

第一，十八大以来党所实现的生态文明建设的实践创新不仅把生态文明建设融入经济建设、政治建设、文化建设和社会建设中的“五位一体”总体布局和“四个全面”战略布局中，而且提出应当把“双碳”目标纳入生态文明建设的总体目标中，要求坚持人与自然和谐共生的生态文明理念，树立社会主义生态文明观，坚持节约优先、保护优先、自然恢复为主的方针，形成节约资源和保护环境的空间格局、产业结构、生产方式、生活方式，形成了建设美丽中国和实现中华民族永续发展的总体目标。“五位一体”总体布局、“四个全面”战略布局和“双碳”目标纳入生态文明

① 《中共中央关于党的百年奋斗重大成就和历史经验的决议》，人民出版社 2021 年版，第 51 页。

建设的总体目标中决定了生态文明建设在新时代中国特色社会主义实践中战略地位，要求我们不能把生态文明建设看作是为了追求经济增长的权宜之计，而应当把生态文明建设看作是新时代中国特色社会主义的本质要求和根本特征，这就意味着以“五位一体”总体布局、“四个全面”战略布局和“双碳”目标纳入生态文明建设的总体目标中的新时代中国特色社会主义现代化是一种追求人与自然、人与人和谐共生关系现代化的全面的现代化，是一种有别于西方的人与人、人与自然关系异化结局的中国式现代化，并由此必然创造出人类文明的新形态。

第二，十八大以来党所实现的生态文明建设的实践创新要求生态文明建设必须秉承“以人民为中心”的价值取向，加强党对生态文明建设的领导，为克服生态治理和生态文明建设中“九龙治水”的缺陷，通过深化党和国家的机构改革，组建了生态环境部，并通过“健全党委领导、政府主导、企业主体、社会组织和公众共同参与的现代环境治理体系，构建一体谋划、一体部署、一体推进、一体考核的制度机制”①，实现了党对生态治理和生态文明建设的统一领导与规划。为了提升生态治理体系现代化和生态治理能力现代化，必须加强党对生态文明的顶层设计，按照党中央、国务院颁布的《关于加快推进生态文明建设的意见》《生态文明体制改革总体方案》和《关于全面加强生态环境保护坚决打好污染防治攻坚战的意见》等文件的规定，树立美丽中国建设全民行动观，形成了党和政府主导，地方政府、市场和社会大众积极参与的生态治理体系，把生态文明建设的总体目标与坚决打好污染防治攻坚战、解决突出的生态环境问题作为民生的优先领域，与有效防范生态环境风险等阶段性目标有机结合起来，有力促进了生态能力现代化和提升了生态治理的效能。这种生态治理和生态文明建设的模式是党所实现的生态文明建设实践的重大创新。对于如何展开生态治理的问题，“深绿”生态文明理论把生态治理的关键归结为如何培育生态中心主义价值观和地方生态自治，由此形成生态自治主义和无政府主义生态治理观；“浅绿”生态思潮则强调应当以技术革新为基础，由此形成了由市场主导的多中心主义生态治理观。上述两种生态治理观既无法解决总体资本和个别资本的利益矛盾冲突，也无保证生态治理的有计

---

① 习近平：《论把握新发展阶段、贯彻新发展理念、构建新发展格局》，中央文献出版社2021年版，第542页。

划性和系统性，无法保证生态治理的效能，更无法使生态治理建立在满足人民群众需要的基础上。而十八大以来党所实现的生态文明建设的实践创新恰恰是建立在“以人民为中心”的价值取向的基础上，党的顶层设计保证了生态治理的系统性与科学性，又要求发挥地方政府和社会大众参与生态治理的主动性与积极性，是一种以政府为主导的多中心的生态治理模式，能够保证生态治理效能的科学的生态治理模式，是对西方生态治理模式的超越与创新。

第三，鉴于我国生态环境保护存在的突出问题与体制不健全、制度不严格、法治不严密、执行不到位、惩处不得力密切有关，十八大以来，中国共产党通过全面深化改革，加快推进生态文明顶层设计和制度体系建设，加快生态文明制度体系改革和建设，建立起了生态文明制度体系的“四梁八柱”，使生态文明建设走向法治化的道路。以上述思想为指导，党领导的生态文明建设先后制定了由自然资源资产产权制度、国土空间开发保护制度、空间规划体系、资源总量管理和全面节约制度、资源有偿使用和生态补偿制度、环境治理体系、环境治理和生态保护市场体系、生态文明绩效考核和责任追究制度等八项制度所构成的生态文明制度体系，不仅为生态文明建设提供了可靠的保障，并牢固树立了生态红线的观念，让制度成为刚性的约束和不可触碰的高压线，保证严守生态保护的红线；确立生态环境质量只能更好、不能变坏作为底线，并在此基础上不断改善，对生态破坏严重、环境质量恶化的区域必须严肃问责；不仅要考虑人类和当代的需要，也要考虑大自然和后人的需要，把握好自然资源开发利用的度，保证不突破自然资源承载能力的资源利用上线，从而推动形成节约资源和保护环境的空间布局、产业结构、生产方式与生活方式，并通过采取生态补偿制度，河湖长制、林长制、党政同责和一岗双责制度等一系列新的办法和举措，把优化国土空间开发布局、区域和流域生态治理、国家公园建设、自然保护区建设与推进生态文明建设有机结合，使我国生态环境保护实现了历史性、转折性和全局性的变化。

第四，十八大以来中国共产党所实现的生态文明建设的实践创新要求各级政府应当树立正确的发展观和政绩观，并树立以“人民至上”和“以人民为中心”为价值取向的执政文明。十八大以来党在作出中国社会主要矛盾已经转变为人民日益增长的美好生活需要和不平衡不充分的发展之间的矛盾的判断的同时，又明确强调“发展”依然是党执政的第一要务。只不过为了满足人民群众对美好生活的追求，我们所追求的发展不再是以牺牲生态环境为代价的劳动要素投入为主，以追求单纯的经济增长数量为主的粗放型发展，而应当追求以科技创新为主导，质量和效益辩证统一的人与自然和谐共生的绿色、协调和可持续发展。只有树立上述正确的发展观，才能破除长期以来流行的唯GDP增长的政绩观，这就决定了应当“把资源消耗、环境损害、生态效益等体现生态文明建设状况的指标纳入经济社会发展评价体系，建立体现生态文明要求的目标体系、考核办法、奖惩机制，使之成为推进生态文明建设的重要导向和约束。……我们一定要彻底转变观念，就是再也不能以国内生产总值增长率来论英雄了，一定要把生态环境放在经济社会发展评价体系的突出位置”[①]。这就要求建立环境责任追责制度，把生态环境指标的好坏作为对干部考核“一票否决”的标准，通过实现质量和效益内在统一的可持续发展，生产质量优良的生态产品和塑造优美的生产与生活环境，满足人民群众对美好生活的需要。这也要求各级政府和各级领导必须具有高度的政治责任感，把环境问题既看作重大的社会经济问题，又看作改善民生的政治问题，并把人民群众反映比较强烈的生态问题作为生态治理和生态修复的优先和重要问题加以解决。实现上述目的的关键是各级政府和各级领导要坚持“人民至上”和“以人民为中心”的执政理念，提升人民群众的满足感、获得感和幸福感，切实关心人民群众的生态权益，从而使生态文明建设与提升民生有机结合起来。这种执政文明既体现了中国共产党全心全意为人民服务的根本宗旨，也超越了“深绿”和“浅绿”生态文明理论或者把生态文明建设的目的归结为维系中产阶级既得利益和生活品质，或者维系资本的利益，漠视人民群众的生态关切、生存权和发展权的缺陷。

十八大以来，中国共产党在生态文明建设中针对中国生态环境保护存在的问题，有针对性地采取了一系列新办法、新举措，使得生态文明理念深入人心，激发了人们对生态环境保护的主动性和积极性，也使得我国生态环境保护工作取得了巨大的成就。

---

① 中共中央文献研究室编：《习近平关于社会主义生态文明建设论述摘编》，中央文献出版社2017年版，第99页。

五　十八大以来中国共产党实现生态文明理论创新和实践创新的当代价值

对于十八大以来中国共产党所实现的生态文明理论创新和实践创新的当代价值，我们可以从推进新时代中国特色社会主义实践、美丽中国建设和提升中国在生态文明建设上的国际话语权，推进人类文明的发展和推进当代中国马克思主义发展与建构21世纪马克思主义三个维度予以考察。

从推进新时代中国特色社会主义实践、美丽中国建设和提升中国在生态文明建设上的国际话语权的维度看，新时代中国特色社会主义社会的主要矛盾已经转化为人民日益增长的美好生活需要和不平衡不充分的发展之间的矛盾，要通过发展实现国家富强、民族振兴和人民幸福的“中国梦”，满足人民群众对美好生活的追求与向往，使中华民族从富起来到强起来。但是，自然资源的制约使得劳动要素投入型的粗放型发展方式难以为继，这种发展方式所生产的产品也难以满足人民群众对美好生活的向往，如何转换发展方式，保证中华民族的永续发展和永葆中国共产党为人民谋幸福的初心使命是我们必须面对和解决的问题。面对中国特色社会主义实践所面临的问题，中国共产党对“中国特色社会主义总体布局的认识不断深化，从当年的‘两个文明’到‘三位一体’、‘四位一体’，再到今天的‘五位一体’，这是重大理论和实践创新，更带来了发展理念和发展方式的深刻转变”①。新时代中国特色社会主义事业所确立的“五位一体”总体布局要求把生态文明建设融入经济建设、政治建设、文化建设和社会建设中，实现“五个文明”协调推进和共同发展，不仅意味着中国进入社会主义生态文明新时代，而且意味着必须把人与自然和谐共生的生态文明理念转化为新发展理念，转变以劳动要素投入为主的粗放型发展方式，代之以科技创新为主导的生态文明发展方式，实现高质量发展和美丽中国建设。十八大以来中国共产党所实现的生态文明理论创新和实践创新恰恰是在强调党的领导和“以人民为中心”价值取向的基础上，确立生态文明建设在新时代中国特色社会主义实践中的战略地位，通过树立人与自然和谐共生的生态文明理念，通过践行“绿水青山就是金山银山”和生态生产力发展观，通过建立严格的生态文明制度体系，保证生态环境保护的红线、环境质量的底线和环境资源利用的上线，坚持“党政同责”和“一岗双责”，

---

① 《习近平谈治国理政》第3卷，外文出版社2020年版，第359页。

形成政府主导、企业和社会大众积极参与的生态治理和生态文明建设的模式，把生态环境保护与追求高质量发展有机结合起来，必将推进新时代中国特色社会主义实践和美丽中国建设走向深入。

十八大以来中国共产党生态文明理论和实践创新坚持和发展马克思主义生态思想，以“生态兴则文明兴、生态衰则文明衰”的历史思维揭示了人类的生存和发展必须依赖自然、顺应自然，不仅强调中国特色社会主义实践必须走生态文明发展道路，而且强调生态文明建设是人类共同的事业，民族国家必须同舟共济、共同努力，构筑尊崇自然、绿色发展的生态经济体系，建设人类共同的美好地球家园，通过绿色低碳发展，按照“环境正义”的价值追求，遵循“共同但有差别”的原则，把全球环境治理与发展中国家消除贫困和全球共同发展有机结合起来。十八大以来中国共产党的生态文明理论和实践创新不仅为全球环境治理和民族国家的可持续发展提供了中国方案，使中国成为全球生态文明建设的重要参与者、贡献者和引领者，有利于提升中国在全球生态文明建设中的国际话语权，也为其他民族国家追求绿色低碳发展提供了借鉴和参考。

第一，十八大以来中国共产党在生态文明建设上的理论创新和实践创新必将推进人类文明的发展。十八大以来中国共产党坚持“五位一体”的总体布局，提出中国式现代化是“五个文明”协调推进的全面现代化，并由此创造出人类文明新形态。“我们坚持和发展中国特色社会主义，推动物质文明、政治文明、精神文明、社会文明、生态文明协调发展，创造了中国式现代化道路，创造了人类文明新形态。”① 习近平总书记在肯定“中国式现代化”具有现代化普遍规律的同时，也从五个方面揭示了“中国式现代化”的特殊性。“我们的任务是全面建设社会主义现代化国家，当然我们建设的现代化必须是具有中国特色、符合中国实际的，我在党的十九届五中全会上特别强调了五点，就是我国现代化是人口规模巨大的现代化，是全体人民共同富裕的现代化，是物质文明与精神文明相协调的现代化，是人与自然和谐共生的现代化，是走和平发展道路的现代化。”② 世界上不存在定于一尊和放之四海而皆准的现代化道路和现代化标准，中国式

---

① 习近平：《在庆祝中国共产党成立 100 周年大会上的讲话》，人民出版社 2021 年版，第 13—14 页。

② 习近平：《论把握新发展阶段、贯彻新发展理念、构建新发展格局》，中央文献出版社 2021 年版，第 474 页。

现代化是鸦片战争以来，中国的仁人志士艰辛探索的结果。中华人民共和国成立以前，在半殖民地半封建社会的条件下，中国现代化不可能取得成功。中国共产党成立之初就把建设现代化强国和实现中华民族伟大复兴作为自己的初心使命。中华人民共和国成立以后，以毛泽东、邓小平等为代表的中国共产党人先后提出了“四个现代化”和改革开放、“三步走”的发展战略。在新中国成立100年时，建成社会主义现代化强国，并实现了中华民族从站起来到富起来的历史性飞跃。十八大以来，中国特色社会主义进入从富起来到强起来的新时代，中国共产党根据中国社会主要矛盾的转变和发展面临的国内外新形势，作出了第二个百年奋斗目标分两阶段走的战略部署，即2035年基本实现社会主义现代化和本世纪中叶建成富强民主文明和谐美丽的社会主义现代化强国的奋斗目标。相较于西方现代化通过殖民活动掠夺落后国家，物质文明与精神文明发展不平衡，人与人关系、人与自然关系异化的现代化道路和现代化的后果，“中国式现代化”的特质在于坚持中国共产党的领导和社会主义制度，坚持“人民至上”和“以人民为中心”的价值取向，坚持共同富裕，坚持“五个文明”协调共同发展，坚持人与自然和谐共生关系的现代化，坚持和平发展道路，既体现了社会主义建设规律，也体现了人类社会发展规律，不仅为后发国家实现现代化提供了借鉴，而且必然会推动人类文明的发展。

人类文明的新形态是新时代中国特色社会主义实践和“中国式现代化”的必然结果。新时代中国特色社会主义实践和“中国式现代化”的特点是坚持马克思主义与中国具体实际、中国文化传统有机结合，坚持中国共产党领导和社会主义发展道路，坚持“以人民为中心”和共同富裕的价值取向，坚持“五位一体”总体布局，推进“五个文明”协调共同发展，坚持“人类命运共同体”的理念和文明交流互鉴和文明的多样性，上述特点也决定了人类文明新形态的内涵与特点，其本质是超越资本主义文明的社会主义文明，是一种人类文明的新形态。它不仅回答了实现中华民族复兴的路径和目标问题，而且也回答了在落后的国家如何建设社会主义的问题，为那些既想发展又想保持自身自主性、独立性的发展中国家追求现代化提供了新的选择，开辟人类文明发展的新方向、新道路，对于推进人类文明的发展具有重要的价值。

第二，十八大以来中国共产党所实现的生态文明理论创新和实践创新对于深化社会主义建设规律的认识和人类社会发展规律的认识，推进当代中国马克思主义的发展和构建21世纪马克思主义具有重要意义。以毛泽东同志为代表的中国共产党人把马克思主义与中国具体实际相结合，形成了毛泽东思想，是马克思主义中国化的第一次飞跃，对如何展开中国社会主义革命以及建设社会主义的问题展开了探索，建立了社会主义新中国，使中华民族真正站起来了；以邓小平同志为代表的中国共产党人总结中国社会主义实践的正反经验，对于什么是社会主义，如何建设社会主义的问题展开了探索，把党的工作重心转移到经济建设上来，提出贫穷不是社会主义，社会主义的本质是解放和发展生产力，实现共同富裕，并作出了改革开放和“分三步走”建设社会主义现代化强国的战略决策，形成了中国特色社会主义理论，创立了邓小平理论；以江泽民、胡锦涛同志为代表的中国共产党人继承和发展中国特色社会主义理论，在深刻回答什么是社会主义、怎样建设社会主义，建设什么样的党、怎样建设党，实现什么样的发展、怎样实现发展等重大问题的过程中，实现了马克思主义中国化的第二次飞跃，形成了“三个代表”重要思想和科学发展观，实现了马克思主义中国化的第二次飞跃，是中华民族从站起来走向了富起来的历程；十八大以来以习近平同志为代表的中国共产党人根据中国特色社会主义实践所处的从富起来到强起来的历史方位，对于坚持和发展什么样的中国特色社会主义、怎样坚持和发展中国特色社会主义，建设什么样的社会主义现代化强国、怎样建设社会主义现代化强国，建设什么样的长期执政的马克思主义政党、怎样建设长期执政的马克思主义政党等重大时代课题展开了探索，形成了马克思主义中国化的第三次飞跃和习近平新时代中国特色社会主义思想。马克思主义中国化的三次飞跃都是把马克思主义与中国特色社会主义实践的具体现实和中华传统文化有机结合的结果，充分彰显了马克思主义与时俱进的理论品格。对此，习近平总书记在肯定坚持马克思主义指导思想的同时，也强调“当代中国的伟大社会变革，不是简单延续我国历史文化的母版，不是简单套用马克思主义经典作家设想的模板，不是其他国家社会主义实践的再版，也不是国外现代化发展的翻版。社会主义并没有定于一尊、一成不变的套路，只有把科学社会主义基本原则同本国具体实际、历史文化传统、时代要求紧密结合起来，在实践中不断探索总结，才能把蓝图变为美好现实”①。这就意味着只有把马克思主义基本原理

① 《习近平谈治国理政》第3卷，外文出版社2020年版，第76页。

与中国特色社会主义实践、人类社会发展的具体实际相结合，解决社会主义实践中面临的新问题，才能真正推进当代中国马克思主义的发展和构建21世纪马克思主义。十八大以来中国共产党所实现的生态文明理论创新和实践创新，正是根据中国特色社会主义实践所处的历史方位、中国特色社会主义实践中社会主要矛盾的转变、中国特色社会主义实践面临的国内、国际形势的变化、对人类文明发展生态转向的总结和反思，坚持马克思主义生态思想，超越西方生态文明理论和对中华传统生态智慧创造性转化的结果。反思和总结十八大以来中国共产党所实现的生态文明理论创新和实践创新的实践逻辑、理论逻辑及其成果，对于推进当代中国马克思主义的发展和构建21世纪马克思主义具有重要的价值。

当代中国马克思主义生态学研究的回顾与反思

——基于学术文献史视角的考察

陈艺文*

总的来说，与资本主义全球化扩张和生态环境问题日益加剧相伴随的，是作为一种普遍性"红绿"环境政治哲学理论的马克思主义生态学的逐渐形成与发展，其核心在于通过对资本主义社会及其整体性架构的唯物辩证分析与彻底性批判来解释和应对现代生态环境问题，而对马克思恩格斯思想在生态维度上的文本学阐释、时代化拓展和创新性运用构成了马克思主义生态学构建及其理论话语体系化发展的主要进路。① 自20世纪80年代以来，中国学者立足于自身马克思主义研究传统和社会主义现代化实践，积极开展了马克思主义生态学研究，在马克思恩格斯生态思想诠释与阐发、国外生态马克思主义理论阐释与批评、社会主义生态文明理论探索与构建三大研究领域取得了丰富的研究成果，为当代中国马克思主义理论创新发展与环境人文社会科学体系建设注入了新的生机活力。② 本文尝试通过学术文献史考察，对我国马克思主义生态学研究的历史进程和主要议题进行总结与反思，希望以此推动我国马克思主义生态学研究的进一步深化拓展。

---

* 陈艺文，北京大学马克思主义学院博士研究生。

① 郇庆治主编：《马克思主义生态学论丛》（五卷本），中国环境出版集团2021年版；郇庆治、陈艺文：《马克思主义生态学构建的三大进路：学术文献史视角》，《当代国外马克思主义评论》2020年第4期。

② 刘海霞：《马克思恩格斯生态思想研究述评》，《江西师范大学学报》（哲学社会科学版）2016年第6期；王雨辰：《论我国学术界对生态学马克思主义研究的历程及其效应》，《江汉论坛》2019年第10期；王雨辰、李芸：《我国学术界对生态文明理论研究的回顾与反思》，《马克思主义与现实》2020年第3期。

一　马克思恩格斯生态思想诠释与阐发

马克思恩格斯生态思想始终是我国学界研究的重点，其主要任务是诠释阐发马克思恩格斯生态思想的本真意涵和方法论价值，并以此对当代生态环境问题做出理论上的分析。正是通过对马克思恩格斯经典文本的持续深度耕犁，中国的马克思主义生态学研究得以夯实其理论基础，并在历史发展中不断提升自身理论话语的时代阐释力与创新活力。

（一）20 世纪 80—90 年代

早在 20 世纪 80 年代，国内学界就开始阐述马克思恩格斯思想的生态意涵。例如，1981 年黄顺基和刘炯忠通过对马克思辩证唯物主义自然观的分析，认为马克思提出了研究人与自然协调发展问题的“人类生态学”。[①] 不仅如此，学者们还结合新的生态科学对马克思恩格斯的经典著述进行了生态维度的解读与阐发，其中较具代表性的是：许涤新认为，马克思对人与自然物质变换的生态体系意义、自然条件对商品价值的基础意义、不同社会生产方式对人与自然关系的改变等问题的探讨蕴含着深刻的生态经济学思想；姜琳从自由与实践、人与自然、物质变换等方面归纳马克思和恩格斯的生态智慧，强调他们以社会关系视角来分析人与自然关系的性质，说明了资本主义社会必将被共产主义社会所替代以真正实现人与自然的和谐关系的历史规律。[②]

到了 20 世纪 90 年代，马克思恩格斯生态思想研究呈现出更为明确的现实问题导向和以哲学分析为主的特点。就前者而言，面对“可持续发展”政策话语在世界范围内的形成和传播，国内学界重点探讨了马克思恩格斯的可持续发展观及其实践价值。其中较为典型的是：张云飞指出，马克思和恩格斯基于劳动范畴对自然与社会关系进行了整体性把握，指出了科技生态化、辩证思维发展和社会制度建设的协调发展道路，因而表述了一种辩证的生态发展观。[③] 就后者而言，受到环境哲学讨论的影响，国内

---

① 黄顺基、刘炯忠：《试论〈资本论〉中的自然观》，《河北大学学报》（哲学社会科学版）1981 年第 4 期。

② 许涤新：《马克思与生态经济学——纪念马克思逝世一百周年》，《社会科学战线》1983 年第 3 期；姜琳：《马克思主义与生态问题》，《马克思主义研究》1989 年第 2 期。

③ 张云飞：《社会发展生态向度的哲学展示——马克思恩格斯生态发展观初探》，《中国人民大学学报》1999 年第 2 期。

学界出现了马克思主义环境哲学研究的热潮，其中尤为重要的是郇庆治的《自然环境价值的发现：现代环境中的马克思恩格斯自然观研究》[①]。该著作不仅重点分析了马克思的人化自然观与恩格斯的辩证自然观，还由此对自然价值、环境意识、环境发展等环境哲学基本范畴与基础理论进行了探讨。

可见，在20世纪80—90年代，国内学界初步开展了对马克思恩格斯生态思想的诠释与阐发。其突出特点是以环境人文社会科学构建和现实生态问题应对来促动文本解读与思想阐述，着重探讨了马克思主义哲学内在的绿色维度，从而为马克思主义生态学研究的全面展开做好了理论准备。

（二）2000—2009 年

进入新世纪之后，社会主义现代化建设所日益凸显的生态环境问题为马克思主义理论研究提出了更高要求。为了更好地以理论回应现实，学界更加注重从马克思恩格斯的原典中寻找理论资源。在“回到马克思”“走进马克思”“重读马克思”等马克思主义研究新风尚的影响下，马克思恩格斯生态思想研究更加注重对基础理论问题的探讨分析，尤其集中于对马克思主义基本概念的反思辨析和马克思主义生态理论体系的构建尝试。总体来看，其研究主要集中于三个方面。

首先是对马克思主义基本概念的生态解读与辩护。这方面的研究聚焦于阐发马克思的“自然”和“生产力”等重要范畴的生态意涵，其中较具代表性的是，韩立新通过文本分析与思想比较，认为马克思语境中的“自然”具有自然主义、人本主义和资本主义批判这三个相互联系的特征，“控制自然”则呈现出“存在论意义”“负责任地控制”“社会批判”三层次相统一的结构，因而马克思主义内含了一种超越自然中心论与人类中心论的、批判资本主义制度的生态社会主义主张。[②] 在此之外，温莲香和王丹等人从生态视角重新阐释了马克思的“生产力”概念，以补正传统教科书生态思维的缺乏。[③] 他们认为，马克思的“生产力”概念表征的是人与

---

① 郇庆治：《自然环境价值的发现：现代环境中的马克思恩格斯自然观研究》，广西人民出版社 1994 年版。

② 韩立新：《马克思的物质代谢概念与环境保护思想》，《哲学研究》2002 年第 2 期；韩立新：《环境思想视野中的马克思》，《伦理学研究》2002 年第 2 期。

③ 温莲香：《马克思恩格斯生态生产力观初探》，《济南大学学报》（社会科学版）2007 年第 1 期；王丹：《生态视域中的马克思自然生产力思想》，《东北师大学报》（哲学社会科学版）2009 年第 1 期。

自然的辩证关系，包含了自然生产力和社会生产力相统一、人与自然相协调、经济与社会发展可持续的生态生产力观点。

其次是对马克思恩格斯生态思想的专题性分析与阐述。这方面的研究集中于马克思恩格斯的单篇著述或围绕某个议题领域展开思想解析。就前者而言，较为典型的是解保军等人对《1844 年经济学哲学手稿》中生态辩证法的阐释和陈凡等人对《资本论》生态观的概括①，后者则体现为诸多学者对马克思主义生态美学、生态科技观和资本主义批判思想的分析。比如，曾繁仁阐析了马克思恩格斯辩证唯物主义自然观、唯物实践论和资本主义异化批判中的生态意识与生态审美观；解保军不仅阐述了马克思科技观及其所主张的循环经济思想的明确生态取向，并分析了马克思恩格斯从现象揭示、资本本性批判和生产方式批判等视角对资本主义反生态特征的论述。②

再次是对马克思恩格斯生态思想的整体性阐释与建构。这方面的研究主要侧重于生态哲学与生态经济学等框架下的思想逻辑体系提炼分析，尤其值得关注的是解保军的《马克思自然观的生态哲学意蕴：“红”与“绿”结合的理论先声》、孙道进的《马克思主义环境哲学研究》、黄瑞祺和黄之栋的《绿色马克思主义》与刘思华的《生态马克思主义经济学原理》③。其中，解保军以马克思自然观的多重维度与历史发展为分析重点，论证了马克思主义生态哲学追求人的解放、社会解放与自然解放相统一的“红绿”特征；孙道进从哲学系统论角度，构建了以“自然—对象性活动—人和人的社会”为中心而展开的马克思主义环境哲学体系；黄瑞祺和黄之栋从辩证自然观、唯物史观和资本理论三层次描绘了马克思主义生态观，强调其理论优势在于对社会整体与自然关系及其特殊历史结构的批判性分析；刘思华则立足于马克思思想的整体性来解读其生态经济思想，构建了以生态经济价值论、物质变换理论、可持续性发展理论和全面发展文

---

① 解保军、李建军：《马克思〈1844 年经济学哲学手稿〉中的生态辩证法思想及其启示》，《马克思主义与现实》2008 年第 3 期；陈凡、杜秀娟：《论马克思〈资本论〉中的生态观》，《马克思主义与现实》2008 年第 2 期。

② 曾繁仁：《马克思、恩格斯与生态审美观》，《陕西师范大学学报》（哲学社会科学版）2004 年第 5 期；解保军：《马克思科学技术观的生态维度》，《马克思主义与现实》2007 年第 2 期；解保军：《马克思恩格斯对资本主义的生态批判及其意义》，《马克思主义研究》2006 年第 8 期。

③ 解保军：《马克思自然观的生态哲学意蕴：“红”与“绿”结合的理论先声》，黑龙江人民出版社 2002 年版；孙道进：《马克思主义环境哲学研究》，人民出版社 2008 年版；黄瑞祺、黄之栋：《绿色马克思主义》，台湾松慧有限公司 2005 年版；刘思华：《生态马克思主义经济学原理》，人民出版社 2006 年版。

明理论等为主体的生态马克思主义经济学理论。另外，臧立主编的《马克思恩格斯论环境》整理收录了马克思和恩格斯对人（社会）与自然、物质转换、资本主义环境问题等的相关论述，为马克思恩格斯生态思想研究提供了基本文献参照。①

（三）2010 年至今

2010 年之后，随着国家层面生态文明建设战略的全面推进，马克思恩格斯生态思想研究呈现出繁荣发展的态势。从其所采用的主题词逐渐从“自然观”“人与自然关系思想”“环境保护思想”向“生态（文明）思想”的变化来看，学界开始自觉采用一种更具综合性的研究视野与阐述方式，进而拓展了经典马克思主义的创新性发展空间。概括地说，其研究主要集中于以下几个方面。

一是对马克思恩格斯生态思想基本概念的深度阐释。这方面的研究已经不再停留于对其概念内涵的生态友好性质的辩护，而是进一步探讨其如何孕育着新的生态实践潜能，其中具有代表性的是包庆德对马克思“生产力”概念的生态向度论析与曹孟勤和徐海红对马克思“劳动”概念的生态化阐述。② 根据他们的分析，马克思的生产力论蕴含了一种要求社会生产力有序、有度和有效利用自然生产力的生态生产力观，表达了反对资本逻辑与合理调节人与自然物质变换的实践要求，而马克思所探讨的人类劳动是通过物质变换实现人与自然相互关系的过程，因而构成了批判异化劳动与建设生态文明的重要出发点。

二是对马克思恩格斯生态思想经典著作专题的集中解读。2018 年和 2020 年分别是马克思和恩格斯诞辰 200 周年，对其经典著作中生态思想阐发成为这一时期学界研究的重点，主要表现为对马克思《资本论》和恩格斯《英国工人阶级状况》《自然辩证法》生态思想解读的进一步深化。③

---

① 臧立主编：《马克思恩格斯论环境》，中国环境科学出版社 2003 年版。

② 包庆德：《论马克思的生态生产力思想及其当代价值》，《哈尔滨工业大学学报》（社会科学版）2020 年第 3 期；曹孟勤、徐海红：《马克思劳动概念的生态意蕴及其当代价值》，《马克思主义与现实》2010 年第 5 期；徐海红：《生态劳动的困境、逻辑及实现路径——基于马克思主义政治经济学视角的分析》，《上海师范大学学报》（哲学社会科学版）2021 年第 1 期。

③ 张秀芬、包庆德：《马克思〈资本论〉节约理论及其当代价值》，《哈尔滨工业大学学报》（社会科学版）2018 年第 6 期；马惠娣、肖广岭、萧玲等：《“恩格斯自然辩证法与生态文明”笔谈》，《自然辩证法研究》2020 年第 3 期；陈艺文：《恩格斯城市生态学思想及其当代启示——基于对恩格斯〈英国工人阶级状况〉的分析》，《鄱阳湖学刊》2020 年第 6 期。

而在理论专题研究方面，学界重点展开了对马克思主义政治经济学和政治哲学的分析，尤其是对“资本逻辑”的反生态本质批判与马克思主义生态正义思想阐述。就前者来看，具有代表性的是，陈学明深入分析了资本逻辑及其“效用原则”和“增殖原则”与生态危机的内在关联，说明了社会制度驾驭资本逻辑驾驭的重要作用；任平强调了马克思对待资本的辩证态度，认为在制约资本消极作用的同时应注重发挥资本创新逻辑来服务于生态发展。[①] 就后者而言，较为典型的是，郎廷建通过思想解读指出，马克思主义视野下的生态正义是生态资源所中介的人与人的生产关系正义，其突出特征是“社会—历史”辩证视角与实践变革指向；廖小明则全面分析了马克思恩格斯生态正义思想的实践基点、历史限度、阶级属性和资本批判旨趣。[②]

三是对马克思恩格斯生态思想的体系意涵及其当代价值的系统性阐释。此方面研究的突出特点是将马克思恩格斯生态思想置于马克思主义发展史与现实社会实践进程中加以分析把握，产生了一系列开创性的学术成果，如刘增惠的《马克思主义生态思想及实践研究》、陶火生的《马克思生态思想研究》、方世南的《马克思环境思想与环境友好型社会研究》和《马克思恩格斯的生态文明思想：基于〈马克思恩格斯文集〉的研究》、董强的《马克思主义生态观研究》、解保军的《马克思生态思想研究》、郎廷建的《马克思主义生态观研究》和彭曼丽的《马克思恩格斯生态思想发展史研究》等。学者们不仅全面探讨了马克思恩格斯生态思想的形成过程、逻辑架构和方法特征，重点阐述了其自然与历史相统一的系统关联性方法与资本主义批判视角，并且反思了马克思恩格斯生态思想在当代的发展演变与实践效应，从而赋予了马克思恩格斯生态思想更加丰富完整的体系架构与更切合时代的理论分析价值。

二 国外生态马克思主义理论阐释与批评

生态马克思主义作为一个完整理论话语体系，形成于20世纪70年代，

---

① 陈学明：《资本逻辑与生态危机》，《中国社会科学》2012年第11期；任平：《生态的资本逻辑与资本的生态逻辑——“红绿对话”中的资本创新逻辑批判》，《马克思主义与现实》2015年第5期。

② 郎廷建：《论马克思的生态正义思想》，《马克思主义哲学研究》2012年第1期；郎廷建：《何为生态正义——基于马克思主义哲学的思考》，《上海财经大学学报》2014年第5期；廖小明：《生态正义：基于马克思恩格斯生态思想的研究》，人民出版社2016年版，第60—92页。

并经过半个多世纪的发展而成为当代马克思主义理论思潮中具有重要影响力的流派。随着改革开放及其相伴随的国外马克思主义研究的兴起，中国的生态马克思主义研究得以有序展开并取得重要进展。

（一）20 世纪 80—90 年代

1982 年，许九星和韩玉芳在《西方马克思主义简介》一文中首次提到了“生态学的马克思主义”，将其视为当代西方马克思主义关于推翻资本主义的一种新设想。[①] 随后，王瑾分别于 1985 年和 1986 年专题评介了“生态马克思主义”和“生态社会主义”理论[②]，认为前者指的是以威廉·莱斯（William Leiss）和本·阿格尔为代表的马克思主义理论，其基本出发点是用生态学补充马克思主义以寻找克服资本主义危机的革命道路；后者则是欧洲绿党的行动纲领，其主要目标是建立一个维护生态平衡并保障人民民主权利的社会经济制度，从而确立了它们的主体性中文表述形式。

到了 20 世纪 90 年代，生态马克思主义研究主要集中于对生态马克思主义的理论特点分析和代表人物思想比较。较具代表性的是，张一兵在《折断的理性翅膀》和《马克思历史辩证法的主体向度》中，分别从西方马克思主义逻辑演变与马克思主义辩证法思想流变的角度对生态马克思主义进行了分析。[③] 同样值得关注的是，周穗明集中关注了生态社会主义思潮，并对鲁道夫·巴罗（Rudolf Bahro）、安德烈·高兹（André Gorz）和莱纳·格伦德曼（Reiner Grundmann）的思想进行了专题评述，还特别介绍了格伦德曼与特德·本顿（Ted Benton）之间围绕“生态与马克思主义关系”的争论[④]；朱士群则分析了马尔库塞新技术观的生态意蕴及其对生态马克思主义的影响，梳理了从马尔库斯、莱斯到阿格尔的思想传承发展

① 许九星、韩玉芳：《西方马克思主义简介》，《科社研究》1982 年第 5 期。

② 王瑾：《生态学马克思主义》，《马克思主义研究》1985 年第 4 期；王瑾：《“生态学马克思主义”和“生态社会主义”——评介绿色运动引发的两种思潮》，《教学与研究》1986 年第 6 期。

③ 张一兵：《折断的理性翅膀——“西方马克思主义”哲学批判》，南京出版社 1990 年版，第 311—316 页；张一兵：《马克思历史辩证法的主体向度》，河南人民出版社 1995 年版，第 384—405 页。

④ 周穗明：《“生态学马克思主义”》，《国外理论动态》1993 年第 2 期；周穗明：《“生态马克思主义”论生态学与马克思主义的关系》，《新视野》1996 年第 3 期；周穗明：《生态重建与生态社会主义现代化——法国学者高兹论生态社会主义》，《新视野》1996 年第 6 期。

的基本脉络。[①] 在此之外，张桂权和曹淑芹还分别阐述了岩佐茂的《环境的思想》与阿格尔的社会变革思想。[②]

由此不难看出，更多地基于西方马克思主义或国外思潮研究的拓展，国内学界在20世纪末已经开启了对生态马克思主义的介绍性阐述。除了对生态马克思主义观点的概括阐释，学界还对其理论性质做了初步研判，不仅肯定了生态马克思主义结合环境问题对资本主义的批判与社会主义道路的探索，还对其理论局限，如否定经济危机重要性、片面责难现代工业与经济增长、缺乏全球视野等提出了反思与批评，因而为之后生态马克思主义研究奠定了良好基础。

（二）2000—2009 年

进入新世纪之后，特别是随着2005年作为“马克思主义理论”二级学科的“国外马克思主义研究”专业的设立，生态马克思主义研究得以全面展开，并较快实现了自身研究体系和学科方向的基本确立。这不仅表现为国内学界以生态马克思主义为主题的学术论文和专著的大量产出，也表现为其知识体系与研究框架的逐渐形成。从总体上来看，这一阶段的研究主要集中于三个方面。

首先是对生态马克思主义代表人物的评介研究。具体而言，其一，学界重点开展了对莱斯和阿格尔思想的研究，并对其理论特点进行了深入考察。较具代表性的是，王雨辰通过思想比较，认为莱斯主要从分析资本主义条件下人的需要与商品的辩证运动及其消极后果来切入生态问题分析，阿格尔则通过揭露异化消费问题和反思马克思主义危机理论来构建生态马克思主义理论。[③] 其二，关于约翰·贝拉米·福斯特（John Bellamy Foster）和詹姆斯·奥康纳（James O'Connor）思想的研究是国内学界研究的热点。其中，郭剑仁的《生态地批判——福斯特的生态学马克思主义思想研究》是这一时期研究福斯特思想最为重要的学术著作，他不仅剖析了福斯特思

---

① 朱士群：《马尔库塞的新技术观与生态学马克思主义》，《自然辩证法研究》1994 年第 6 期；朱士群：《生态学马克思主义述评》，《马克思主义与现实》1994 年第 4 期。

② 张桂权：《环境保护与马克思主义——读岩佐茂的〈环境的思想〉》，《马克思主义与现实》1998 年第 1 期；曹淑芹：《生态社会主义的出路——评阿格尔的资本主义社会变革战略》，《内蒙古社会科学》（汉文版）1999 年第 4 期。

③ 王雨辰：《生态辩证法与解放的乌托邦——评本·阿格尔的生态学马克思主义理论》，《武汉大学学报》（人文科学版）2006 年第 2 期；王雨辰：《论威廉·莱斯的生态学马克思主义理论》，《南京社会科学》2008 年第 6 期。

想展开的三个层次（思想史解读、概念理论构建、资本主义现实批判），还从美国生态马克思主义内部比较的角度考察了福斯特思想的特点；而在奥康纳思想研究方面，学界着重阐述了奥康纳对马克思主义理论的修正拓展，如陈永森对奥康纳生态危机理论的系统阐述和陈食霖对奥康纳重构历史唯物主义尝试的细致分析。[①] 其三，关于高兹和戴维·佩珀（David Pepper）思想的研究也取得了较大的进展。在高兹思想研究方面，最具代表性的是吴宁对高兹生态马克思主义思想的全面系统阐述；关于佩珀思想的研究，学界则重点分析了佩珀对马克思主义的阐释与运用，例如，陈永森和蔡华杰不仅论述了佩珀在揭露资本主义矛盾、阐明马克思主义生态维度、探讨社会主义运动等方面的理论贡献，也指出了其在马克思主义整体性理解与社会主义变革战略构想上的思想局限。[②]

其次是对生态马克思主义理论论题的总结阐述。从核心论题概括来看，较具代表性的是，徐艳梅的《生态马克思主义研究》从对马克思主义生态思想的认识、对生态危机成因的剖析和对生态社会主义的构想三个方面来分析生态马克思主义的理论观点，并强调了生态马克思主义把生态批判和现代性批判与资本主义批判和社会主义追求相结合的重要特征；王雨辰在《生态批判与绿色乌托邦：生态学马克思主义理论研究》中首次以研究议题思路研究生态马克思主义理论，系统性分析了生态马克思主义所提出的历史唯物主义生态意蕴阐发，资本主义制度批判、资本主义技术使用批判、消费主义价值观批判和生态政治战略四大论题及其内在联系。[③] 从具体论题阐释来看，学界对生态马克思主义的价值观、科技观、资本主义批判观等论题进行了深入研究。较为典型的是，曾文婷专题分析了生态马克思主义的“反对生态中心主义的人类中心主义”基本原则，并围绕科学

---

① 郭剑仁：《生态地批判——福斯特的生态学马克思主义思想研究》，人民出版社 2008 年版；陈永森、黄新建：《资本主义生态危机及其出路——评奥康纳的“生态危机理论”》，《科学社会主义》2008 年第 1 期；陈食霖：《生态批判与历史唯物主义的重构——评詹姆斯·奥康纳的生态学马克思主义思想》，《武汉大学学报》（人文科学版）2006 年第 2 期。

② 吴宁：《高兹的生态学马克思主义》，《马克思主义研究》2006 年第 8 期；吴宁：《高兹的生态政治学》，《国外社会科学》2007 年第 2 期；吴宁：《消费异化·生态危机·制度批判——高兹的消费社会理论析评》，《马克思主义研究》2009 年第 4 期；陈永森、蔡华杰：《资本主义世界生态问题的马克思主义视角——佩珀生态学的马克思主义论析》，《马克思主义与现实》2008 年第 5 期。

③ 徐艳梅：《生态学马克思主义研究》，社会科学文献出版社 2007 年版；王雨辰：《生态批判与绿色乌托邦——生态学马克思主义理论研究》，人民出版社 2009 年版。

技术、控制自然观念、资本主义制度与生态危机的关系，评析了生态马克思主义的生态危机理论。[①]

再次是对生态马克思主义发展过程及其理论性质的分析研判。一方面，学界梳理了生态马克思主义发展的基本历程及其特征，较为典型的是，陈学明的《生态社会主义》作为国内最早以生态社会主义为标题的学术专著，提出了当前国内学界所普遍接受的生态社会主义形成发展三个时期的划分，即20世纪60—70年代的形成时期、70—80年代的体系化时期和90年代之后的发展时期；刘仁胜则从理论样态变化的角度，认为生态马克思主义发展经历了一个由生态马克思主义到生态社会主义再回归于马克思的生态学的过程。[②] 另一方面，学界重点探讨了生态马克思主义的理论性质，尤具代表性的是，张一兵和胡大平在《西方马克思主义哲学的历史逻辑》中指出，由于生态马克思主义拒绝了历史唯物主义生产力增长原则，因而是一种与西方马克思主义根本异质的后现代马克思主义。[③] 对此，国内许多学者提出了不同的看法，认为生态马克思主义是与历史唯物主义相一致的西方马克思主义新流派。例如，何萍从哲学创新视域出发，认为生态马克思主义基于其所创建的生态价值批判方法的研究范式，构建了新型本体论、历史唯物主义与社会主义理论的范畴体系，因而构成了当代马克思主义哲学的新形态；王雨辰则通过理论比较分析，指出生态马克思主义基于历史唯物主义来探讨生态危机的成因与解决之道，并坚持人类中心主义价值观，主张资本主义制度与文化的双重变革和经济与生态的协调发展，因而是对历史唯物主义的丰富与发展，是一种现代主义的反资本主义生态学[④]。

（三）2010年至今

2010年以来，我国学界在经典文献译介和解读的基础上，结合中国

---

① 曾文婷：《反对生态中心主义的人类中心主义——生态学马克思主义的基本原则》，《社会科学家》2004年第1期；曾文婷：《“生态学马克思主义”研究》，重庆出版社2008年版。

② 陈学明：《生态社会主义》，台湾扬智文化事业2003年版；刘仁胜：《生态马克思主义概论》，中央编译出版社2007年版。

③ 张一兵、胡大平：《西方马克思主义哲学的历史逻辑》，南京大学出版社2003年版，第426页。

④ 何萍：《生态学马克思主义：作为哲学形态何以可能》，《哲学研究》2006年第1期；王雨辰：《论西方生态学马克思主义的定义域与问题域》，《江汉论坛》2007年第7期；王雨辰：《西方生态学马克思主义的理论性质与理论定位》，《学术月刊》2008年第10期。

马克思主义理论研究的反思深化，不断推进对生态马克思主义理论的专题性阐释与批判性研究，进一步廓清了生态马克思主义的理论问题、话语体系与中国研究视阈。总体来看，其研究工作可以概括为如下四个方面。

一是关于生态马克思主义代表人物的专题性研究。具体而言，关于高兹和佩珀思想的研究是学界研究的热点所在，并出版了诸多学术专著。前者如温晓春的《安德列·高兹中晚期生态马克思主义思想研究》、朱波的《高兹生态学马克思主义思想研究》、吴宁的《安德烈·高兹的生态学马克思主义》等，后者如梅丽的《批判·建构与实践：戴维·佩珀生态社会主义思想研究》和关雁春的《马克思主义视域下的生态理论批判与建构——戴维·佩珀生态社会主义思想研究》。同样值得关注的是，仇竹妮的《控制与服从的辩证法：威廉·莱斯生态批判理论研究》、王圣祯的《"资本逻辑"批判与"生活逻辑"建构：岩佐茂生态马克思主义研究》、王青的《泰德·本顿的生态学马克思主义思想研究》和何畏的《危机的宿命：奥康纳资本主义危机理论研究》分别是国内第一本系统研究莱斯、岩佐茂、本顿和奥康纳思想的专著。同时，学界对福斯特思想进行了全面细致的研究，一方面是对其思想的整体性概括阐释，例如陈学明对福斯特以"物质变换"为核心概念展开的生态唯物主义与资本主义生态批判思想的深入分析①，另一方面是运用思想史梳理、理论比较和特定议题切入等方法来评析福斯特思想的多重维度及其独特价值，主要成果包括康瑞华、王喜满和马继东等人合著的《批判 构建 启思：福斯特生态马克思主义思想研究》、胡莹的《福斯特生态学马克思主义思想研究》、贾学军的《福斯特生态学马克思主义思想研究》、刘顺的《资本逻辑的生态批判：马克思视域下福斯特生态批判思想评析》和陈武的《福斯特正义思想研究：基于生态马克思主义的视域》等。另外，美国学者保罗·柏克特（Paul Burkett）对马克思思想所做的生态辩护也得到了学界的较多关注。例如，彭学农和罗顺元等人对柏克特对于劳动价值论与共产主义原则的生态意蕴阐发都进行了较

---

① 陈学明：《马克思唯物主义历史观的生态意蕴——评生态马克思主义者 J. B. 福斯特对马克思主义的解释》，《上海师范大学学报》（哲学社会科学版）2010 年第 1 期；陈学明：《马克思"新陈代谢"理论的生态意蕴——J. B. 福斯特对马克思生态世界观的阐述》，《中国社会科学》2010 年第 2 期。

为全面的解读评析。[①]

二是关于生态马克思主义理论论题的系统性分析。在此方面，除了对生态马克思主义理论论题的总结性阐述，如胡颖峰的《生态学马克思主义生态思想研究》和侯子峰的《自然的解放：生态学马克思主义研究》，学界重点阐释了生态马克思主义的资本主义批判理论和生态政治哲学。从前者来看，较具有代表性的是，陈学明的《谁是罪魁祸首——追寻生态危机的根源》以“生态与资本关系”为主线，全面分析了生态马克思主义关于生态危机的根源与解决方案的思想观点及其对中国生态文明建设的启示价值；郑湘萍的《生态学马克思主义的生态批判理论研究》和万希平的《生态马克思主义理论研究》分别从历史和理论多维度来阐释生态马克思主义的资本主义生态批判理论，强调了其总体性思维和“红绿”结合的理论旨趣。[②] 后者中较为突出的是，陈培永和刘怀玉从整体上阐述了生态马克思主义的政治哲学框架，即合乎生态的历史唯物主义的方法前提，社会正义与生态正义相统一的正义理念，以生产资料共同所有、生产模式分散稳态与政治制度广泛民主为特征的社会理想和以阶级分析方法为指导的变革战略。[③]

三是关于生态马克思主义发展图景的批判性反思。一方面，学界在新的时代背景下概括了生态马克思主义的动态发展特征。其中较为典型的是，何萍认为2006年以来的西方生态马克思主义从检视自身理论发展的历史进程与内部困境、探究哲学理论基础和核心问题、思考寻求未来发展前景三个方面进行了理论反思与再创造；蔡华杰在思想阐释的基础上论述了当代生态社会主义在理论上的三个转向，即从资本主义根本矛盾批判转向生态资本主义内在矛盾与现实政策的批判、从共产主义原则的重释转向更具体的未来愿景及其变革路径的分析、从马克思恩格斯的生态意涵论证转

---

① 彭学农：《伯克特论马克思劳动价值论的生态学维度》，《上海师范大学学报》（哲学社会科学版）2019年第5期；罗顺元：《马克思共产主义的生态文明意蕴——兼评伯克特对马克思主义生态学维度的发展》，《成都大学学报》（社会科学版）2020年第1期。

② 陈学明：《谁是罪魁祸首——追寻生态危机的根源》，人民出版社2012年版；郑湘萍：《生态学马克思主义的生态批判理论研究》，中国书籍出版社2013年版；万希平：《生态马克思主义理论研究》，天津人民出版社2014年版。

③ 陈培永、刘怀玉：《生态学马克思主义的生态政治哲学构架》，《南京社会科学》2010年第2期。

向现实生态危机具体应对的细致探讨。[①] 同时值得关注的是，学界考察了生态马克思主义的内部分歧与争论，重点关注了奥康纳与福斯特及其学术共同体之间的思想论战[②]，认为生态马克思主义在理论构建路径上的差异不仅反映了生态马克思主义在科学主义和人道主义、实证思维和思辨思维之间的张力，也表现了其在思想基础、理论旨趣和价值立场上的不同。[③] 另一方面，学界审视了生态马克思主义的理论分析限度。较为典型的是，郇庆治立足于环境政治哲学分析指出，生态马克思主义在经历了 4 个活跃节点之后，已经发展为一个包含对资本主义生态问题和未来生态社会主义愿景及其过渡战略的系统性分析的完整理论话语体系，但在吸纳现代生态学成果、促进资本主义绿色变革和社会主义政治替代方面仍面临着挑战；刘顺指出生态马克思主义由于忽视了资本创造文明的历史作用，并把对资本逻辑的生态批判泛化，因而无法为解决生态问题提供科学药方；韩秋红则指认了生态马克思主义在生态危机根源及其出路分析上的内在局限，即在理论建构上的“中心主义”立场、在生态危机判断上的“二分法”思维和在生态危机求解上的“主观主义”倾向。[④]

四是关于生态马克思主义对中国生态文明研究启示意义的多维度阐发。其中较为重要的是，陈学明围绕中国社会主义生态文明建设所面临的重大理论与实践议题论述了生态马克思主义研究的启示：首先，生态马克思主义强调了理想社会应当实现人与自然和谐相处；其次，生态马克思主义主张制度变革与文化价值观变革相统一，强调发挥社会主义生态文明建设的制度优势；再次，生态马克思主义阐明了人类中心主义价值观和科学

---

① 何萍：《生态学马克思主义的理论困境与出路》，《国外社会科学》2010 年第 1 期；蔡华杰：《另一个世界可能吗?：当代生态社会主义研究》，社会科学文献出版社 2014 年版。

② 郭剑仁：《奥康纳学术共同体和福斯特学术共同体论战的几个焦点问题》，《马克思主义与现实》2011 年第 5 期；夏劲、蔡丽丽：《奥康纳的双重危机论与福斯特的物质变换裂缝论比较研究》，《自然辩证法研究》2015 年第 9 期。

③ 张晓萌、殷逸枫：《马克思主义生态学对历史唯物主义的生态重构》，《教学与研究》2018 年第 5 期；陈艺文：《论生态马克思主义理论构建的路径差异——以帕森斯与阿格尔为例》，《中国地质大学学报》（社会科学版）2020 年第 5 期。

④ 郇庆治：《作为一种政治哲学的生态马克思主义》，《北京行政学院学报》2017 年第 4 期；郇庆治：《生态马克思主义的中国化：意涵、进路及其限度》，《中国地质大学学报》（社会科学版）2019 年第 4 期；刘顺：《资本的辩证逻辑：生态危机与生态文明——对生态马克思主义的批判和超越》，《当代经济研究》2017 年第 4 期；韩秋红：《生态学马克思主义解放理论批判》，《马克思主义研究》2021 年第 2 期。

技术对于环境治理的积极意义，同时，生态马克思主义启发我们树立生态友好的生活方式与走增进人民幸福的发展道路；最后，生态马克思主义在论述资本主义及其全球化的反生态本性的同时论证了社会主义与生态文明的内在契合性，因而启发我们建设生态文明应当坚持生态导向的新型现代化，辩证地看待资本和科技在社会主义现代化中的作用，在扩大生产和刺激消费的同时加强生产的绿色转型与绿色消费的积极引导。①

与此同时，王雨辰明确使用了“生态马克思主义的生态文明理论”概念，认为生态马克思主义坚持以历史唯物主义来分析生态问题，是制度维度、价值维度和政治维度相统一的生态文明理论，其主要表现为从人类实践和社会制度层面来探讨生态文明的本质、阐述经济增长和技术创新与生态文明建设的辩证关系、强调生态文明所内在的超越资本主义工业文明的新型文明特征，这对于中国生态文明理论研究的价值和意义在于，当代中国作为后发国家应积极构建一种以历史唯物主义为基础的、实现地方与全球维度相协调、发展观与境界论相统一的生态文明理论。②

相比之下，郇庆治则侧重于从政治哲学视角探讨生态马克思主义所能提供的社会主义生态文明建设方法论基础。在他看来，生态马克思主义对生态环境问题的资本主义社会成因批判和社会主义替代性选择的理论分析，有助于我们更全面地把握自然关系与社会关系的辩证互动，更批判地认识当代资本主义社会的内在矛盾，更深刻地理解中国当前生态文明建设制度创新与重建意涵，在实践方面则启发我们坚持对当今世界主导性制度框架与权力秩序的批判态度，加强对资本及其运行逻辑在社会生态层面的制度性限制，推动国家政府等现代制度形式和社会非市场化机制的改革创新，努力构建社会公正与生态可持续有机结合和双向促进的社会主义生态文明。③

---

① 陈学明：《生态马克思主义所引发的思考》，《当代国外马克思主义评论》2011 年第 1 期。

② 王雨辰：《论生态学马克思主义与社会主义生态文明》，《高校理论战线》2011 年第 8 期；王雨辰：《生态学马克思主义与生态文明研究》，人民出版社 2015 年版；王雨辰：《生态学马克思主义与后发国家生态文明理论研究》，人民出版社 2017 年版。

③ 郇庆治：《生态马克思主义与生态文明制度创新》，《南京工业大学学报》（社会科学版）2016 年第 1 期；郇庆治：《社会主义生态文明的政治哲学基础：方法论视角》，《社会科学辑刊》2017 年第 1 期。

三 社会主义生态文明理论探索与构建

不同于一般意义上的生态文明概念，“社会主义生态文明”（socialist eco - civilization）是一个政治意识形态立场与政策取向更明确的独立性概念，而且只能将其作为一个整体来理解，其内在地规定着“生态可持续性考量”和“社会公平正义考量”的有机结合与统一。因此，社会主义生态文明理论有着鲜明的中国背景和语境方面的特点，其主要研究目标是科学阐明当代中国的社会主义生态文明及其建设的理论意涵及其马克思主义基础与实践要求，说明社会主义原则、制度与思维在应对生态环境问题上的必要性和优越性及其历史条件，从而促动社会主义经济社会发展的全面绿色转型与人类文明新型样态创建。

（一）20 世纪 80—90 年代

早在 20 世纪 80 年代，学界就提出保护生态环境是社会主义的题中之义。例如，1980 年，何明智指出，不同于资本主义最大限度追求利润，社会主义生产的目的是满足人民需要，因而必须做好环境保护工作；1981 年，袁书勤提出，发展生产与保护环境是对立统一的辩证关系，社会主义制度提供了把二者统一起来的社会条件。[①] 而 1986 年，我国生态学家叶谦吉提出应该大力建设“生态文明”，即在改造自然的同时保护自然，保持人与自然的和谐统一关系；1989 年，我国经济学家刘思华则明确使用了“社会主义生态文明”概念，认为社会主义生态经济关系的本质在于实现包括生态需要在内的人的全面需要，因而生态文明构成了社会主义现代文明的一个重要方面。[②] 这表明，学界对社会主义生态文明的讨论在相当程度上是对社会主义现代化建设中所出现的生态环境问题的理论回应，强调的是社会主义文明体系中人与自然关系向度及其建构。

到了 90 年代，学界更加注重基于马克思主义经典著述来构建生态文明理论。最具代表性的是，谢光前认为建设生态文明是社会主义实现自身质的飞跃的前提，马克思恩格斯关于人与自然协调关系、资本主义生产方式批判与科学社会主义观点都要求我们充分认识人与自然的共生共存关系，

---

① 何明智：《保护环境，造福人民，是社会主义生产目的的重要内容》，《经济问题探索》1980 年第 2 期；袁书勤：《略谈发展生产与保护环境的辩证关系》，《中州学刊》1981 年第 3 期。

② 叶谦吉：《叶谦吉文集》，社会科学文献出版社 2014 年版，第 80—83 页；刘思华：《理论生态经济学若干问题研究》，广西人民出版社 1989 年版，第 275—276 页。

并发挥社会主义制度优越性促进生态文明建设；刘俊伟则基于马克思恩格斯的论述明确提出了以实践观点与唯物史观为基石，以社会与自然协调发展、关爱保护自然和尊重自然规律为基本原则的“马克思主义生态文明理论”，强调了中国特色社会主义建设必须确立自己的生态文明观念。[①] 由此可见，在这一时期，尽管缺乏严格完整的界定与论证，“社会主义生态文明”的基本意涵及其马克思主义理论基础已经得到了较为清晰的概括阐释。

（二）2000—2009 年

进入新世纪以来，尤其是 2007 年党的十七大报告明确提出“建设生态文明”之后，生态文明建设被正式纳入中国共产党的政治意识形态与治国理政方略之中，社会主义生态文明理论研究也逐渐成为学界研究的热门领域，并构成了当代中国马克思主义与中国特色社会主义理论创新发展的一个重要方面。概括起来，这一时期的研究主要聚焦于以下三个方面。

一是对“社会主义生态文明”概念的解析，重点论述了“社会主义”前缀对于理解“社会主义生态文明”的关键意义。较为重要的是，潘越从文明转型与社会经济政治变革的联系出发，论述了生态文明与社会主义的内在一致性与相互促进关系，强调了社会主义生态文明是对传统文明的超越和社会主义的发展；田文富依据唯物史观，将社会主义生态文明概括为坚持以人为本和可持续发展、实现人与自然和谐相处的社会文明新形态，是对资本主义工业文明的超越；郇庆治通过术语学诠释，认为“社会主义生态文明”概念表达的是一种社会主义与生态主义创新性结合的发展路径与人类文明愿景，其实践要求是在承认生态问题的全球性及其解决条件的客观历史性的基础上，发挥社会主义在制度设计与文化支撑上的优越性，努力促进现代文明的深层次和根本性的绿色转型。[②]

二是对马克思主义生态文明理论的概括阐释。相比于对马克思恩格斯生态思想的梳理阐发，学界对马克思主义生态文明的研究更加强调对马克思主义的整体性解读与时代化创新。较具代表性的是，方时姣从人与自然

① 谢光前：《社会主义生态文明初探》，《社会主义研究》1992 年第 3 期；刘俊伟：《马克思主义生态文明理论初探》，《中国特色社会主义研究》1998 年第 6 期。

② 潘岳：《论社会主义生态文明》，《绿叶》2006 年第 10 期；田文富：《社会主义生态文明及其建设探析》，《广西师范大学学报》（哲学社会科学版）2008 年第 2 期；郇庆治：《社会主义生态文明：理论与实践向度》，《江汉论坛》2009 年第 9 期。

辩证关系、科学社会主义、文明发展理论三个方面概括马克思恩格斯的生态文明思想，并以此论述了社会主义生态文明作为新型现代文明形态所具有的相对独立性和全面和谐特征；张云飞从学科建设角度指出，马克思主义生态文明理论是中国特色社会主义理论基于马克思主义人与自然关系思想并结合现代化实践的自觉发展，其内在地要求坚持自然规律与社会规律、自然科学与社会科学、自然辩证法与历史唯物论相统一的整体性原则。①

三是对中国特色社会主义生态文明建设道路的理论分析，着重论述了生态文明建设的实践要求及其在中国特色社会主义现代文明整体中的重要作用。较为典型的是，余谋昌指出，生态文明是中国特色社会主义发展的方向，其内在地要求世界观、价值观和思维方式的转变，以及政治体制、生产方式和生活方式的转变，也就是要创建一种新型的科学社会主义和未来生态文明的社会存在形态；刘思华在现代社会主义文明发展全面和谐论（人与自然、人与人、人与社会、人与自身关系和谐）的基础上指出，作为中国特色社会主义道路的基本组成部分，中国特色社会主义生态文明建设道路的目标在于实现“自然—经济—社会”复合生态系统的和谐，走向人性化与生态化的新型社会主义现代文明。②

（三）2010 年至今

2010 年以后，生态文明建设已经成为推进中国特色社会主义现代化发展的重要议题，尤其是 2012 年党的十八大报告将生态文明及其建设纳入中国特色社会主义事业“五位一体”总体布局之中，并提出“努力走向社会主义生态文明新时代”；2017 年党的十九大报告将生态文明及其建设置于习近平新时代中国特色社会主义思想的理论框架和话语语境之下，并要求“牢固树立社会主义生态文明观”；2018 年，习近平在全国生态环境保护大会上的讲话正式确立了“习近平生态文明思想”，社会主义生态文明研究也相应进入了一个深入发展的新阶段。概括地说，这一时期的研究聚焦于如下三个方面：

一是对生态文明概念及其基础的马克思主义哲学分析。一方面，学界

---

① 方时姣：《马克思主义生态文明观在当代中国的新发展》，《学习与探索》2008 年第 5 期；张云飞：《马克思主义生态文明理论的学科建构》，《理论学刊》2009 年第 12 期。

② 余谋昌：《生态文明是发展中国特色社会主义的抉择》，《南京林业大学学报》（人文社会科学版）2007 年第 4 期；刘思华：《中国特色社会主义生态文明发展道路初探》，《马克思主义研究》2009 年第 3 期。

对生态文明的历史定位进行了深入探讨。虽然对“生态文明”概念可以有不同视角的解读[1]，但按照历史唯物主义分析，对生态文明主要有两种理解，即扬弃工业文明的新型文明形态和人类文明系统中的基础性方面。对此，徐春从人类文明发展过程性与文明系统的结构性两个方面对这两种理解进行了深度分析；而余谋昌着重强调了生态文明的人类文明新形态意涵，认为生态社会主义是生态文明的社会形态；张云飞则将生态文明界定为贯穿于所有文明形态的、人类在社会实践过程中处理人与自然之间关系和相关社会关系所取得的一切积极成果的总和，并根据唯物史观对生态文明的理论规定和实践指向进行了全面分析。[2] 另一方面，学界进一步阐述了生态文明的马克思主义哲学基础。比如，黄枬森论述了辩证唯物主义世界观、认识论和历史观等马克思主义基本原理对于生态文明建设的基础性指导意义；赵家祥也指出马克思恩格斯的辩证唯物主义自然观与人与自然和谐发展思想是社会主义生态文明建设的重要理论基础，并强调社会主义生态文明建设的核心是坚持人与自然和谐共生和生态文明成果全民共享。[3]

二是对中国风格的生态文明理论的构建阐述。在此方面，学界开始将社会主义生态文明理论置于马克思主义生态理论发展史中加以系统化阐释，并出版了诸多学术成果，例如刘国华的《中国化马克思主义生态观研究》、李宏伟的《马克思主义生态观与当代中国实践》、任暟的《当代中国马克思主义生态文明理论研究》、刘海霞的《马克思主义生态文明理论及中国实践研究》、王传发和陈学明主编的《马克思主义生态理论概论》等。同时特别值得关注的是，王雨辰从历史唯物主义理论与中国现代化建设实际出发，认为中国形态的生态文明理论是以马克思主义生态哲学为理论基础，以环境正义为价值诉求，实现发展观与境界论辩证统一、工具论与目的论内在结合的新型生态文明理论[4]；郇庆治则基于绿色左翼政治理论视

---

① 王雨辰：《论当代生态思潮与生态文明理论的争论及其在中国的效应》，《道德与文明》2020 年第 6 期。

② 徐春：《生态文明在人类文明中的地位》，《中国人民大学学报》2010 年第 2 期；余谋昌：《生态文明论》，中央编译出版社 2010 年版；张云飞：《唯物史观视野中的生态文明》，中国人民大学出版社 2014 年版。

③ 黄枬森：《生态文明建设的哲学基础》，《鄱阳湖学刊》2010 年第 1 期；赵家祥：《人与自然和谐发展，建设美丽中国》，《观察与思考》2017 年第 12 期。

④ 王雨辰：《生态文明理论的普遍与特殊、全球与地方维度》，《南国学术》2020 年第 3 期；王雨辰：《构建中国形态的生态文明理论》，《武汉大学学报》（哲学社会科学版）2020 年第 6 期。

角，全面阐发了社会主义生态文明理论的社会生态转型话语与政治意蕴，并结合当代中国生态文明建设实践，探讨了走向社会主义生态文明的现实进路与政治经济动力机制。①

三是对习近平生态文明思想与社会主义生态文明观的学理性阐释。就前者而言，学界一方面重点阐释了习近平生态文明思想对马克思主义理论的继承与发展，其主要思路是围绕习近平生态文明思想的“八观”体系及其所体现的马克思主义自然观、历史观和发展观等展开论述②；另一方面从马克思主义视角来解析习近平生态文明思想的主要概念命题和整体特征，如王雨辰和郇庆治分别考察了习近平所提出的“生命共同体”理念和“生态兴则文明兴，生态衰则文明衰”论断，方世南等人探讨了习近平生态文明思想的整体性逻辑及其对马克思恩格斯生态文明思想的继承和发展。③ 就后者而言，学界不仅着重分析了生态文明的社会主义本质规定性，并全面论述了习近平社会主义生态文明观的内涵特征。较为典型的是，张剑将中国生态文明建设的社会主义根本要求概括为生态文明建设成果的人民普惠共享和地区间的环境公正两个维度；蔡华杰从比较视角出发，认为对资本主义内在矛盾的认识、对马克思主义指导思想和自然资源公有制的坚持是社会主义生态文明的社会主义意涵所在；张云飞则基于原理体系角度，从三个方面说明了习近平生态文明思想是社会主义生态文明观的集中表达与科学典范，即理论观念层面坚持马克思主义理论基础、政治方向层面坚持社会主义政治规定、未来追求层面坚持共产主义理想愿景。④

---

① 郇庆治：《作为一种转型政治的“社会主义生态文明”》，《马克思主义与现实》2019 年第 2 期；郇庆治：《生态文明建设试点示范区实践的哲学研究》，中国林业出版社 2019 年版；郇庆治：《论社会主义生态文明经济》，《北京大学学报》（哲学社会科学版）2021 年第 3 期。

② 陈学明：《习近平生态文明思想对马克思主义基本理论的继承和发展》，《探索》2019 年第 4 期；张云飞、李娜：《习近平生态文明思想对 21 世纪马克思主义的贡献》，《探索》2020 年第 2 期。

③ 王雨辰：《习近平“生命共同体”概念的生态哲学阐释》，《社会科学战线》2018 年第 2 期；郇庆治：《习近平生态文明思想视域下的生态文明史观》，《马克思主义与现实》2020 年第 3 期；方世南、储萃：《习近平生态文明思想的整体性逻辑》，《学习论坛》2019 年第 3 期。

④ 张剑：《生态文明与社会主义》，中央民族大学出版社 2010 年版，第 202—209 页；蔡华杰：《社会主义生态文明的“社会主义”意涵》，《教学与研究》2014 年第 1 期；张云飞：《社会主义生态文明观的科学典范》，《马克思主义研究》2020 年第 10 期；张云飞：《习近平社会主义生态文明观的三重意蕴和贡献》，《中国人民大学学报》2021 年第 2 期。

四 简要评论

对自20世纪80年代以来的中国马克思主义生态学研究的学术文献史考察表明，在经历了20世纪80—90年代的起步、2000—2009年的全面展开和2010年至今的深入发展之后，当代中国的马克思主义生态学研究已经成长为一个非常活跃而且成果丰硕的学科研究方向，并形成了马克思恩格斯生态思想诠释与阐发、国外生态马克思主义理论阐释与批评、社会主义生态文明理论探索与构建三大研究领域或方向。其中，对于马克思恩格斯生态思想的“经典文献阐发”和生态马克思主义的“代表人物及其流派研究”无疑是学界最为关注的研究领域，并在致力于经典马克思主义概念命题体系的生态化重释和生态马克思主义完整理论图景的系统性把握的同时，表现出日益强烈的观照当代中国生态文明建设的问题意识和理论自觉。比如，国内学界近年来对马克思恩格斯思想在生态文明视野下的再阐释和生态马克思主义理论的中国启示价值的论述，在相当程度上可以被视为对社会主义生态文明哲学方法论基础的讨论。也正是基于经典文献原理支撑和国外理论比较参照，学界关于社会主义生态文明理论的研究得到了较为迅速的发展，并主动从生态文明理论基础阐述转向对现实生态文明建设政策实践的体系化概括和学理性分析，初步确立了中国特色社会主义生态文明理论架构和话语风格。

从马克思主义生态学研究整体的动态发展来看，上述三大领域并非独立并行而是呈现出相互关联的层级递进逻辑。实际上，马克思主义生态学作为一个独立学术议题进入中国哲学社会科学界，一开始就不是出于还原经典理论或引介国外思潮的纯粹理论需要，而是面对社会主义现代化及其生态环境问题的自觉反应。如果说，新世纪之初的马克思主义生态学研究还侧重于探讨经典马克思主义和生态马克思主义所蕴含的生态文化资源，那么，随着中国生态文明建设逐渐成为世界性社会生态转型与环境保护治理进程的重要组成部分，马克思主义生态学研究正从以马克思恩格斯经典文献解读和生态马克思主义思潮评介为主的学习阶段，走向一个建立在马克思主义中国化基础上的社会主义生态文明研究新阶段。这不仅表现为我们对马克思主义原理方法更为熟练的运用，也体现为我们在生态马克思主义理论研究过程中更加明确的反思批判精神，以及在分析当代生态环境问题时更加自主的中国立场及其话语表达，致力于真正实现中国马克思主义生态学研究的“自我主张”。

另一方面，可以理解的是，当代中国马克思主义生态学研究在达到历史性高点的同时也面临着研究视野和研究方法层面的发展瓶颈或局限，突出表现为对马克思主义理论学科与环境人文社会科学体系的整体性理解相对缺乏，以及对经典理论文献与权威政策文本解读进路的过度偏重。结果是，现有的研究成果往往停留于对思想理论与政策实践内容本身的一般性观点概括阐述，而难以达到基于综合性学科理论知识和话语逻辑框架的深度分析与科学把握。在笔者看来，促进马克思主义生态学研究取得突破性进展的关键在于，着力推动马克思恩格斯生态思想阐发、国外生态马克思主义理论反思与中国社会主义生态文明理论构建的建设性互动，保持好经典文献文本诠释与独立理论分析之间的平衡，更自觉地从时代问题出发对既有理论资源加以凝练与提升。就此而言，笔者认为，马克思主义生态学研究的深入与拓展需要重点关注如下两个方面的问题。

一是通过学术文献史分析，建构马克思主义生态学的“知识地图”，在面向未来的历史变迁和思想图景中推进马克思主义生态学的当代创新。应当承认，经典马克思主义在提供一种对于社会生态问题的唯物辩证分析方法的同时，也面临着自身历史语境转换的问题，而生态马克思主义在新的历史条件下将马克思主义传统与现代生态环境议题相结合的努力使其成为当代马克思主义的前沿性表达，中国学者对于社会主义生态文明理论的探索构建则突出体现了中国马克思主义与社会主义理论的新时代创新。这就要求，当代中国的马克思主义生态学研究不仅需要不断地理解和阐述马克思恩格斯的生态思想，也需要了解和把握从马克思恩格斯走向当代的理论发展轨迹和进路，以进行更为准确的思想定位和更为系统的方法整合，进而形成具有自身特点的马克思主义生态学知识谱系和认知方式。

二是主动关注社会主义生态文明建设实践，在理论与实践的比较分析中构建面向中国社会现实的马克思主义生态学。必须看到，在习近平生态文明思想的指导下，我国生态文明建设发生了历史性、转折性、全局性变化，并且正在源源不断地贡献着生态文明建设的实践智慧。因而可以说，对社会主义生态文明建设实践的各种鲜活案例经验的具体深入考察，构成了提升中国马克思主义生态学研究的科学合理性、现实引领价值与国际对话能力的重要前提。这也意味着，当代中国马克思主义生态学的生命力不仅在于理论层面的马克思主义生态思想阐释及其逻辑体系建构，更在于直面生态文明建设实践中所出现的复杂现实难题并提出自己的独立思考与应对方案。

中国社会主义生态文明观的逻辑探析*

刘希刚**

中国共产党在全世界第一次以执政党名义提出生态文明建设国家战略并做出部署，把生态文明纳入中国特色社会主义建设全局，作为社会主义发展的基本目标要求贯穿经济社会发展全过程，努力实现“生态—经济—社会”复合系统的高度整合、整体优化、良性运行和协调发展。之后经过党的十九大、全国生态环境保护大会、党的十九届四中全会和五中全会对新时代中国生态文明建设的深化推进，生态文明进一步成为中国特色社会主义发展最基础、最有特色的有机部分，显著地改善了生态环境质量，为广大人民创造了更加美好的生活环境条件。中国生态文明建设国家战略的提出与部署，表明中国把生态文明的理想与中国特色社会主义建设全局、富强民主文明和谐美丽的社会主义现代化建设、中华民族伟大复兴、世界可持续发展潮流以及人类文明趋势结合在了一起。中国建设的是社会主义生态文明，是社会主义生态文明观的中国探索，是生态文明应然性、社会主义本质属性、中国特色与创新等基本逻辑的综合体现。

一　中国社会主义生态文明的应然性逻辑

随着生态文明建设实践的推进与生态文明理论研究的深入，资本主义是全球生态危机的制度根源、社会主义代表生态文明未来等观点日渐获得学界认同。社会主义社会是以反对人对人的剥削压迫、否认利润至上为生产逻辑的新型社会形态。生态文明在人类文明史上是扬弃与超越工业文明、反映人类自觉追求的、可持续发展的最新文明形态，其内涵本质是人

---

* 本文系国家社科基金项目“新时代生态文明思想创新研究”（19BKS078）、国家自然科学基金面上项目（72073059）、江苏省社会科学基金项目（20GLA003）阶段性成果。

** 刘希刚，南京财经大学马克思主义学院教授。

与自然和谐、人与社会和谐的辩证统一。生态文明与人类史上迄今为止最先进的社会主义制度相结合，就形成了社会主义生态文明。“社会主义生态文明”具有多维度丰富内涵：它是人类在走向“两大和解”共产主义社会进程中的阶段性目标，是社会主义制度与生态文明的有机统一，是后发现代化社会主义国家的重大现代化主题，是中国人民生态文明建设国家战略的奋斗目标。“社会主义生态文明”蕴涵着当代中国现代化发展与文明转型中最重要的创新性和创造力。

1. 生态文明是超越工业文明的新型文明形态

从横向社会结构维度出发把生态文明看作对工业文明的“修补”完善的观点降低了生态文明的价值追求，正确理解把握生态文明，需要从纵向人类社会历史发展维度出发，把生态文明看作超越工业文明的新文明形态。第一，生态文明是对工业文明的根本替代。生态文明是否定工业文明的机械论的哲学世界观、自然观、发展方式、管理方式和生存方式，继承工业文明的技术成就，通过为人们提供基于劳动的多种满足方式追求人的身心、人类与自然的和谐共同发展，是对工业文明的根本替代，即“用有机论和整体论的生态哲学世界观和自然观超越了工业文明的机械论的哲学世界观和自然观；用以生态理性为基础的可持续绿色发展超越了工业文明以经济理性为基础的不可持续、不协调发展；用共同体价值观、后物质主义价值观和劳动幸福观代替了工业文明的个人主义价值观、消费主义价值观和物质主义幸福观”①。但二者之间的新旧替代并不是截然对立和全盘否定，而是“扬弃”的辩证否定。第二，工业文明生态化不具备发展成为生态文明的必然性。马克思主义生态哲学强调，一定的社会制度和生产方式是人与自然物质能量变换的根本前提，人与自然关系的性质取决于人与人关系的性质。1978 年最先提出“生态文明”概念的德国学者费切尔明确表示生态文明的本质中既有技术方面的，又有社会制度和意识形态的要求。由此可以认识到生态文明是自然科学技术的客观因素与社会制度和意识形态等价值因素的综合统一体，仅靠技术生态化不能实现工业文明向生态文明的转型，只有工业文明的总体性变革才可能迎来生态文明。第三，生态文明坚持人类本位的价值目标。生态危机与人类生存发展的紧密联系，以

① 王雨辰：《论生态文明的本质与价值归宿》，《东岳论丛》2020 年第 8 期。

及“只有人类在保护自然的复杂性方面具有利益”①，决定了以人类生存发展利益为参照系谈论生态危机的必然性。人是生态危机问题的主体，也是判断生态平衡关系的主体。生态文明坚持的是人类本位的价值目标，以实现由“代内正义和代际正义”构成的环境正义为根本前提。

2. 社会主义是追求生态文明的社会形态

无论从人类文明发展大势还是从社会主义制度属性的视角来分析，社会主义与生态文明具有无可辩驳的内在统一性，即人类文明向度上的历史统一性、人与自然关系和谐方面的目标一致性、人与人关系和谐方面的本质一致性、人的全面发展上的价值一致性。社会主义与生态文明具有的一致性决定了社会主义必然是建设生态文明的社会主义，而生态文明必然是社会主义性质的生态文明。首先，社会主义创建促进人全面自由发展的文明。马克思主义视阈下的共产主义是“以每一个个人的全面而自由的发展为基本原则的社会形式”②，集中展现出了社会形态发展的美好前景，也是人类不懈追求的理想目标。而社会发展以及人的自由全面发展都离不开自然历史的发展进程。社会主义能够促进人与自然的关系更加和谐，既能为满足人的物质需求提供基础，也能为满足人的精神需求提供条件。其次，社会主义坚持“以人为本”的价值原则。强调以人为本、坚持人与自然和谐相处、实现经济社会全面协调可持续发展是社会主义的基本原则。因此，社会主义生态文明将人类的长久生存和社会的永续发展建立在与人与自然和谐关系的基础之上，是坚持“人本逻辑”、以人为本的文明形态，是社会主义原则与生态文明要求的契合，能够形成预防生态危机、建设生态文明的自觉性。最后，生态文明是社会主义的独有意涵。从目标追求来看，社会主义不以单纯的经济发展为奋斗目标，彰显着超越单一经济利益追求人民生态利益的目的正义，从而谋求全社会的福祉，更多地关注生态，关注人民的生态利益，体现出社会主义相对于资本主义的制度正义优势。从社会主义理论维度出发，“生态文明”无所谓“姓资姓社”的区分，“生态文明”是社会主义的应有内涵，生态文明只能是“社会主义”的；资本主义只能获得微观领域的、相对性的、局限性的生态文明进步，不可能实现社会形态层面高度的生态文明，只有社会主义能实现一种制度价值

① Refiner Grundmann. Marxism and Ecology. Oxford：Clarendon Press，1991，p. 24.

② 《马克思恩格斯文集》第5卷，人民出版社2009年版，第683页。

和社会进步覆盖各层次和全方位的、彻底的、变革性的生态文明；从社会制度的理念层面看，社会主义比资本主义有更多的人本思想和人文关怀，社会主义生态文明具有超越资本主义文明的基本制度框架及其文化价值支撑的特点、具有根本性与彻底性的生态环境问题解决方法，“更加符合生态规律与原则的文明化生存生活方式，因而体现并代表着人类文明的未来”①。

3. 中国特色社会主义是以生态文明为本质要求的社会主义

中国是社会主义国家，不会走转嫁生态危机的生态帝国主义道路。中国社会主义生态文明在生态环境成为制约中国发展的根本性、全局性问题的时代背景下，积极应对生态矛盾、生态压力，即解决工业化与生态文明的矛盾、市场经济与生态文明的矛盾两大难题，应对西方工业化国家遗留下来的生态压力、世界经济生态化发展趋势带来的国际压力，并将生态文明上升为党的治国理政目标、国家重大战略、民生需求工程以及全社会共建行动，是中国特色社会主义的题中应有之义。首先，中国特色社会主义是科学社会主义原则与中国实际的有机结合，必然把生态文明作为基本目标。中国把生态文明鲜明地写在中国特色社会主义伟大旗帜上，充分表明了对社会主义本质特征和核心价值理解的新突破与新高度，即努力创建与资本主义不一样的生活方式，创建以实现人的全面发展为宗旨、以真正满足人的需求的存在方式。中国特色社会主义是一种立足中国国情、富有中国特色、把生态文明写在自己旗帜上的社会主义，“我们将从工业文明向生态文明的过渡时期，走向生态文明形成、成熟和发展，建设一个可持续发展的新社会”②。再次，人与自然和谐是中国特色社会主义和谐追求的重要目标。在马克思恩格斯的心目中，共产主义是“人同自然界的完成了的本质的统一”的生态文明社会。人与自然的和谐必然与生态文明联系在一起，中国社会主义和谐社会的建设目标确立之时，就开启了建设生态文明的探索。人与人的社会和谐、人与自然的和谐、人与自我的和谐的有机统一决定了，人与自然的和谐是社会和谐以及人与自我和谐的自然物质前提，中国特色社会主义就是要促进人与自然和谐。最后，中国特色社会主义坚持“以人为本”，以人与自然的共生共荣来推进人的全面发展。中国

---

① 郇庆治：《社会主义生态文明：理论与实践向度》，《江汉论坛》2009年第9期。

② 余谋昌：《生态文明与中国特色社会主义》，《绿色中国》2019年第4期。

特色社会主义是坚持“以人为本促进人的全面发展”的社会主义，继承发展了马克思主义创始人高度重视人的自由全面发展的思想。坚持中国特色社会主义的“以人为本”价值目标，需要进一步满足人的多方面需求和实现人的全面发展，而基础和前提恰恰在于消除人与自然的对立、完成自然主义与人道主义的统一。“以人为本”的中国特色社会主义，自觉把实现人与自然的和谐统一作为最崇高的价值追求，自觉选择生态文明建设道路。

二 中国社会主义生态文明的社会主义本质属性逻辑

在当今时代潮流下，生态文明建设既有社会制度的属性，又有现实环境问题与各国不同国情的制约。中国特色社会主义现代化发展和中国特色社会主义理论是理解中国生态文明本质属性的宏大背景和根本语境。在中国特色社会主义的伟大实践中，社会主义生态文明观逐步形成、迅速发展并被写入党的行动纲领。“与一般目的论的生态文明理论不同，社会主义生态文明不仅需要处理人与人、人与自然的关系，而且还具有社会主义的意识形态属性。”① 生态文明融入中国特色社会主义形成中国社会主义生态文明观。“建设生态文明是中国特色社会主义的本质要求，建设生态文明的纲领与中国特色社会主义事业是统一的。”②

1. 中国生态文明的社会主义本质

在新时代中国特色社会主义发展的背景和语境下，中国社会主义生态文明在更大程度上属于中国特色社会主义现代化发展进程的重要内容，是推动中国特色社会主义转型发展的核心动力之一。中国生态文明建设必须保证生态文明进步和社会主义原则的有机融合与辩证统一。中国生态文明建设的社会主义本质，就是要将社会主义的本质规定性全面纳入生态文明建设的战略目标与行动部署中去，通过社会主义制度的优越性来体现社会主义生态文明的超越性。在现实的社会主义与生态文明相结合的发展进程中，解放人类实现人的全面发展，解放自然而使整个自然界复活，是社会主义生态文明建设的两个根本目标。超越工业文明“以资本为本”的社会，建设生态文明“以人为本”的社会，是建设社会主义生态文明的政治

---

① 王雨辰：《生态文明的四个维度与社会主义生态文明建设》，《社会科学辑刊》2017 年第 1 期。

② 余谋昌：《生态文明与中国特色社会主义》，《绿色中国》2019 年第 4 期。

目标，即融合社会主义原则与生态学原则，促进社会公平和生态公平、社会正义和自然正义的协调发展。

2. 中国生态文明的社会主义属性

伴随着生态文明建设国家战略的出台，生态文明建设纳入“五位一体”总体布局，中国特色社会主义的经济、政治、文化、社会建设等领域中增加了生态文明目标及其社会主义原则要求。中国特色社会主义生态文明建设实践在一定意义上就是社会主义原则践行的历史过程，即把社会主义原则纳入生态文明建设领域的历史过程。社会主义生态文明目标追求表明中国要在以公有制为主体、共同富裕为原则的社会主义制度框架内建设生态文明，用生态文明理念丰富拓展社会主义发展内涵。[①] 中国的社会主义生态文明，在生态文明前面加上“社会主义”的限定词，不是一种简单的前缀修饰，也不是纯粹的意识形态用语，而是对生态文明的社会主义属性的强调与坚守。“社会主义生态文明从其本质上看，是超越资本主义工业文明的新型文明形态。”[②] 在中国生态文明建设实践中，中国生态文明的社会主义本质属性主要体现在生态文明国家目标、成果惠及全体人民两个方面。第一，建设生态文明的目标设置。生态文明国家包含国家生态文明建设的总体水平、生态文明建设的国家管治体系与能力两个层面的意涵，中国生态文明建设国家战略表明生态文明国家成为中国社会主义生态文明建设的基本目标。第二，社会主义生态文明建设成果惠及全体人民。中国在精准扶贫过程中提出“生态建设扶贫”“生态保护扶贫”等新理念和新举措，积极探索生态文明建设成果惠及全体人民的方式并取得卓越成效，彰显了中国生态文明建设的“以人民为中心”立场。让经济社会发展成果普惠最广大的人民群众，反对生态贫困，使减少生态破坏、环境污染与消除贫困结合起来，是社会主义本质的现实体现。

3. 中国社会主义生态文明建设的社会主义原则践行

中国特色社会主义生态文明建设实践在以下四个方面突出体现着社会主义原则。第一，高度重视生态民生，努力实现民生民意民权民享的有机统一。在新时代社会主要矛盾变化、人与自然和谐共生现代化建设的背景下，中国生态文明坚持民生民意民权民享价值观，把“良好生态环境是最

① 参见刘希刚、孙芬《论习近平生态文明思想创新》，《江苏社会科学》2019 年第 3 期。

② 王雨辰：《生态文明的四个维度与社会主义生态文明建设》，《社会科学辑刊》2017 年第 1 期。

普惠民生福祉”的发展理念落到实处，是社会主义原则的自觉践行。第二，重视人民群众的生态文明建设主体地位，努力推进民识民觉民建民行的现实统一。中国社会主义生态文明建设是社会生活中一场旷日持久的生态文明变革，树立民识民觉民建民行的民本实践观，促进人民群众的生态文明意识、生态保护自觉、生态文明建设行动，是践行社会主义原则的基本路径。第三，注重政治属性和制度保障，强化弥补性的环境正义制度设计。中国社会主义生态文明建设具有鲜明的社会主义政治属性和制度保障特征，强化弥补性的环境正义制度设计是践行生态文明建设社会主义原则的重要着力点。第四，杜绝地区之间、城乡之间、国家之间转嫁生态危机。资本的逻辑决定着资本主义是“二律背反”的制度，其全球扩张导致世界性生态环境问题却不提供有效应对办法，其生态代价转移具有强烈的非生态公正性，导致落后国家陷入经济衰退和环境退化的双重恶化循环之中。中国的生态文明不在国际之间转移生态环境代价，也不在国内转移生态代价，包括在城乡之间、地区之间转移生态代价，是对社会主义原则的坚守。

三 中国社会主义生态文明的中国特色逻辑

中国建设的是具有鲜明中国特色的社会主义生态文明，“社会主义生态文明应该是中国特色社会主义特定的生态主义版本，也是特定的生态主义的社会主义版本”①。中国特色社会主义生态文明是新时代中国生态文明建设的目标，也是富强民主文明和谐美丽的社会主义现代化强国建设的目标，是生态文明目标、社会主义原则与中国特色在美丽中国时空下的集中展现，体现着社会主义生态文明和中国特色的内在统一性。

1. 中国社会主义生态文明建设的鲜明探索性

中国社会主义生态文明作为当今时代的一种最新生态文明形式，在新时代发展进程中表现为一个充满创新性探索的建设过程。首先，历史维度的阶段性和长期性。中国社会主义生态文明建设现实起点还很低，因为，“我们依然处在模仿与追赶欧美国家已经接近完成的工业化与城市化的进程当中，而它们过去的经验已经表明，这几乎肯定是一个生态环境压力最大、人为破坏最严重的阶段”②。中国社会主义生态文明承认这个起点之

---

① 郇庆治：《环境人文社科视野下的习近平生态文明思想研究》，《环境与可持续发展》2019年第6期。

② 郇庆治：《社会主义生态文明：理论与实践向度》，《江汉论坛》2009年第9期。

低，理性认识中国生态文明建设基础的薄弱性和进程的长期性。不提好高骛远的目标，而注重从一些相对较低水平的阶段性目标做起，用足够的耐心持之以恒地进行探索和行动。其次，现实维度的复杂性和艰巨性。“发达国家一二百年间逐步出现的环境问题，在我国快速发展的过程中集中显现，呈现明显的结构型、压缩型、复合型特点。”① 中国在很短时间内高速实现工业化，资源短缺、环境污染、生态破坏等种种问题同时并全面综合地凸显出来，严重制约着经济社会进一步发展，并且与社会和民生等种种问题盘根错节地交织在一起，更加增加了问题的复杂性与挑战的严峻性。中国生态环境问题的综合性、复杂性和发展现状的特殊性交织在一起，决定了中国生态文明建设任务的艰巨性。再次，发展维度的主动性与发展性。用辩证的眼光来看待中国的生态问题，就会看到挑战的另一面——机遇。“走老路按西方工业文明模式发展已经没有出路，要依靠自己的经验，不要跟着西方工业文明模式走。”② 中国生态文明建设要体现出主动性和发展性的特点。所谓主动性，是指中国的生态文明发展在社会主义制度基础上所体现出来的与西方国家生态文明建设的滞后性截然相反的主动性。所谓发展性是指中国还处在社会主义初级阶段的背景决定了中国生态文明建设道路的发展性。与发达国家先发展工业、后进行环境治理，工业化和生态文明发展阶段先后错开的情况不同的是，当前处于工业化中期阶段的中国，同时面临着继续实现工业化和开启生态文明建设的双重目标。在这样的历史阶段，中国的发展面临着“既要补上工业文明的课，又要走好生态文明的路”的双重压力。如何补上工业文明的课，走上生态文明的路，是对中国发展智慧的重大考验。

2. 中国社会主义生态文明多个子系统结构协同进步的目标整体性

从自身结构上看，“生态文明是一个由生态化的（可持续性）自然物质因素、经济物质因素、社会生活因素、科学技术因素和人的发展方向等方面构成的复合性系统”③。这些方面的因素分别构成了生态文明的基础、手段、支柱和目标。生态文明系统的有机整体性要求加强建设支持机制和落实途径的复杂系统工程，而维持和增强自然物质条件的可持续性是生态

① 周生贤：《建设美丽中国走向社会主义生态文明新时代》，《环境保护》2012 年第 23 期。

② 余谋昌：《生态文明是发展中国特色社会主义的抉择》，《南京林业大学学报》（人文社科版）2007 年第 4 期。

③ 张云飞：《唯物史观视野中的生态文明》，中国人民大学出版社 2018 年版，第 328 页。

文明建设的基础目标。具体到中国特色社会主义生态文明建设上来，需要维系这些因子可持续性的基础系统包括人口适度型的社会、资源和能源节约型的社会、环境友好型的社会、生态安全型的社会、灾害防减型的社会。这些基础系统是中国特色社会主义建设的支持性系统，也与各个领域密不可分，体现着中国生态文明建设的系统属性与中国特色。

3. 中国社会主义生态文明的价值与理论体现的“中国特色”

中国社会主义生态文明具有的内在统一性，即人与自然和谐、人与人和谐、人的全面发展在价值追求上在人类文明向度的一致性，既体现社会主义和生态文明的逻辑关联，也展现中国特色之根本。中国社会主义生态文明体现着内外关系的内生性与互利性的有机统一，“中国生态文明建设的特殊国际背景决定了中国生态文明建设的道路不应该是对外掠夺和转嫁的，而应该是内生的和互利的”①。中国坚持立足本国实际解决环境问题，对外不实行殖民主义性质的环境污染转移，坚持在国际生态交流中实现互利共享，在与强权政治斗争中维护国家生态权益，在全球生态文明进步中承担大国应尽的责任，是中国重大担当。中国生态文明建设道路不同于西方发达国家先污染后治理、生态殖民主义、环境破坏的道路，也不同于生态社会主义构想；生态文明是中国特色社会主义的全局性战略，与缺失生态理念的传统社会主义有根本区别，是历史超越与中国特色的有机统一。因此，以中国社会主义生态文明为主题的中国社会主义生态文明观具有不同于生态社会主义的科学性与实践性相统一的特性、不同于人类中心主义和生态后现代主义的结构性与和谐性相统一的特征、不同于生态马克思主义的历史性与现实性相结合的创新性。

四　中国社会主义生态文明的创新逻辑

中国把生态问题和社会发展问题辩证地统一于中国特色社会主义发展全程，提出生态文明建设国家战略目标，实现了社会主义生态文明观的伟大创新。中国社会主义生态文明建设的一系列新思想、新观点、新论断和新部署，既是创新马克思主义生态理论的中国实践，又是开创中国特色社会主义新境界、实现中华民族伟大复兴的重要抓手，也将为全世界生态文

① 赵凌云、常静：《转变经济发展方式研究历史视角中的中国生态文明发展道路》，《江汉论坛》2011年第2期。

明进程发挥引领作用。

1. 马克思主义生态文明思想的继承与创新发展

马克思恩格斯从形成和创立他们的理论起，就致力于实现全人类的解放，致力于实现人与人、人与自然的双重关系的和谐，致力于未来社会幸福美好生活的自由联合体的构建，而这种未来社会生态文明的高层次追求与马克思恩格斯对实现未来社会生态文明的条件认识、路径设计紧密联系在一起，是一种系统性理解与认识。中国社会主义生态文明是对马克思主义生态文明理想目标、基本原则的坚持和实现途径的创新。一是中国把生态文明作为中国特色社会主义的新范畴，是当代马克思主义理论与实践的一个重大突破，也是中国共产党对社会主义、对人类文明事业作出的重大贡献，标志着马克思主义生态文明理论的创新性发展。二是中国社会主义生态文明建设开启了马克思主义生态文明思想的真正实践，体现和发展了马克思主义生态文明思想。把生态文明建设融入经济建设、政治建设、文化建设、社会建设的各方面和全过程，着力推进绿色发展、循环发展、低碳发展，加强生态文明制度建设，树立尊重自然、顺应自然、保护自然的生态文明理念，加大自然生态系统和环境保护力度，分别是对马克思主义人与自然和社会有机统一的生态文明主体论、人与自然界物质交换的生态文明物质基础论、资本主义生态问题的制度批判论、人类主体性与自然优先性协调的生态文明价值论、热爱尊重和爱护自然的生态环境论的体现贯彻与现实实践。三是中国生态文明代表社会主义在人与自然和谐共生方面的追求，在未来中国不走发达资本主义国家“先污染后治理”的老路，而是在实现新型工业化的同时将生态文明推向一个更高的层次，这将进一步推动马克思主义生态文明思想在全球范围的传播影响。

2. 中国特色社会主义理论体系和建设战略的重大深化

社会主义生态文明从社会主义本质、理论体系框架、绿色发展道路、社会和谐与人的全面发展等四个方面丰富和深化了中国特色社会主义的战略架构体系。一是中国生态文明的目标认为人的全面发展必须在尊重生态价值的基础上促进人与自然的和谐，以生态的和谐促进社会的和谐才能建成全面发展的、可持续的和谐社会，这与社会公平公正等中国特色社会主义的基本价值完全一致，彰显了社会主义的基本价值并深化着对社会主义本质的理解。二是中国生态文明建设深化、丰富和完善了中国特色社会主义的发展领域结构、建设领域结构和文明领域结构，包括经济、政治、文化、社会和生态在内的五个领域的发展、建设，丰富了中国特色社会主义理论体系框架。三是生态文明建设意味着科学向上的生态发展意识、健康有序的生态运行机制、和谐的生态发展环境、全面协调可持续发展的态势、经济社会生态的良性循环与发展，这是破解日趋强化的资源环境约束的必然选择，是加快转变经济发展方式的客观需要，是绿色发展实践的核心内容。四是生态文明凸显社会和谐与人的全面发展的生态维度。生态文明建设是人类自身生存的基础前提，关系到人类繁衍生息的根本问题；建设生态文明是保障和改善民生的内在要求，是和谐社会与文明建设的基本支撑点；生态文明反映人的全面发展的必然要求，坚持以人为本的精神原则，对人的全面发展有直接的促进作用。

3. 实现中国和平崛起和中华民族伟大复兴的必由之路

在中国崛起的发展道路上，生态文明建设既是国家战略也是民族复兴的必由之路。一方面，当今世界形势与国际格局决定了中国只能走生态文明的和平崛起之路。建设生态文明将为中国带来国家资源环境与生态主权、树立负责任大国形象、抢占国际竞争制高点与赢得发展主动权的重大契机。另一方面，人类文明历史进程决定了生态文明是中华民族伟大复兴的根本道路。世界历史上国家兴衰与文明转换具有以下规律性：一是国家兴衰往往发生在文明转换时期；二是国家发展与文明发展趋势的契合程度决定国家兴衰的程度与持久性。中国共产党提出生态文明建设，恰恰抓住了中国崛起和人类生态文明转向的历史交叉点，是顺应人类文明演进的规律、世界生态文明潮流、推进中华民族复兴的战略决策。实现中国和平崛起和中华民族伟大复兴，是中国社会主义生态文明观创新发展的重要价值目标之一。

4. 提供引领世界生态文明进程的中国方案

在生态自治主义和生态社会主义都未能解决欧美发达国家“绿色施动者”难题的背景下，中国生态文明建设“已不再简单地是欧美政治语境下的绿党和环境运动以及它们与政府之间的民主政治互动，而是如何促动一种全球视野下的发展与现代化的可持续转型，也即对现代工业文明的生态化否定与超越，或者说对一种新型的生态文明的自觉追求”①。当前中国生

① 郇庆治、胡颖峰：《文明转型视野下的环境政治学研究——郇庆治教授访谈录》，《鄱阳湖学刊》2018 年第 3 期。

态文明建设至少有两个具有鲜明中国特色的重要动力：党和政府的制度性角色发挥的引领性动力、中国现代化的资源制约或“自然极限”形成的需求性动力。这两个动力将推动中国赢得从工业文化转向生态文明的先机，最有可能成为“绿色施动者”难题的解答者，对此西方许多学者寄予希望，如当代西方建设性后现代主义的理论代表、西方世界“绿色 GDP”的最早提出者之一的柯布（John B. Cobb）公开提出“生态文明的希望在中国”的观点，认为“‘生态文明’概念的提出，昭示着中国作为举足轻重的政治经济大国已经在扛起这份生态责任”①。

---

① ［美］柯布、刘昀献：《中国是当今世界最有可能实现生态文明的地方——著名建设性后现代思想家柯布教授访谈录》，《中国浦东干部学院学报》2010 年第 3 期。

超越资本逻辑

——人类文明新形态场域中的生态文明

耿步健*

人类文明新形态场域中的生态文明建设是新时代中国立足自身实际、遵循社会规律、顺应时代潮流且尚在进行中的一场具有革命性意义的历史实践活动。当前中国社会仍处于以具有“天然反生态性”为基本特征的资本逻辑主导的现代性发展阶段。为此，需要直面应对和理性把握社会主义生态文明建设过程中的资本逻辑问题，澄明并寻绎资本逻辑规制下生态文明建设何以可能，以及生态文明建设诉求下扬弃资本逻辑问题何以可能等核心性议题，进而在推动生态文明建设中，“给资本逻辑套上社会主义制度的缰绳，消解资本逻辑对人与自然所造成的双重伤害”①，开创出一条超越资本逻辑的中国特色社会主义生态文明建设的康庄大道。

一　马克思恩格斯自然观中的资本逻辑与生态文明

20世纪下半叶以来，一个幽灵，一个生态危机的幽灵随着资本所引起的人与自然的对立不断加深，逐渐在地球上空四处游荡。马克思恩格斯认为资本主义的社会结构是围绕资本及其内在逻辑展开的，并揭示出资本“吃人”的本性。“任何臣服于资本积累的文明都蕴藏着自我毁灭的种子”②，“创造性”和“毁灭性”是内嵌于资本内部的“左膀右臂”。马克思恩格斯自然观的叙事结构正是建立在对资本逻辑“创造性毁灭”系统考

---

* 耿步健，上海师范大学马克思主义学院副院长、上海师范大学21世纪马克思主义研究中心执行主任，博士、教授、博士生导师。

① 耿步健：《论习近平生命共同体理念的整体性逻辑》，《探索》2021年第3期。

② ［德］哈贝马斯：《东欧剧变与共产党宣言》，李晖编译，中央编译出版社1998年版，第42页。

察基础之上的。

（一）在肯定资本主义文明成就中揭示其扩张性

随着资本主义生产方式的产生，人类文明从农耕文明走向工业文明。工业文明时代是人类运用科学技术利器以控制和改造自然取得空前胜利的时代。马克思指出，“资本一出现，就标志着社会生产过程的一个新时代”[①]。这个“新时代”就是以资本为轴心建制的商品经济时代，资本的力量也越来越成为社会发展的主导力量。人与自然的关系发生了革命性的转变。马克思恩格斯自然观的出场，首先是在肯定资本主义制度在开发、改造自然界过程中取得的巨大文明成就，即“资本主义农业的任何进步，都不仅是掠夺劳动者的技巧的进步，而且是掠夺土地的技巧的进步，在一定时期内提高土地肥力的任何进步，同时也是破坏土地肥力持久源泉的进步”[②]。前一句话表达了资本具有的“创造性”，后一句则揭示了资本的“毁灭性”。在马克思和恩格斯那里，“前工业文明时代”抑或“前资本逻辑时代”人与自然的关系更多体现的是一种“无奈的和谐”。资产阶级的“创造性破坏”将以往“对自然界纯粹动物式的意识”送进了历史的坟墓。虽然资本主义自身有着无法克服的矛盾，但也只有它才能创造出社会成员对自然和社会关系的普遍占有。其次，他们揭示了资本对利润的无限扩张必然导致其反生态本质的生成。资本追求超额利润的秉性，必然驱使它突破一切限制进行扩张逐利，表征为永不安宁的“浮士德式动机”，其终极目标在于超越自然，彻底改造自然；超越束缚，打破一切生态环境的羁绊。因此，资本追求利润的本性决定了它无限扩张的逻辑。为了积累更多的剩余价值，资本要不断向外扩张，在全世界寻求廉价的资源、能源和劳动力，为资本生产源源不断地输送新鲜血液。

（二）在批判资本主义自然异化中揭露其虚伪性

资本所造成的社会发展中不同方面、不同程度的异化现象成为人类近代以来面临的重要悖论之一。一般说来，文明是人的创造物，是人异于动物的标识。但现实中，自然环境并不绝对是人性的标识，有时可能表现出反人性特征，有时可能表现为消解人的本质力量。在马克思恩格斯的思想叙述中，他们对资本异化的批判是辩证的，即一方面指出被资本“以感性

---

① 《马克思恩格斯文集》第5卷，人民出版社2009年版，第198页。

② 《马克思恩格斯文集》第5卷，人民出版社2009年版，第579—580页。

的、异己的、有用的对象的形式，以异化的形式呈现在我们面前”[1]，并且从肯定意义角度认为“自然异化”在历史发展的长河中是充分必要的，因为只有它才能充分发挥人的潜能。但另一方面，他又从人的本质占有和社会的未来发展角度揭露资本的创造性遮蔽了其内在的虚伪性，即工人的自然生产不属于他自身，他的创作劳动不是肯定自己，而是相反，一切劳动、技术和消费等形式都隐藏着资产阶级的利益。恩格斯也曾指出资本主义文明中存在的“自认悖论”。即“文明时代以这种基本制度完成了古代氏族社会完全做不到的事情”。但是，它是用激起人们的最卑劣的冲动和情欲，并且以损害人们的其他一切禀赋为代价而使之变本加厉的办法来完成这些事情的。鄙俗的贪欲是文明时代从它存在的第一日起直至今日的起推动作用的灵魂；财富，财富，第三还是财富——不是社会的财富，而是这个微不足道的单个的个人的财富，这就是文明时代唯一的、具有决定意义的目的。[2] 资本主义文明越是向前发展，越不得不给自己披上爱的外衣加以粉饰，这是“流俗的伪善”和“最卑劣的忘恩负义行为”。在马克思恩格斯自然观里，资本主义虽创造了前所未有的文明成就，但繁荣背后却是对人本质的异化和背离，虚伪的表象下是对人“类本质”自然边界的侵蚀。

（三）在确立未来社会生态进路中强调其人民性

在马克思恩格斯的思想叙事中，肯定资本主义所取得的文明成就与批判其所存在的弊病，目的在于揭示人类社会发展的基本规律及其未来方向。他们关于未来社会形态的展望与强调人的全面发展是紧密联系在一起的。作为人生命要素中不可或缺的基因，未来社会形态必将是对人自身的复归，更是对资本主义制度下自然异化状态的扬弃，这就划清了两种不同社会形态下自然环境边界的所在。但资本主义制度下的生态治理试图突破资本逻辑下的异化状态，其结果必然是镜中花、水中月。面对资本逻辑与生态文明建设的张力与冲突，马克思恩格斯在肯定、批判、扬弃资本所带的一切改变中，找到了通向未来的力量，即广大无产阶级。因此，他们对未来社会生态文明建设的展望与无产阶级和整个人类的解放紧密联系在一起，即“只有当现实的个人把抽象的公民复归于自身，并且作为个人，在

---

① 《马克思恩格斯文集》第1卷，人民出版社2009年版，第193页。

② 《马克思恩格斯文集》第4卷，人民出版社2009年版，第196页。

自己的经验生活、自己的个体劳动、自己的个体关系中间，成为类存在物的时候，只有当人认识到自身'固有的力量'是社会力量，并把这种力量组织起来因而不再把社会力量以政治力量的形式同自身分离的时候，只有到了那个时候，人的解放才能完成"[①]。恩格斯在预见未来理想社会的生态状况时也指出，资本主义社会的瓦解将意味着以财富为唯一目的的那个历史阶段的终结，而未来社会将是管理上充满着民主、社会中充盈着博爱、权利上遍布着平等、教育上的广泛普及，人类将会在一种人与自然环境和谐中生活，这是对人本质的复归。

二 资本逻辑与生态文明建设之间的多重矛盾特征

资本是理解现代文明的一把钥匙，今天人类所面临的种种困境都与资本脱不了干系。资本依仗其强大的社会权力，不断地实践其贪婪的本性，恶化着人与自然之间的关系。在资本逻辑殖民性、逐利性和激进性的驱使下，资本的经济理性与生态文明建设的共享性、人民性和长期性下所追求的生态理性日益疏离，彻底将资本逻辑反生态本性暴露无遗。[②]

（一）资本逻辑的殖民性与生态文明建设的共享性

面对资本逻辑下的工业文明，未来学家托夫勒说："可以毫不夸张地说，从来没有任何一个文明，能创造出这种手段，不仅能够摧毁一个城市，而且可以毁灭整个地球。"[③] 看看资本的所作所为，它以支配劳动力作为自身存在的前提，以占有劳动者的剩余价值实现增殖，以资本到资本的增殖为最高的循环运动，其所到之处无一不被资本化，它将全球的政治、经济、文化等全部社会领域都置于自己的统摄之下。随着资本的全球扩张，伴生的必然是资本对落后国家的殖民，"生态殖民主义"以形式上的平等掩盖着事实上的不平等，手段更加"隐蔽"。资本为了获取宝贵的资源，发达国家甚至以牺牲和平为代价，以维护正义、保护人权、反恐为由发动或挑起国家之间的战争；通过"国际贸易"这种文明的方式，从发展中国家进口自然初级产品。长期和大量的进口，在对发展中国家进行生态

① 《马克思恩格斯文集》第1卷，人民出版社2009年版，第46页。

② 王雨辰：《论西方马克思主义的问题逻辑及当代价值》，《马克思主义与现实》2021年第4期。

③ ［美］阿尔温·托夫勒：《创造一个新的文明：第三次浪潮的政治》，上海三联书店1996年版，第128页。

掠夺的同时也使发展中国家对这种经济增长方式产生依赖，从而形成工业部门单一化畸形发展，引发国民经济体系各部门的比例失衡。资本主义国家为了预先防止出现一个“潜在的”“未来的”对手，极力以保护生态环境为由，严格控制发展中国家的碳排放和资源利用，借此打压后起国家的发展和崛起；以低价从发展中国家进口资源，经过技术加工和品牌包装，再以高价将制成品销往落后国家，在获取超额利润的同时将落后国家始终置于世界经济体系的低端。“资本主义经济把追求利润增长作为首要目的，所以要不惜任何代价追求经济增长，包括剥削和牺牲世界上绝大多数人的利益。”① 因此，只要资本的私人所有制不发生改变，资本的扩张和全球化的趋势就不可逆转，生态危机也不可能从根本上得到解决，处于底层地位的落后国家势必成为社会灾难和环境灾难最直接、最沉重的受害者。

与此同时，资本逻辑的殖民性与人类文明新形态中生态文明建设的共享性狭路相逢。在全球生态危机面前，人类命运与利益相互交织、紧密相连，一荣俱荣一损俱损，牵一发而动全身。人类命运离不开人与自然的命运牵连。美国气象学家洛伦兹提出的“蝴蝶效应”闻名于世。亚马孙河流域热带雨林中的一只蝴蝶偶尔扇动几下翅膀，可能在两周以后引起美国得克萨斯州的一场龙卷风。面对气候变暖、海平面上升、海洋污染、物种灭绝等一系列生态问题，全人类应共同承担起守卫地球家园之责。在全球生态环境治理领域，中国的生态文明建设将为全球生态安全贡献中国智慧。从建设“美丽中国”到“人类命运共同体”理念的提出，无不彰显出中国在推进国内生态文明建设的同时，也在为建设一个持久和平、普遍安全、共同繁荣、开放包容、清洁美丽的世界不断努力。生态安全问题已经超越地域和国界而成为整个人类命运共同体所面临的世界性难题，世界各国人民也从美国退出《巴黎协定》单边主义行为中清醒过来，认识到良好生态环境需要全人类共建、共治、共享。

（二）资本逻辑的逐利性与生态文明建设的人民性

近代以来，建立在资本基础之上，服从于资本利润动机和物欲至上原则的人类中心主义的价值观一直处于主导地位。这种价值观以人为中心，将其他看作相对于人的需求而言的具有工具价值的存在物。这就使得人们

---

① ［美］约翰·贝拉米·福斯特：《生态危机与资本主义》，耿建新，宋兴无译，上海译文出版社2006年版，第2—3页。

对自然的敬畏感逐渐减弱，如果说一开始人们将自然视为其生存发展的基础，那么人类中心主义价值观使自然在人们眼中逐渐变为一种单纯的“有用物”。在资本主义社会，资本在利润动机和重视物欲价值观的支配下，不断扩张生产体系以追求无限经济增长。不断扩张的生产体系往往需要伴随着人们消费需求的扩大。资本为了达到目的，开始制造虚假需求，向劳动者鼓吹消费主义、功利主义和享乐主义等价值取向。这些价值取向不断强化人们对自然的支配和控制。资本主义生产具有逐利性，关注的是眼前的成败与成效，往往忽视人与自然的价值。资本主义生产是以利润动机为基础的，这种利润动机体现了以“计算和核算”为原则的经济理性。当自然作为一种“有用物”出现在资本主义生产过程中时，自然在资本面前就只是谋取利润的手段和工具，是按照自然因果规律运行以及满足人的需求的客体。资本家为了短期的利益，将自然界的万事万物都视为为其生产储备的原料，是其榨取剩余价值的基础和来源。与此同时，不能被榨取剩余价值、为资本家创造利益的生态环境资源，就被无视了。当这种生产的逐利性不断加深，人们就开始了无止境地掠夺自然资源、侵占自然环境，生态环境遭受到不可逆转的损害，甚至在经济利益与生态环境产生冲突时，最后受到破坏的只有生态环境。

人类文明新形态中的生态文明建设拷问着人类文明的兴衰，拷问着人民福祉，拷问着美丽中国目标。当前，人民群众对美好生活的向往与追求日益增长，特别是对良好生态环境的呼声比以往任何时候都更为强烈，他们希望吃到健康的食品、喝到干净的水、呼吸到新鲜的空气。为此，习近平同志聆听人民的呼声，从人民的现实利益出发，提出：“环境就是民生，青山就是美丽，蓝天也是幸福”[①] 的重要论断，把生态环境问题作为重要的民生问题来抓，着力解决人民群众反映最突出最强烈的生态环境问题，满足人民群众对美好生活的需求，为人民提供了更多、更实在的优质生态产品，这不仅是改善民生的迫切需要，也是推进生态文明建设的根本目的所在。可以明确地说，生态文明建设的人民性特征体现的是一种生态为民的价值取向，这不仅是习近平生态文明思想的生动体现，也是人类文明新形态中生态文明建设的重要表征，这无疑是要将资本逻辑在榨取生态资源

---

① 中共中央文献研究室：《习近平关于社会主义生态文明建设论述摘编》，中央文献出版社 2017 年版，第 8 页。

中表现出的“逐利性”挡在最广大人民群众生态利益的界限之外。

（三）资本逻辑的激进性与生态文明建设的长期性

资本自诞生以来便以不同的方式在其逐利性的秉性下表现出扩张性，表现出对利润永不知足的贪婪。因而，资本在扩张、逐利的逻辑展开中表现出激进性，虽然这种“激进性”有时表现得较为赤裸，有时表现得较为隐晦。但资本从其本性上来说，追求的无疑是越快越好，只有这样，资本的积累才能不断升级。也正是在资本逻辑的助推下，“资产阶级在它的不到一百年的阶级统治中所创造的生产力，比过去一切世代创造的全部生产力还要多，还要大”①。这里有一个时间概念的对比，即“不到一百年”与“过去一切世代”。可见在资本逻辑下，追求的是“快”，唯有此才能彰显自身的存在价值。正因为如此，“一切新形成的关系等不到固定下来就陈旧了。一切等级的和固定的东西都烟消云散了，一切神圣的东西都被亵渎了”②。“资本”所带来的时代改变，这也是现时代与过去一切时代的最大不同之处。

生态文明建设有其自身特殊的发展演进规律。生态文明建设只有进行时没有完成时，是一个长期而又艰巨的过程，人类只有耐心、细心、用心对待自然，才能最终解决生态危机。党的十八大以来，生态文明建设领域取得了长足的进展，但还需要应对好一系列严峻的挑战。其中一些问题需要在短期内尽快解决，如严重影响人民生产、生活的突出污染问题。还有一些问题可能需要在中长期内逐步解决，如产业结构调整、生产技术升级、生活方式转变、体制机制的建立健全等。可以说，生态文明建设责任重大、使命光荣、任务艰巨。“冰冻三尺，非一日之寒；滴水石穿，非一日之功”，因此，生态文明重在建设、贵在坚持。需要特别指出的是，在推进社会主义生态文明建设实践中，依然可见对“快”的崇拜。“快”本身并不可耻，但当被曲解，被政绩、利益所捆绑，出现急功近利上马、多快好省建设等现象，变成占绝对优势、无处不在的生活法则时，它便是人类的浅薄。这背后是被“资本”所绑架。“揠苗助长”的生态文明实践不仅无益反而有害自然环境的稳定发展。

---

① 《马克思恩格斯文集》第2卷，人民出版社2009年版，第36页。

② 《马克思恩格斯文集》第2卷，人民出版社2009年版，第34—35页。

三 人类文明新形态场域中生态文明建设的超越之道

人类文明新形态场域中生态文明建设的根本价值诉求，就是要在新的历史条件下，有步骤地实现对资本逻辑统摄下的“经典现代性”发展模式的超越。这就意味着，人类文明新形态场域中的生态文明建设，不可完全依循资本逻辑与资本“合谋同行”，也不应全然敌视资本逻辑与资本“逆向而为”，更不能彻底脱离资本逻辑与资本“无相往来”。生态文明建设需要在与资本逻辑的“同频共振”中探索独立发展的创新模式，在与资本逻辑的“斗争博弈”中谋求生态危机的破题之径，进而在与资本逻辑的“辩证互动”中开辟出人与自然和谐共生的超越之道。

（一）在价值取向上：处理好批判资本与鉴纳资本的关系

应该看到，马克思并没有在完全意义上彻底否定资本的“价值与功用”，他认为，“在资本的简单概念中必然自在地包含着资本的文明化趋势”[①]。更为重要的是，资本的“文明化趋势”确实为生态文明建设起到了无可替代的历史性作用。这主要表现在三个方面：首先，是人的主体性的觉醒。马克思指出，“资本的伟大的文明作用”之一就是首先消除了人类对自然的崇拜与迷思，使自然成为“真正是人的对象”，成为“社会成员的普遍占有物”。纵观今日之生态文明建设的价值诉求，既非是要人类社会开历史倒车，重返古朴野蛮的原始生活状态，亦非是要簇拥“生态中心主义”的理论主张，赋予自然以道德权利的价值优先性，而是力求能够扬弃传统“人类中心主义”所坚持的以“征服自然”为目标的工具理性主义原则，投射给自然界更多的观照与反馈，通过更充分地发挥人类的主体能动性和实践创造力，实现人和自然之间在更高历史发展阶段的互融与和谐。其次，是更高级的生产方式的形成。相较于之前的奴隶制和农奴制等落后的生产形式，马克思认为，资本榨取剩余劳动的方式和条件，都更有利于生产力的发展，有利于社会关系的发展，有利于更高级的新形态的各种要素的创造。[②] 作为当前市场经济模式下最为核心的生产要素和最有效率的生产关系，资本能够更为合理地组织和协调各种生产要素进行生产、分配、交换和消费，从而在循环往复的资本扩张运动中不断推动社会生产

---

① 《马克思恩格斯文集》第8卷，人民出版社2009年版，第95页。

② 《马克思恩格斯文集》第7卷，人民出版社2009年版，第927—928页。

力的发展与解放。资本由此积累了比以往一切世代的总和还要多的生产力，为实现“更加高级”的生态文明形态提供了丰富且必要的物质准备。最后，是资本逻辑中蕴含的“创新动能”。资本逻辑的增殖属性决定了资本只要有利可图，就具备“服务于”任何事物的可能性。实际上，当前各国凭借资本创新驱动快速发展起来的各类资源节约型和环境友好型生态技术、绿色产业等已然证明，资本逻辑“唯利是图”的增殖冲动并非与生态文明“绿色环保”的建设目标决然对立，借助生态资本化（效益化）加速资本的绿色创新，从而使资本成为推动生态文明建设的重要力量不仅完全可能，而且已经逐渐变为现实。

可见，在生态文明建设过程中，应该秉持批判资本与鉴纳资本相统一的基本价值导向，这一基本价值导向不仅构成了生态文明建设的认识论前提，同时也彰显出生态文明建设“体用不二”的实践辩证法精义。资本逻辑追求利润最大化的纯粹性和唯一性，必然会使资本采取非道德性的、功利性的和剥夺性的实践态度对待自然。在此意义上，甚至可以认为，资本逻辑所展现出的反生态属性本质上就蕴含于它的增殖属性之内，是资本本身天然的、固有的、不可逆转的本质属性。因而，在资本尚未完成自身的历史任务和历史价值的时候，这就更需要我们在生态文明建设的过程中能够有原则地规范资本、有节制地利用资本、有目的地引导资本，并最终通过充分汲取资本所创造的一切文明成果彻底地消灭资本和超越资本，使人类社会能够真正迈向“人的实现了的自然主义和自然界的实现了的人道主义”[①] 的理想社会。

（二）在实践路向上：处理好利用资本与规制资本的关系

从自然经济时代向商品经济时代的跨越，标志着人类社会已经逐渐形成了“普遍的社会物质变换，全面的关系，多方面的需求以及全面的能力的体系”[②]。也就是说，正是由于资本的出现，引发了生产力变革，推动着社会历史进程得以向前加速发展。实际上，资本之所以具备这种“魔力”，恰恰是因为资本追求极致的利润率，能够在不断激发人们的“普遍勤劳”的过程中，大力“发展社会劳动的生产力，这也是资本的历史使命和存在理由”。并且，“资本正是以此不自觉地为一种更高级的生产形式创造着物

---

① 《马克思恩格斯文集》第1卷，人民出版社2009年版，第187页。

② 《马克思恩格斯全集》第46卷上册，人民出版社1979年版，第104页。

质条件”，为生态文明的真正实现积蓄着质变力量。人类文明新形态中的生态文明，是能够实现“绿水青山”与“金山银山”完美融合的文明，是能够根本超越以往以生态破坏为代价谋取经济效益的文明，是能够将“绿水青山”创造性地转化为新的经济增长动能的文明。换言之，“利用资本”与“保护自然”之间并不必然产生无法调和的矛盾，解决的关键在于能否在“利用资本”的观念和方法上实现创新性转变，使“资本的生态化”和“生态的资本化”能够有机结合起来。具体来说，就是要求既要将绿色发展理念融贯于传统经济发展模式，推动我国循环型、绿色化经济体系的积极创建，同时又要将经济效益思维贯彻于生态保护事业，助推我国高效率、效益化环保事业的蓬勃发展。

然而，如果仅仅是在如何“利用资本”的层面探讨生态文明建设，其结果必然走向生态文明的反面。由此可见，对于推动社会的良序发展来说，“规制资本”和“利用资本”具有同等重要的意义。事实上，当今西方发达资本主义社会，之所以没有能力根本缓和人与自然之间的紧张关系，很重要的原因就在于，私有制本身的制度设计只能在“利用资本”方面穷尽办法，却在“规制资本”方面“黔驴技穷”。因此，人类文明新形态中若想彻底摆脱西方社会反生态性质的现代化发展模式，走出一条人与自然和谐共处的“中国式现代化新道路”，就必须要在“利用资本”与“规制资本”之间找到合理的平衡点。简言之，就是要为资本增殖划清界限。对此，现阶段中国特色社会主义生态文明建设的实践目标之一，应该是要致力于将“利用资本”严格规制在经济领域，同时尽可能减少甚至避免资本逻辑对政治、文化、社会以及生态保护等其他领域的渗透与侵扰。但这绝非意味着只能将资本要素机械性地全然排除在经济领域之外，因为“规制资本”的根本目的是要能够在充分发挥资本在创造物质生产力方面的效能基础上，有效避免资本在一切领域（包括经济领域）可能造成的反生态性后果。因而，严谨意义上讲，生态文明建设的实践辩证法逻辑，就是要在利用资本的过程中规制资本负效应，在规制资本的过程中利用资本谋发展，从而力求能够在“利用资本”和“规制资本”之间维持稳定合理的张力关系，推动社会发展稳步迈进。

（三）在发展方向上：处理好驾驭资本与超越资本的关系

驾驭资本归根结底关涉到的是社会制度问题。社会制度决定了资本的社会属性，也就是资本“为谁服务，归谁所有”的问题。资本的社会属性尽管无法根本改变资本的增殖本性，却能对后者可能造成的影响产生巨人影响。在资本主义制度体系里，表面上看，资本是资本家的资本，资本的私人属性具有神圣不可侵犯性。但资本的“私人性”却也在一定程度上决定了，资本家只有以近乎癫狂的状态扩大再生产，只有殚精竭虑地蚕食自然资源、剥夺剩余劳动以不断满足资本的增殖需求，才可能在资本市场的“饥饿游戏”中长久生存下去。然而，其结果不仅导致资本主义社会内部产生了不可根除的、内生性的生态危机，更造成“资本的利益和雇佣劳动的利益之间的截然对立”[①]。正因如此，马克思才一再强调，对资本主义生产方式的否定，不是要重新建立私有制，而是要在共同占有生产资料的基础上，重新建立个人所有制。

反观人类文明新形态中的生态文明建设之所以可能，恰恰是因为它具备了共产主义社会的本质属性以及蕴含其中的在驾驭资本逻辑方面的巨大制度优势。在中国特色社会主义制度体系里，同时存在公有资本和非公有资本这两种具有截然相反属性的资本形态。但中国的社会主义基本经济制度坚持公有制的主体地位，这就使我国的公有资本能够在社会总资本中占据优势。中国特色社会主义制度正是通过坚持、维护和发挥公有资本在经济发展中的主导作用，才得以实现对资本的根本性驾驭。这主要体现在三个方面：其一，“公有资本作为社会主义市场经济下公有制内在矛盾展开的必然结果，它迫使劳动者个人为社会提供剩余劳动”，而不是为个人提供剩余劳动，也就是说，资本占有的劳动者的剩余价值最终将以各种形式“反哺”给劳动者，这就根本缓和了我国的劳资对抗关系。其二，中国特色社会主义制度坚持自然资源资产所有权与使用权的分离，并将土地、矿产等战略资源国有化和全民化，充分保证了公有资本在关键领域的绝对控制力，从而能够根本避免资本在私人占有的恶性竞争中可能对自然造成的滥用与破坏。其三，中国特色社会主义制度将资本置于强大的社会主义力量的掌控之中，不仅更有利于国家利用资本进行宏观调控和资源配置以进一步解放和发展生产力，同时也更有利于国家引导资本开展资本生态化以加速各领域生态资本的发展。

从根本上说，驾驭资本的最终目的是要超越资本，直至消灭资本。作为同一历史进程的两个方面，人类驾驭资本的过程实际上也是不断超越资

① 《马克思恩格斯全集》第43卷，人民出版社1982年版，第505页。

本的过程。马克思指出，在人类社会的漫长历史进程中，“资本不过表现为过渡点”[①]，它不是“生产力发展的绝对形式”，对剩余价值的贪婪最终将使资本成为生产力的桎梏，成为资本自身无法克服的界限。由此可见，超越资本绝不是一个“虚浮无根”的乌托邦幻想，它深深扎根于人类社会生产方式的发展变革之中，是生产力与生产关系之间矛盾运动的必然结果，是人类社会从必然王国迈向自由王国的重要象征。就实践路径而言，马克思认为，只有通过消灭私有制度建立共产主义制度，才能根本规避资本对人与自然的双重剥削，只有在社会主义制度里，才能真正超越资本。因为在这个社会中，“社会化的人，联合起来的生产者，将合理地调节他们和自然之间的物质变换，把它置于他们的共同控制之下，而不让它作为一种盲目的力量来统治自己；靠消耗最小的力量，在最无愧于和最适合于他们的人类本性的条件下来进行这种物质变换”[②]。

结　语

放眼于人类社会发展的历史长河，人类文明新形态中的生态文明建设不仅担负着实现中华民族伟大复兴的历史重任，同时作为社会主义国家在试图跨越“卡夫丁峡谷”的道路探索中的重要一环，它更肩负着推动人类社会由私有制递进到公有制的重要历史使命。马克思曾谈到，“一个社会即使探索到了本身运动的自然规律……它还是既不能跳过也不能用法令取消自然的发展阶段。但是它能缩短和减轻分娩的痛苦”[③]。当前人类文明新形态中的生态文明建设尽管仍处于“自然的发展阶段”，但它在中国特色社会主义制度的引领下，能够更好地通过发展公有资本以“缩短和减轻”在实现共产主义社会之前的“分娩的痛苦”。尤其是，人类文明新形态中的生态文明建设坚持“以人民为中心”的发展原则，力求以“人民的发展逻辑”支配和主导“资本的增殖逻辑”，以“人民性”彻底消解资本的“扩张性”，这是人类社会“探索到了的本身运动的自然规律”。正因如此，人类文明新形态中的生态文明建设必将会在促进“每一个个人的全面而自由的发展”的过程中，推动人类社会不断迈向人与自然和谐共生的未来世界。

---

① 《马克思恩格斯文集》第8卷，人民出版社2009年版，第170页。

② 《马克思恩格斯文集》第7卷，人民出版社2009年版，第928—929页。

③ 《马克思恩格斯文集》第5卷，人民出版社2009年版，第9—10页。

马克思物质变换理论视域下的社会主义生态文明观探析

荣　枢　张　倩*

党的十九大报告首次提出了“社会主义生态文明观”这一新概念。“生态文明建设功在当代、利在千秋。我们要牢固树立社会主义生态文明观，推动形成人与自然和谐发展现代化建设新格局，为保护生态环境作出我们这代人的努力。”社会主义生态文明观的内涵、特征问题成为了学术界关注的焦点问题，与西方生态文明理论和生态思潮相比，社会主义生态文明观以马克思物质变换理论为基础，具有社会主义独特的价值取向和特征，是我们建设中国特色社会主义需要长期坚持的科学指南。

一　马克思物质变换理论是社会主义生态文明观的根本理论基础

物质变换是德语 Stoffwechsel 的翻译，Stoff 是物质、材料、质料、原料的意思，wechsel 是变化、转变、变换、更替的意思。从字面上讲，Stoffwechsel 可以理解为物质变换、质料转变等。作为一个专用概念，它最早由德国学者 G. 希格瓦特在化学、生物学领域使用，用来表现生命有机体的机能，指生命体为了维持自己的生命，在体内进行物质转化的过程。之后，德国学者李比希对其内涵进行了扩展，从原来的生理学领域扩展到了农业化学领域。李比希认为物质变换除了具有生物学和生理学上生命循环和补充规律的含义外，也可以用来解释自然界中无机物质与有机生命物质、生命体与外部自然之间的现象与联系。此外他还给予了物质变换概念社会批判的意义，提出了理性农业的归还原则。与马克思同时代的摩莱肖特则根

* 荣枢，中南财经政法大学马克思主义学院副院长、副教授；张倩，中南财经政法大学马克思主义学院研究生。

据人的生理学模型把自然界看作一个巨大的物质转换过程，强调自然界内生命体之间的关联性。目前学界对马克思的物质变换理论的理论来源的认识主要存在着摩莱肖特和李比希两种分歧，对马克思使用Stoffwechsel含义也存在着不同偏向上的翻译或是层次划分。然而无论马克思物质转换概念取自何人，他们都主要在生物学意义上进行理解，而马克思的超越之处在于，他不仅吸收了自然科学的研究成果，直接从生理学领域去理解这一概念，还将物质变换概念引入社会领域，第一次将劳动过程置于物质变换理论的基础之上，并将其与生产方式、制度建构相勾连，赋予了物质变换概念人类学意义和价值论内涵。因此，在马克思的著述中，物质变换理论涵盖生理学意义上作为客观自然规律的自然界内部的物质变换，建立在劳动基础上的人与自然之间的物质变换，以及以人的经济行为为中心的社会中的物质变换三层含义。

1. 作为客观自然规律的自然界内部的物质变换

施密特说："马克思使用物质变换概念不单纯是为了比喻，他还直接从生理学上去理解这个概念"[①]，即马克思的物质变换首先是作为生理学和生物学上的概念，从客观自然界的内在循环来理解。它包括两个方面，其一是无机界的新陈代谢，即自然物质的结构、形态上的变化，诸如"铁会生锈，木会腐朽"[②]。这是在任何形态的社会中以及任何形式的生产中都无法避免的自然的必然性。其二是生物意义上的人与自然界之间的物质变换。马克思指出，自然不仅是指与人相对的外部自然，还有作为人自身的自然，自然是人的无机身体，人又是自然的一部分。当人作为生物学意义上的自然存在物时，与其他生命体一样遵循着生物体内部的循环，例如人与动物呼吸氧气、获取食物得以生存的同时，呼出二氧化碳，排泄代谢物，使之回归到自然界中，实现新陈代谢。人类和其他生命体为了延续自己的生命必然会向自然提取自己所需，使之成为为我之物，供养人类自身生命的延续和物种的繁衍，人与其他生命体又以其自身的独特方式反馈自身能量以供养自然环境，促进其周期性生殖、繁殖。由此可见，自然的物质变换是自然的本性，是不以人的意志为转移的物质运动客观规律。同时也正是有了自然的存在，以人为代表的生命有机体得以存活。自然的物质

① ［德］施密特：《马克思的自然概念》，欧力同等译，商务印书馆1988年版，第91页。
② 《马克思恩格斯全集》第23卷，人民出版社1972年版，第207页。

变换理论充分体现了马克思一贯坚持的自然的客观性、先在性原则。

马克思不仅从作为生物学意义上自然存在的人的角度论证了自然在本体论维度上的重要意义，在“自然富源”和“自然生产力”的思想中，马克思也从作为社会存在的人的角度肯定了物质变换中自然价值的存在。正如福斯特所言：“马克思思想深处已考虑到自然系统再生问题，认为自然系统宛如营养循环一样具有特殊代谢功能。其独立与社会并与人类发生关系，支撑人类生存，在支配物质交换的问题上自然界有其特定程序。”[①] 马克思在《哥达纲领批判》中提出不只是劳动，自然界也是一切财富的源泉，没有自然界提供原材料，工人什么也创造不了。恩格斯也指出：“自然界为劳动提供材料，劳动把材料变成财富。”[②] 自然富源是劳动创造的物质前提，只有将自然界纳入劳动，劳动才能创造财富。劳动的原材料无论经过多少次加工，无论以何种形式呈现出来，都无法更改它们取自于自然界的事实。因此，自然富源是人类劳动的物质性基础。在此基础上，马克思进一步从生产力的角度强调了自然作为劳动实现条件的先在性。他认为社会生产力以自然生产力为基础和前提，“劳动的自然条件决定劳动的自然生产率”[③]。所以马克思说：“一切生产力都归结为自然界。”[④] 自然不仅是劳动的载体，也关乎着劳动实现的程度，自然条件的优劣影响着同一劳动量满足需求程度的高低，只有自然界优先形成可持续的物质交换，保持生态平衡稳定，才能够源源不断地为社会经济发展提供数量和质量上的物质保障。从这一点上看，我们完全可以说自然优先规律是处理人与自然规律的最高法则。

2. 建立在劳动基础上的人与自然之间的物质变换

马克思以劳动为人与自然的中介，首次使人与外部自然的物质循环过程实现了本质的统一。在《1844 年经济学哲学手稿》中，马克思就从对象性关系的视角阐释了人的自然属性，表达了自然的物质变换是人类生存的物质基础，同时也指出人与自然的对象性关系并不是费尔巴哈眼中人与自然先天所固有的关系，而是通过对象性活动建立起来的，是“对象性主体

---

① ［美］克拉克、福斯特：《二十一世纪的马克思生态学》，孙要良编译，《马克思主义与现实》2010 年第 3 期。

② 《马克思恩格斯选集》第 4 卷，人民出版社 1972 年版，第 373 页。

③ 《资本论》第 3 卷，人民出版社 2004 年版，第 867 页。

④ 《马克思恩格斯文集》第 8 卷，人民出版社 2009 年版，第 170 页。

力量的主体性的一种展示”[1]。因此，马克思在将自然的先在性作为理解人与自然关系的客观前提的同时，也注意到了人在人与自然关系中的主体地位。虽然此时马克思还没有提出物质变换的概念，但通过自然的人化与人化的自然表达了人与自然之间相互依存、相互转化关系的可能性，为实践基础上的人与自然的物质变换理论奠定了基础。

在马克思看来，由于自在自然是人的社会实践活动没有涉及的领域，因而不是作为人的对象性的存在，对人来说也是“无”。因此，马克思所强调的具有先在性的自然是进入人类实践领域，打上人类活动烙印的人化自然。而劳动正是自在自然转化为人化自然的中枢纽带，是理解人与自然关系的出发点。因为尽管自然条件为人类的生存与发展提供了物质基础，但原始的自然条件并非总是能够直接满足人的需求，特别是人作为一种区别于动物的有意识的类存在物，具有内、外在两种尺度，其需求富含多样性。因而，人的能动性必然会驱使人以自身的活动直接或间接地作用于外部自然，改变物质的自然形态，使之符合于人类的需求。当自然资源被投入到物质生产领域后，生产所产生的废弃物又会返回到自然中，这一过程具有两个方面的意义。首先是人通过改造自然物实现了自己的目的，并对自然界进行了反哺，其次是人通过劳动在改变外部自然的同时，也改变了人自身的自然，由此实现了人与自然之间的物质、能量、信息的互动，形成了完整的物质交换过程。正是在这个意义上，马克思认为对劳动的考察首先要撇开各种特定的社会形式，劳动首先是人们为了满足自身需求有意识地占有自然物质的过程，“是人以自身的活动来引起、调整、控制人和自然之间的物质变换的过程”[2]。

劳动调节和控制人与自然的物质变换关系体现着人的主体性、能动性，但在另一方面也正是人类劳动的这种特点，致使人与自然之间的物质变换具有了消极的性质。在人类社会产生之前，自然的物质变换出现的无序状态依靠其自我调节、再生能力足以自我恢复，但在人类社会出现之后，在面对自身被破坏的程度时，自然的再生能力就显然捉襟见肘。尤其是近代以来，科学技术的发展使得人改造自然的能力越来越强，逐渐形成了“生产力拜物教”，人类高度强调自己的主体地位，高扬人的主体性，

---

① 杜明娥、赵光辉：《〈1844 年经济学哲学手稿〉生态思想的逻辑研究》，《理论学刊》2017 年第 1 期。

② 《马克思恩格斯全集》第 23 卷，人民出版社 1972 年版，第 201—202 页。

将自然视为单纯加以改造的客体，漠视自然的内在价值与发展规律，对自然过度开发、肆意破坏，人与自然主客二分的倾向愈发凸显，最终导致人与自然关系的异化，外部自然被破坏，生存空间被压缩，威胁到人类的延续。因此，人类历史上各个时期出现的物质变换断裂，实质是由人类不合理的物质生产实践活动导致的。由此可见劳动的性质与理念左右着人与自然物质变换过程的实现程度。那种过度强调自然价值无视人的劳动在社会历史发展中重大意义的自然中心主义，与将自然物加以占有而仅仅为满足人类需求欲望的人类中心主义的劳动观，都是不可取的。与二者相对，建立在劳动基础上的马克思的人与自然的物质变换理论，既是对李比希等以生物学为核心的物质变换理论的突破，同时在强调人的主体性时不仅没有陷入人类中心主义的苑囿，反而实现了对传统旧哲学将人与自然主客二分观念的超越。因为，马克思始终以自然的先在性为前提，将劳动视为一种人类既向自然提取所需之物而又供养自然的双向过程，“一边是人及其劳动，另一边是自然及其物质”①，存在着人与自然的双向维度，而并非是单向控制、征服与被征服的关系。

正如马克思所言，“劳动……是不以一切社会形式为转移的人类生存条件，是人和自然之间的物质变换即人类生活得以实现的永恒的自然必然性”②。人类历史究其根本是人与自然不断进行物质变换的发展历史，人与自然关系的发生始于人类社会的物质生产实践。因此我们必须形成对人类主体性力量的正确认识，正是由于人类具有调节、改造自然的能力，人类就更应该主动调节人与自然的物质变换关系，树立生态自觉。

3. 以人的经济行为为中心的社会的物质变换

“人的生产、劳动实践活动就是社会生产、交换、分配的经济实践活动，因而人与自然之间的物质变换就是通过人的经济活动来完成的。”③ 马克思不仅从人类哲学意义上的一般劳动入手，揭示了在人与自然物质变换中人的创造性与自然的基础性，更重要的是他还阐述了以人的经济行为为中心，反映人与人之间的社会关系的物质交换，揭示了人类社会内部尤其是资本主义生产方式下的产品的交换、分配、消费的运动方式。

社会的物质变换就是一种有用劳动方式的产品代替另一种有用劳动方

---

① 马克思：《资本论》第1卷，人民出版社2004年版，第215页。

② 《马克思恩格斯文集》第5卷，人民出版社2009年版，第56页。

③ 刘思华：《生态马克思主义经济学原理》人民出版社2006年版，第116页。

式的产品，即劳动产品交换，之后，劳动产品交换逐渐演变为商品交换。一方面，资本家作为商品的占有者，通过商品交换出让商品的使用价值，借以转到把它们当作使用价值的人手里，而资本家自己得到商品的价值；另一方面，商品“外衣”下的自然物在一次次的商品交换、分配、消费中被消耗掉成为废弃物，或被自然消解，或是再被纳入新一轮的社会生产中。这个过程既是资本主义的再生产过程，也是社会的物质变换过程。马克思认为这一过程暗藏着资本产生的秘密，也暴露出资本主义的本质。在资本主义社会中，随着商品交换的扩大，货币从物质交换的媒介转变成目的，成为绝对商品。生产不是为了使用价值而是交换价值，不是为了满足日常生活的需要，而是为了货币、资本的积累。正是基于这种资本逻辑，资本家在全球范围内以工业为载体，以资本增殖为内核，对全球资源进行了扩张性的占有与挖掘。人类劳动与自然界失去其原本的意义，成为赚取利润的工具。社会的物质变换的性质发生了质的改变，社会的物质交换的社会方面与自然方面相矛盾，“包含着危机的可能性”[①]。由此可见，在形式上表现为人与自然恶化的生态问题，其实质是资本同自然的恶化，是人与人之间经济关系的恶化。

对此，马克思认为正是资本主义的制度及其生产方式导致了“人类生存的无机条件和人类自身的积极的生存状态之间的分裂”[②]。因为尽管“一切生产都是个人在一定社会形式中并借这种社会形式而进行的对自然的占有”[③]，但只有在资本主义社会中，人与自然的天然联系被切断，劳动者同土地被强制脱离。“资本主义生产……破坏着人和土地之间的物质变换，也就是使人以衣食形式消费掉的土地的组成部分不能回归土地，从而破坏土地持久肥力的永恒的自然条件。”[④] 马克思指出变革社会制度是调节物质变换的根本途径，只有“社会化的人和联合起来的生产者”才能对社会的物质变换进行合理的调节。恩格斯也明确地指出，“要实行这种调节，单是依靠认识是不够的。这还需要对我们现有的生产方式，以及和这种生产方式连在一起的我们今天的整个社会制度实行完全的变革”[⑤]。

---

① 《马克思恩格斯文集》第8卷，人民出版社2008年版，第246页。

② 刘思华：《生态马克思主义经济学原理》人民出版社2006年版，第22—23页。

③ 《马克思恩格斯全集》第46卷（上），人民出版社1979年版，第24页。

④ 《马克思恩格斯文集》第5卷，人民出版社2009年版，第579页。

⑤ 恩格斯：《自然辩证法》，人民出版社1994年版，第304页。

从马克思物质变换理论的三个方面可以看出，人与自然之间的物质变换是以自然的物质变换为基础，通过人在经济活动中的社会物质变换过程来实现的，人与自然的物质变换始终交融着自然生态上的人与自然的关系与人与人的社会经济关系，马克思的物质变换理论是生态哲学与生态经济学的统一。

二 物质变换视域下社会主义生态文明观的内涵

物质变换是“人类生活得以实现的永恒的自然必然性”[①]，因此无论人类生活在怎样的社会形式下都不能停止物质变换过程。以物质变换的视野来看待人类文明，可以看见文明是一个合乎辩证规律的历史发展过程，不同的物质变换区分着不同的文明形态。工业文明和资本主义一方面发展了生产，带来了高产出；一方面又造成了物质变换的断裂，带来了高污染高排放。裂缝的存在使得工业文明不可持续，要避免和弥补裂缝，在生产力上就必须走绿色发展之路，通过发展绿色经济和低碳经济不断降低消耗和排放；在生产关系上就必须坚持社会主义制度，只有社会主义才能建设和实现真正的生态文明。

党的十九大报告首次提出了“社会主义生态文明观”这一新概念。强调“我们要牢固树立社会主义生态文明观，推动形成人与自然和谐发展现代化建设新格局”[②]。社会主义生态文明观既是对党自十七大以来所提出的关于社会主义生态文明相关理论概念系统性看法的总称，也是能够解决现实人与自然关系、社会与环境关系问题的价值理念。社会主义生态文明观的核心是人与自然的和谐，现实目的是推动我国经济社会生态化发展，包含着对自然与社会两方面的期望。而只有实现人与自然物质变换的和谐，才能实现人与自然之间和谐关系的循环发展，才能为推动现代化建设新格局奠定强有力的物质基础。因此，蕴含着自然向度与社会经济向度的马克思物质变换理论是我们把握社会主义生态文明观，落实生态文明理念最为坚实的理论基础。从马克思物质变换理论视域来理解社会主义生态文明观，可以从以下三个层面着手。

---

① 《马克思恩格斯文集》第5卷，人民出版社2009年版，第58页。

② 习近平：《决胜全面建成小康社会夺取新时代中国特色社会主义伟大胜利——在中国共产党第十九次全国代表大会上的报告》，人民出版社2017年版，第10页。

1. 以唯物辩证的世界观为指导的“人与自然和谐共生”的价值观

从广义上看，生态文明包含物质、制度、政策以及思想观点等层面，生态文明观就是生态文明的思想观念部分，党的十七大报告所提出的“生态文明观念”、十八大报告所阐释的“生态文明理念”、十九大报告所阐述的“人与自然和谐共生的现代化”，都是对社会主义生态文明观的简明概括或表述。而这一观念体系中最基本的问题是人与自然的关系问题。以马克思物质变换理论为理论基础，建立在唯物主义基础上的社会主义生态文明观在处理人与自然的关系问题上承认自然的优先性、人是自然界长期发展的产物、人的生存和发展依赖自然、人的活动不可违背自然规律等基本原理。这就批驳了“近代人类中心”的“征服论”自然观。“近代人类中心主义”不仅把人类看作是自然的中心和价值的来源，而且把自然仅仅看作满足人类需要的工具，进而把人类与自然的关系看作是以科学技术为中介的控制和被控制、支配与被支配的关系，从而造成了人与自然关系的紧张和生态危机。

社会主义生态文明观坚持以唯物史观为指导，一方面坚持人类的主体地位，另一方面强调自然在人类生存发展中的作用，将人与自然的关系紧密联系起来，提倡“人与自然和谐共生”。习近平总书记指出：“坚持在发展中保障和改善民生，坚持人与自然和谐共生，协同推进人民富裕、国家强盛、中国美丽。”[①] 真正保护人类整体的、长远的利益的生态观应当以满足人民日益增长的对美好生活的向往为价值本位，以实现人民群众的福祉为生态文明建设的价值归宿和目的，既不能征服自然只顾人类的利益，也不能臣服自然忽略人的利益。民生和生态是两个不同的概念，但民生问题不仅仅体现在物质民生领域也包含生态民生维度。早在马克思生活的年代他就敏锐地指出：“自然界是人为了不致死亡而必须与之处于持续不断的交互作用过程的、人的身体。”[②] 人类在其物资资料生产实践中不断改变自然界，满足自身需要，这一实践的本质就是人与自然进行物质变换的过程，这个过程自始至终都包含了物质民生和生态民生双重维度，社会主义生态文明观提出良好的生态环境是最普惠的民生福祉，将“环境”和“生态”结合起来，将人与自然统一起来，实现了生态文明建设与保障人民的

① 习近平：《在庆祝中国共产党成立100周年大会上的讲话》人民出版社2021年版，第14页。

② 《马克思恩格斯文集》第1卷，人民出版社2009年版，第161页。

福祉的有机统一，体现了为了人类整体的、长远的利益的价值立场，体现了唯物主义的辩证思维，具有不同于西方“深绿”“浅绿”生态思潮的理论特质。

当前生态环境危机最直接的原因与表现就是自然界自身的物质变换出现断裂，自然界的再生速度与自然资源的消耗速度之间出现巨大的断层。马克思的自然的物质变换理论既说明了自然界自身的物质交换是其固有的，人类只能研究、遵从并利用，所以要尊重自然、顺应自然。同时它也提醒我们自然及其生态状况可以提供的条件及容忍程度为人类的实践活动设置了不可逾越的生态红线，社会经济发展不能超越自然环境的承载能力是自然对人所规定的生态法则，一旦自然界正常的物质循环被打破，自然的再生能力被损坏，不仅会产生自然环境的生态危机，还对社会经济发展形成生态限制，更不用谈人类自身的生存发展的保障问题。因此，我们必须对自然界形成理性意识和正确的态度，积极担负起保护自然的生态责任。以唯物辩证的世界观和方法论为指导的“人与自然和谐共生”理念，正是对马克思自然物质变换理论精神内核的深刻展现，体现了我们党对自然客观规律的正确把握和尊重。

2. 绿色生产生活方式和文明发展道路

在工业文明的现代社会中，高消费是经济发展的主要动力，因此它鼓励高消费、超前消费。在“物质主义—经济主义—享乐主义”思想的指导下，遵循“增加或消费更多的物质财富就是幸福”的价值观，在高新科技的支持下，人们的生产生活方式表现为：以机器的普遍采用为生产方式，以机器系统和计算机等为主要技术工具，以能量为资源开发方向，以化石燃料为主要能源，以各种金属和非金属为材料，以资本为社会主要财产，以资产者和无产者为社会活动主体，以人统治自然为基本思想的一种生产生活模式。但对于这种过量消费和产生大量废弃的生活，地球是没有能力支撑的，是破坏人与自然的物质变换以及自然新陈代谢的，恩格斯指出：“我们不要过分陶醉于我们人类对自然界的胜利。对于每一次这样的胜利，自然界都对我们进行报复。”可以说，按照消费主义的生产生活模式生活不仅给自然界带来了创伤，还造成了人类世界的苦痛。长久地沉浸在这样的生活中，人自身的发展、社会关系的和谐、精神世界的安定都将成为一个不可能事件，自然环境、社会生态和精神生态的全面危机难以避免。

社会主义生态文明观基于人类的永续发展倡导绿色生产生活方式和文

明发展道路。这种绿色生活是以信息智能化为生产方式，以智能机为技术工具，以信息和智慧为资源开发方向，以太阳能等可再生资源为能量，以合成材料为主要生产材料，以知识为社会主要财产，以知识分子为行为主体，以信息为科学形态，以尊重自然为基本思想的一种文化模式。作为一种全新的生产生活选择，绿色生产生活方式为人们妥善处理生态问题提供了思想上的指导。就人和自然的问题而言，它时刻提醒人们："人创造环境，同样，环境也创造人。"资本主义社会的那种对自然的劫掠行为是必须要淘汰的，人要在与自然打交道的过程中向自然学习，要将人和自然视为一个有机统一体，最终在改造世界的过程中实现人与自然的"双赢"。就人和人的问题而言，它极力提倡民主、平等、公平、自由的价值观，并号召人们要有"共同体"意识。人与人之间不仅仅存在竞争，更多的是合作，因为人们实质上是一个命运共同体。只有联合起来，才能集众人之智慧完成生态文明的建设，只有联合，"个人的自由发展和运动的条件"才能为我们自己所掌控。就人与自身精神而言，它要求我们对世间——无机界和有机界——的一切都给予充分的尊重。换言之，绿色生产生活方式不仅要人们尊重自身，还要重视自然界的存在意义。"控制自然"和"人类中心主义"显然不再适应未来文明社会和文明发展道路。

3. 兼顾国内美丽中国建设与全球生态安全的天下情怀

社会主义生态文明观在总结前人智慧的基础上提出，地球生态本是一个休戚与共的命运共同体，这种共同体决定了人们需要秉承共同体价值观，即尊敬敬畏自然，顺应自然规律，坚持"保护生态环境就是保护生产力，改善生态环境就是发展生产力"的观念，"在维系地球生态系统整体和谐的基础上利用和改造自然"。以这一价值观为指导，社会主义中国的生态治理要深刻认识到"山水林田湖是一个生命共同体，人的命脉在田，田的命脉在水，水的命脉在山，山的命脉在土，土的命脉在树"，人与自然是生命的有机整体，要保护自然，要建立健全相关体制，"实行最严格的生态环境保护制度""全面建立资源高效利用制度""健全生态保护和修护制度""严明生态环境保护责任制度"，最终形成人人各得其所，人与自然和谐共生的和谐社会。就全球生态治理而言，"人类命运共同体"价值观强调世界各国对"坚持绿色低碳""建立美丽清洁的世界"等"共同价值"的追求，强调不同民族国家按照其发展程度承担生态责任，依据"共同但有差别"的原则实现全球生态治理。在地球上，所有民族国家都是地球生态共同体的成员，这就决定了在保护地球生态问题上所有人都有共同的利益，需要承担共同的义务和责任。但从历史进程看，发达国家是当前生态问题的主要制造者，发展中国家是生态问题的受害者，且发达国家与发展中国家生产力发展水平不同，生态治理能力有较大的差异，因此发达国家和发展中国家在全球生态治理中的责任和义务应该是“共同但有差别”的。只有以“人类命运共同体”理念为指导，相互尊重、平等协商、互相谅解，才能解决人们之间生态利益的矛盾，才能实现人与人之间的和谐发展并真正实现人与自然的和谐共生。社会主义生态文明观，一方面切近当前全球性现实问题，具有世界视野，另一方面尊重各国差异化、多样化的生态治理实践，具有地方凝视。它从当代人的生产、生活环境以及后代人的可持续发展出发，致力于实现环境正义，这对指导我国生态文明建设具有重大的理论意义，也为全球生态治理贡献了中国智慧和中国方案。

三 物质变换视域下社会主义生态文明观的特征

综合来看，社会主义生态文明观是对社会主义政治取向和生态可持续性价值的自觉融合，在马克思物质变换理论视野中，社会主义生态文明观具有以下鲜明特色。

1. 自然生态保护与社会经济协同发展的双重目标

在马克思物质变换视域下，人类的生产实践既是人与自然之间的物质转换过程，也是人与人之间的经济实践活动，自然生态与经济发展相伴相生。劳动资料是人类劳动力发展的测量器。一方面，劳动资料是实现社会生产必不可少的生产资料，无论是经过人的劳动加工以各种形态展示出来的，还是以最初的自然形态呈现出来的都来自于自然界。另一方面，何种生产资料进入到劳动过程之中，外部自然以何种形态成为生产资料都可以反映出生产力的水平，映射出社会经济的发展。同时，人类生存与发展的自然需要是推动社会经济发展的强大动力。“生产无论在哪里都不是从资本开始……取决于自然需要的量，从而取决于对劳动的自然推动。”在不同的自然环境条件下，人的自然需求呈现出不同的特点，这种差异影响着人的生产和劳动方式的发展。因此，自然生态环境直接左右着人的生活方式和经济生活。这种自然与经济的互利关系在当下更体现为以牺牲自然生态换取经济增长。

资本主义国家自产业革命后，出于对剩余价值和利润的无止境追求，不惜一切代价在世界范围内抢夺自然资源，将其作为生产资料纳入资本再生产体系之中，以尽可能快的速度实现资本增殖。在资本生产的无限性和自然资源的有限性之间的双重矛盾作用下，现实的结果表现为资本主义国家社会财富的急剧增长和全球性自然资源的枯竭与生态环境的破坏；资本生产的加速和自然再生能力和修复能力的减速；不合理的经济目标和经济活动下，人与自然、自然界本身物质变换的断裂。就我国自身而言，在人多地少的基本国情下，我国自然禀赋先天欠缺，“自然资本”不足，生态容量空间小。但为了实现经济的快速发展，我国在过去很长时间里都采取了以投入劳动要素为主，以牺牲环境为代价的粗放型经济发展模式。在“有水快流、靠山吃山”的发展方式下，我国实现了经济总量的快速飞跃，却也导致产业结构畸形，人与自然环境关系紧张，频发的生态问题更是制约了我国经济发展的可持续性，约束了我国经济发展的空间。目前，我国依旧处于并将长期处于社会主义初级阶段，经济发展始终在中华民族伟大复兴和社会主义现代化过程中占据重要地位。与此同时，我国社会主要矛盾发生转变，生态宜居、绿色生产成为人民对美好生活追求的重要内容。因此，我们要正视经济发展与自然生态保护之间的两难问题，以科学的理念去进行方法指导。

社会主义生态文明观以马克思物质变换理论为最根本的理论基础，在怎样发展的问题上，给出了自然生态保护与社会经济发展协同共生的生态发展思路。习近平总书记多次强调：“我们既要绿水青山，也要金山银山。宁要绿水青山，不要金山银山，而且绿水青山就是金山银山。我们绝不能以牺牲生态环境为代价换取经济的一时发展。”社会主义生态文明观要求正确处理经济发展与生态文明建设之间的关系，改变将环境破坏视为单纯的生态问题的思想，将环境保护纳入经济发展的总体框架，将生态文明建设纳入“五位一体”总体布局；改变过去认为的人民对青山绿水的需要附着于对物质财富追求的经济理性思维，重视自然的客观性与先在性，积极寻求人与自然和谐；改变过去认为的青山绿水与金山银山二者只能取其一的狭隘思维，高度重视环境保护问题，将生态环境是否良好与经济发展密切相连。通过合理调节人与自然之间的物质转换过程，实现人与自然和谐共生，重新巩固自然资源的存在和再生基础，为经济发展释放空间与活力。

2. 社会主义政治取向和共同体思维双重视野

生态危机表面上表现为自然界自身物质循环的中断，但究其根本是由于人与人之间的不合理经济行为造成的人与自然之间关系破裂所引发的，是一定制度框架下社会生产方式的产物。纵观人类发展历史，资本主义的社会生产方式对自然界破坏最为严重，所以马克思提出，变革资本主义社会制度是调节人与自然物质变换的根本途径。马克思从政治维度为我们提供了解决当代生态问题的方法途径。

尽管当前空前凸显的环境问题也迫使资本主义国家不得不对生态问题进行重视，西方绿色政治运动应运而生，并给出各种理论方案试图打破现有的生态困局。但资本主义社会的生态环境问题内源于资本主义制度本身和其生产方式，“资本最大限度增殖的需要驱使资本进行最大限度的生产，而最大限度的生产又必然是对自然资源和环境的最大限度的消耗”[①]，而“人们总是按照一定的社会方式尤其是政治建制解决人与自然的矛盾”[②]。西方绿色政治运动给出的生态解决方案始终建立在这一经济制度之上，因此他们建构的生态理念不能真正缓解人与自然之间的矛盾。实质上是维持资本主义经济的可持续发展，为资本主义制度延续生命，维护资产阶级利益的绿色资本主义。它不具备彻底消除生态问题的现实能力，更无法根除资本自身无限增殖的需求与自然资源有限性之间的矛盾。而且在这种资本逻辑导向下，西方资本主义国家的生态行为有着高度的利己性和非正义性。在国内，富人凭借其经济优势，把全民的生态财富转化为少数人的经济财富，最终结果是“富者愈富、穷者愈穷”，有违公平正义；在国际上，他们一边通过各种手段改善其国内环境；一边又在全球范围内通过污染产业转移将资源私有化和污染公共化，甚至，他们还以环保为借口对他国进行指责，试图侵犯别国的主权。由此可见，生态问题俨然已经带上了政治色彩，成为当今国际关系博弈中的重要着力点。中国作为当今最大的社会主义国家和经济发展势头最强劲的国家，在环境问题上屡屡遭到西方资本主义国家的针对与指责。同时，西方资本主义国家还借机大肆宣扬西方的生态思潮和生态治理经验的先进性。西方资本主义国家在生态环境保护、治理与恢复方面取得的进步与成果确实值得我们充分关注与借鉴，但在两

① 庄友刚：《当代资本发展的生态逻辑与生态社会主义批判》，《东岳论丛》2015 年第 6 期。

② 张云飞：《习近平社会主义生态文明观的三重意蕴和贡献》，《中国人民大学学报》2021 年第 2 期。

制维度下，无论是为了有效缓解日益紧张的人与自然之间的矛盾关系，还是为了应对来自西方发达国家的生态威胁，维护国家环境安全和主权，抑或是为了防止西方生态话语中政治意识形态的渗入，中国都需要建立起属于自己的，彰显出社会主义性质的生态理论体系。

社会主义生态文明观中“社会主义”这一限定性前缀，意味着中国所阐发的生态文明理念具有强烈的政治价值取向或意识形态关联，与资本主义的生态观念有着实质性的差别，是科学社会主义的理论逻辑和中国社会发展的历史逻辑的辩证统一。社会主义生态文明观始终是中国共产党领导下的生态理念的阐发，是党在生态环境方面的执政方略和执政目标，也是党的政治领导与意愿的阐发。与此对应的是，党为社会主义生态文明观的落实提供坚实的政治保证，使之成为与始终只能停留于理念的阐发或者小规模、阶段性试验的西方绿色政治运动截然不同的现实的生态实践。放眼全球，能够把生态文明写进执政党的党章里面的，目前看只有中国共产党；也只有在中国共产党领导下的中国，生态文明才成为一种全民性的理念与社会实践运动。同时，社会主义生态文明观搭建在社会主义公有制的经济制度上，其公有性质与生态环境的公共性高度契合，与资本主义的生态思潮相比，社会主义生态文明观从建立的制度基础上打破了将作为基本生产资料的自然资源和生态环境私人占有的倾向，实现了生态文明内在超越性与社会主义巨大优越性的耦合同构。社会主义生态文明观也始终坚持“人民至上”的价值立场，提出良好生态环境是最普惠的民生福祉和最公平的公共产品，把人民群众是否满意作为判断生态文明建设得失成败的唯一标准，人民群众对生态文明不仅担负着共商共建共治的责任，更能够共享生态文明的成果。此外，与西方资本主义国家为了实现资本主义的可持续发展而不顾全人类永续发展，以邻为壑、损人利己的经济理性观念不同，社会主义生态文明观具有人与自然作为生命共同体和人与人作为命运共同体的大局观。从人类文明的延续和发展上强调人类和自然所构成的生态共同体之间相互依赖、相互制约和相互影响的有机关系，只有尊重自然规律，把代内平等和代际平等相结合，才能延续人类文明。同时，提倡以平等协商的方式，按照“共同但有区别的责任”原则，解决民族国家之间的生态利益矛盾，实现不同民族国家的共赢。

社会主义生态文明话语体系的建构维度探析

陈春英*

话语体系是按照特定逻辑主线，以符号系统形式呈现出来的意义系统，是对特定时代问题的系统性理论性回答，“是一个民族国家的文化密码，蕴含着一个民族国家特定的思想文化、价值观念，乃至意识形态”②。社会主义生态文明话语体系是对人类工业文明的理性反思和对当下全球生态危机的理论回应。作为一种问题导向和面向实践的系统性理论表达，社会主义生态文明话语体系有着特定的建构维度，理清社会主义生态文明话语体系建构的基本维度，对建设美丽中国进而建设清洁美丽的世界，具有重要理论意义和实践价值。

一　社会主义生态文明话语体系的理论建构

社会主义生态文明话语体系是以马克思主义为指导的，马克思主义生态观是建构社会主义生态文明话语体系的理论基础。马克思主义生态观的根本立场、基本观点与方法为社会主义生态文明话语体系的理论建构提供了明确方向和基本遵循。

从根本立场看，马克思主义人类学与生态学双重一体的唯物主义立场奠定了构建社会主义生态文明话语体系的基本价值取向。在马克思看来，人与自然在深层本质上是“互生互在、彼此体现的关系”③，因而其主张以“自然主义与人道主义相统一”的立场来把握世界。在这种立场的指引下，

---

* 陈春英，中南财经政法大学哲学院副研究员。

② 杨鲜兰：《构建当代中国话语体系的难点与对策》，《马克思主义研究》2015 年第 2 期。

③ 林安云：《马克思的生态正义、生态理性及其对生态化发展的理论构建》，《哈尔滨工业大学学报》（社会科学版）2018 年第 2 期。

社会主义生态文明话语体系的构建应该始终把“良好生态环境是最普惠的民生福祉”的“以人民为中心”立场与“宁要绿水青山不要金山银山”的“生态优先”原则作为构建社会主义生态文明话语体系一以贯之的根本追求和价值选择。当代中国的生态文明话语体系构建遵循了马克思主义人类学与生态学双重一体的立场，在维护人与自然的共同福祉、推动人与自然的共存共荣和相互依赖的过程中，不断推进人与自然和谐共生。

从基本观点层面来看，马克思主义关于生态问题的一系列深邃且独到的见解对社会主义生态文明话语体系的构建及其深化发展产生了重要影响。马克思主义生态观中“人与自然的辩证统一论”“物质变换裂缝论”“生态危机产生根源论”“自然力的馈赠与报复论”“人类文明的最终形态论”① 等重要观点，既明确指出了资本主义生产方式破坏生态环境的事实及其深层逻辑，又为人类如何化解资本主义生产方式导致的生态危机指明了出路。中国特色社会主义进入新时代以来，以习近平同志为核心的党中央继承了马克思主义关于生态问题的一系列重要观点，在结合新的时代特点的基础上创造性提出了生态系统工程论、生态价值论、生态红线论、生态文明兴衰论、全球生态治理论等科学论断和一系列重要观点，大大丰富和发展了社会主义生态文明话语体系，从而不仅为构建适应新时代发展要求的中国生态文明话语体系提供了充足的话语养料，而且为世界生态话语发展贡献了中国智慧。

从方法论层面看，社会主义生态文明话语体系的建构处处浸透着马克思主义的方法论精髓。以习近平新时代中国特色社会主义生态文明思想为例，习近平的“两山论”以及“生态生产力论”主张正确处理经济增长与环境保护的矛盾并守住生态与发展两条底线，指明了生态建设与发展的相互促进、内在统一的方法论。习近平的“生态民生论”科学分析了生态环境与民生之间不可分割的联系，强调了“治政之要在于安民，安民必先惠民”的思想，认同人民作为生态文明建设的主体地位。习近平的“生命共同体论”主张正确处理人与自然的矛盾，把人、自然界与其他生命看成是一个“共同体”，强调运用整体性、联系性及系统性的方法解决生态问题。这些观点和主张无不紧紧围绕马克思主义突出联系、着眼发展、强调统

---

① 黎明辉、张怡：《中国生态文明建设话语自信：依据来源、阻碍因素与提振路径》，《大连海事大学学报》（社会科学版）2021 年第 1 期。

一、承认矛盾以及坚持人民主体地位、坚守底线等方法论精华展开，意在讲清人与自然和解的道理。①

二 社会主义生态文明话语体系的制度建构

如果说指导理论决定着话语体系的根本立场和总体方向，进而决定着话语体系的性质和价值取向的话，那么，制度体系则是话语体系建构的规范表达和重要保障，为话语体系的传播提供了必要前提。社会主义生态文明话语体系的制度建构，就是要从国家治理体系的战略高度和文明发展视域的历史维度出发，通过确立制度规范来协调人与人、人与自然、人与社会之间的关系。

党的十八大以来，社会主义生态文明制度体系在全面深化改革中不断完善，习近平总书记多次强调指出，“保护生态环境必须依靠制度、依靠法治”。《生态文明体制改革总体方案》等一系列制度规范落地实施，为生态文明改革确立了方向，既符合人与自然和谐共生的时代发展呼唤，也满足了人民对“优质生态产品和日益增长的优美生态环境”的需要。绿色生态治理理念贯穿国家战略变迁，成为新发展理念的重要组成部分，表征出国家和民族新的精神风貌和超越性的价值追求。生态文明制度的完善和创新，引导生态文明建设从无序走向有序，从自发走向自觉，从被动服从转向主动遵守。在生态文明建设效能不断提升、生态文明建设渠道不断畅通的过程中，社会主义生态文明建设的制度优势日益快速地转化为国家治理效能，从而成为经济社会高质量发展的“加速器”和人类文明新形态加速生成的“催化剂”。可以说，习近平新时代中国特色社会主义生态文明思想有着系统全面的理论依据、历史演进逻辑、独特优势和现实价值，有着丰富的思想资源，同西方资本主义国家的生态文明制度理论及其具体实践形成了鲜明对比。

从当代中国社会主义生态文明话语体系的具体制度实践看，政府在生态文明制度的执行和生态环境问题的处理上起着主导作用，完善的生态政策体系和制度体系对生态问题的预防和解决有着极为重要的作用。一方面，在政绩考核体系改革完善的过程中，生态考核指标的权重大大提升。也就是说，对于干部的政绩考核不能仅仅局限在 GDP 的增长速度上，还应

① 黎明辉、王经北：《习近平生态文明思想的真善美特质》，《理论导刊》2020 年第 1 期。

该考虑到这些政绩是否源于人民群众和社会发展的迫切需要，是否注重人与自然的和谐共生，是否基于对生态环境的大量破坏，是否造成了不合理的生态成本等。另一方面，财政政策向生态文明建设显著倾斜。当下，中国各级政府在生态文明建设方面的财政投入力度都在不断加大，并且形成了相对稳定的生态文明建设资金投入长效机制；同时，生态文明建设资金的支付结构也在不断优化，从而为引导各地方建立保护自然生态环境的长效机制提供持续动力。此外，生态文明建设相关政策体系的不断健全和完善是一项长期任务，离不开法律体系的保障，因此，生态环境领域的立法更具有生态性，对生态破坏违法行为的查处以及环境保护审批制度的执行等生态执法理念更加强化，通过司法权力来保护环境权益，进而维护生态正义的生态司法更加明确。总之，基于实践的生态学与政治学的有机统一与内在融合，使从人类整体发展与长远发展出发来制定相应政策法规，进而对经济发展过程中的生态破坏活动进行严格规范和限制的目标得以从制度层面获得实现，从而有力推动了社会主义生态文明话语体系的建构。

三　社会主义生态文明话语体系的文化建构

文化是最深沉最持久的力量，是构建社会主义生态文明话语体系的深厚土壤，为社会主义生态文明话语体系的建构提供着丰富养料和智力支持。中华民族在几千年的历史长河中创造了灿若星河的生态文化。无论是儒家、道家，还是佛家，无不“究天地之道”和追求“人与自然和谐”。这些生态智慧集中体现了中华民族在人与自然关系上特有的价值体系、行为准则、精神气概以及表达方式，成为当代中国社会主义生态文明话语体系建构的内生要素，是当代中国社会主义生态文明话语体系建设的丰厚滋养。

具体而言，儒家主张“天人合一”“知畏天命”“仁民爱物”以及“圣王之制”，强调要充分认识、了解和掌握客观存在的自然规律，要尊重自然法则，把“善”由己及人再及物、层层递进式地向外传播，只有努力将天地宇宙运行的法则转化为人的生产生活法则，才能达到可持续发展的“圣王之制”的理想状态。道家则一贯主张“道法自然”，旨在告诫人们依“道”行事，尊重自然法则、顺应自然法则。在对自然资源的利用和物质财富的使用上，道家主张“少私寡欲”、节俭和“知足知止”的生态消费观。庄子还从“道生万物”的角度出发，提出契合现代生态伦理学的“万物平等”理念。对道家的生态理念，国外学者给予了高度评价。美国著名物理学家卡普拉在《物理学之道》中就把道家的生态传统视为“最完美的生态智慧”[①]。此外，中国传统的佛家还创造了“依正不二”的宇宙观，并据此来探求主体与环境的关系，佛家将包括人在内的“生命主体”称为“正报”，将“生存环境”称为“依报”，认为只有把“正报”与“依报”视为互为条件、彼此依存的有机整体，人与自然才能共存并获益。同时，佛家还认为宇宙万物都包含佛性，并据此主张众生平等且万物都有生存的权利，主张慈悲为怀以及“不杀生”。而这些观念则被以阿部正雄为代表的西方学者赞叹为“建立在无我基础上的反对狭隘人类中心主义的宇宙中心主义”[②]。可以说，以“儒道佛”为核心内容的中华优秀传统文化在人与自然关系的问题上，有着系统深刻的思考和见解，其中的不少观点在21世纪的今天依然闪耀着智慧的光芒，在我国乃至世界生态思想史上都是独树一帜因而具有重大现实价值的，正如习近平总书记所指出的，“中华民族向来尊重自然、热爱自然，绵延5000多年的中华文明孕育着丰富的生态文化”[③]。因此，在构建社会主义生态文明话语体系的过程中，需要对以“儒道佛”为代表的中华文明在人与自然关系上的一系列真知灼见和深刻思考进行认真梳理并加以继承，从而为当下的生态文明建设注入精神力量、提供实践智慧，为解决今天的全球性生态危机、推进全球生态治理提供思想借鉴和中国方案。

此外，构建社会主义生态文明话语体系还需要对其他国家的生态文化进行批判性的吸收和借鉴。世界各个国家、各个种族、各个地区的生态文化都有其文化渊源和历史传统，无论是核心理念主张，还是具体实践做法，往往都不尽相同。在构建社会主义生态文明话语体系的过程中，我们既要尊重传统，保持本国生态文化的丰富性，又要汲取全人类生态文化智慧的结晶，在世界各国的交流与对话中，构建和丰富社会主义生态文明话语体系，寻找实现本国可持续发展和推进全球生态文明建设的重要举措。

---

① ［美］卡普拉：《物理学之道》，朱润生译，北京出版社1999年版，第16页。
② ［日］阿部正雄：《禅与西方思想》，王雷泉译，上海译文出版社1989年版，第6页。
③ 习近平：《在全国环境保护大会上的讲话》，《人民日报》2014年10月14日。

四 社会主义生态文明话语体系的实践建构

生态文明话语体系由语言组成，通过语言表征生态世界。基于语言的层次观和语境观思想，可以将社会主义生态文明话语体系的建构分为情景语境下的话语实践建构和文化语境下的社会实践建构两个层面。

社会主义生态文明话语体系的实践建构包括话语基调、话语范围和话语方式三个方面。话语范围即说什么，指社会主义生态文明话语体系的交谈内容；话语基调即对谁说，指社会主义生态文明话语体系的话语发出者和接受者，以及二者之间的关系；话语方式即怎么说，指社会主义生态文明话语体系的话语渠道。首先，在厘定社会主义生态文明话语范围即交谈内容时坚持科学性原则。话语要遵循客观规律尤其是自然规律，以人们真实的经历和感受为事实依据来表达现实世界和内心世界的经历，反映正确的主观世界与客观世界关系。例如，面对全球气候变化带来的生态灾难及其对人类生产生活的影响，遵循科学性原则，正确反映全球生态变化与人类生产生活变化之间的因果关联，进而阐明社会主义生态文明话语体系的基本理念和主张。其次，在构建社会主义生态文明话语体系的过程中，应明确生态文明话语的基调即交际双方的社会角色关系和语言活动目的。生态文明话语体系建设主要依靠政府，政府和其他话语群体之间的关系构成了主要的社会角色关系，政府话语的目的是构建良好的生态文明观念。因此，生态文明话语应具有示范性。示范性能够为企业话语、个人话语的标准化提供参照依据，对其他话语群体具有引导作用。因此，社会主义生态文明话语体系的建构应重视生态概念的准确表达、生态逻辑的科学严谨、话语方式的与时俱进。再次，社会主义生态文明话语体系的表达方式需要遵循创新性原则。新媒体、新技术将表意系统拓展到语言系统之外的图像、动画、视频及其综合多种方式，为社会主义生态文明话语体系的构建和丰富发展提供了多样化表达方式。我们应充分利用多模态手段，使人民群众通过多样的感知方式学习生态文明的思想和理念。最后，社会主义生态文明话语体系的构建还应遵循亲和性原则，也就是说，社会主义生态文明话语体系应贴近百姓的生活，采用人民群众喜闻乐见的形式，借鉴传统民族文化、新鲜潮流文化和网络文化中的表达方式，使用谚语、俗语、歇后语、网络新词、流行用语等多种方式将枯燥深奥的理论大众化、通俗化，将抽象的生态概念具体化、生活化，为大众提供生动活泼、易于接受、便于理解的生态文明话语。

社会主义生态文明话语体系的社会实践建构主要涉及意识形态，即生态文明话语体系应体现中国特色的生态文明哲学观和价值观。首先，社会主义生态文明话语体系应体现环境正义的价值观。所谓环境正义是指人类群体对环境资源的分配正义，它关注不同国家、地区或群体之间对环境成本和环境利润的权利和义务是否得到公平的对待。具体地说，政府要制定严格规范的法律和制度话语，在话语层面上以规范的法律性话语和严格的制度性话语确保环境资源的分配正义。在与生态相关的文件中体现人们对自然资源的平等权利和责任，尤其应体现着眼未来和子孙后代的可持续发展的生态价值观。其次，社会主义生态文明话语体系应体现鲜明的马克思主义和中国传统生态哲学思想。一方面，中国特色的生态文明话语要坚持历史唯物主义和辩证唯物主义观点，在话语中消解人与自然二元对立的“人类中心主义”观念，调整人类实践活动，改善人与自然之间的关系。另一方面，生态话语要注意体现中国传统的哲学思想，并将其有机融入教育体系中去。比如，在中小学阶段的教育和教材体系中，应广泛采用拟人化的表征方式，培养儿童对大自然的情感，在通俗易懂的故事中体现人与自然的和谐整体观，在大学教育阶段，则应在教育和教材体系中强调天、地、人的统一性即生态系统与人类文明的整体性，塑造人们“人与自然和谐共生”的生态哲学观，用充满智慧和哲理的话语讲好中国特色的生态文明故事。

总之，建构规范完善的社会主义生态文明话语体系，对生态文明建设具有重要意义，对在新形势下完善中国特色社会主义生态文明话语体系建设、推进全球生态文明建设和生态治理具有重要理论意义和实践价值。

中国生态文明国际话语权的生成机理、比较优势与运行逻辑*

杨　晶**

国际话语权是知情权、表达权和参与权的综合运用，是全球化时代国家综合实力的深刻表征，其争夺亦成为国家利益博弈的重要战场。近年来，我国已成为全球生态文明建设的重要参与者、贡献者、引领者。但在生态文明国际话语权的争夺中，西方发达国家仍具有一定优势，“中国声音”经常被忽视和冷落。习近平指出，争取国际话语权是我们必须解决好的一个重大问题。[①]“要深度参与全球环境治理，增强我国在全球环境治理体系中的话语权和影响力，积极引导国际秩序变革方向，形成世界环境保护和可持续发展的解决方案。”[②] 破解在西方强势的话语霸权下“有理说不出”的被动局面，提升中国生态文明话语的国际影响力，关键在于把握中国生态文明国际话语权的独特生成机理和运行逻辑。

一　中国生态文明国际话语权的生成机理

自法国思想家米歇尔·福柯（MichelFoucault）提出“话语即是权力的象征”这一命题以来，话语权力与国家综合国力的正相关性愈发紧密。在国际舞台上占据主导地位的国家，其综合实力必定强于他国，其国家话语也必定成为世界主流话语。从这一视角看，国际话语权已成为衡量一国经

---

* 本文系国家社科基金一般项目“生态文明话语权的国际比较与中国战略提升研究”（21BKS097）阶段性成果。

** 杨晶，法学博士，福建师范大学马克思主义学院副教授。

① 中共中央文献研究室：《习近平关于社会主义文化建设论述摘编》，中央文献出版社2017年版，第211页。

② 习近平：《推动我国生态文明建设迈上新台阶》，《奋斗》2019年第3期。

济、政治、文化和社会等整体发展的重要标尺。生态文明国际话语权作为国际话语权的重要组成部分，正是在这样的背景下逐步成为近年来世界各国争夺的焦点。生态文明国际话语权构建与提升的根基来源于理论与实践的双重支撑，中国生态文明国际话语权的生成与发展离不开生态文明理论方面的引进、借鉴与本土化研究以及在生态文明建设实践方面的实际成效和对世界生态环境治理的贡献。

我国的生态文明理论研究始于20世纪80年代对西方生态思潮的引进和评介。从总体上看，当代西方生态思潮可以划分为以下几种类型：一是以彼得·辛格（Peter Singer）、霍尔姆斯·罗尔斯顿（Holmes Rolston）、安德鲁·多布森（Andrew Dobson）等为代表的以“生态中心论”和以人类中心论为基础的“深绿”与“浅绿”生态思潮，他们都要求在不变革资本主义制度和生产方式的前提下，单纯通过生态价值观的变革来解决生态危机；二是以詹姆斯·奥康纳（James O’Conner）、约翰·贝拉米·福斯特（John Bellamy Foster）、戴维·佩珀（David Pepper）等为代表的生态学马克思主义与生态社会主义，他们以历史唯物主义为基础、强调马克思主义理论对解决生态危机的重要性，以变革资本主义制度和生态价值观为主要特征；三是以小约翰·科布（John B. Cobb，Jr.）、菲利普·克莱顿（Philip Clayton）、贾斯廷·海因泽克（Just in Heinzekehr）等为代表的建设性后现代主义生态思潮，他们以怀特海式的马克思主义为理论基础，强调现代性价值体系的批判和以共同体价值观为主要内容的有机教育。以上不同流派的西方生态思潮对我国生态文明的理论研究产生了深远影响。进入21世纪，伴随着对生态学马克思主义研究的深入，结合中国生态文明建设实际，国内学术界由最初借鉴或认同“生态中心论”和“现代人类中心论”的理论发展到挖掘、整理马克思主义生态文明思想，开启了生态文明理论研究的本土化历程，并由此形成了不同理论谱系的生态文明理论。在这一过程中，我国生态文明的理论研究围绕生态价值观、生态发展观、生态本体论等问题产生了激烈的争论。① 但在理论基础、研究范式、研究目的等方面已形成了基本共识，即以马克思主义生态文明思想为理论基础，以历史唯物主义为研究范式，以构建中国形态的生态文明理论为研究目的，进

---

① 王雨辰：《西方生态思潮对我国生态文明理论研究和建设实践的影响》，《福建师范大学学报》（哲学社会科学版）2021年第2期。

而摆脱具有西方中心主义性质的生态文明理论的霸权话语，提升中国生态文明的国际话语权。

任何理论体系最终都是通过话语的形式进行表达的，而任何一种理论也都将秉承一定的价值立场进行构建。我国的生态文明理论以马克思主义生态文明思想为理论基础，即表明生态危机根源于资本主义的现代化，要寻求彻底解决生态危机的有效途径，就必须对资本主义的制度和生产方式进行研究、批判和变革。西方生态思潮诸多流派的理论研究大都是建立在西方国家思想意识形态和主导权基础上的，其形成的“现代主义研究范式”或“后现代研究范式”都充分体现了“西方中心主义”的价值立场。在脱离了资本主义社会制度和生产方式的情况下，抽象地把生态危机归结为人类的价值观问题，将生态文明简单等同于环境保护，无法探寻到根本解决生态危机的现实途径。我国的生态文明理论以历史唯物主义为研究范式，反对西方中心主义的价值立场，强调生态文明是一种超越了工业文明的新型文明形态，其价值目标是否定工业文明追求资本无限增长的发展观，人与自然对立起来的机械的哲学观和世界观，对商品交换价值虚假追求的消费主义生存方式以及个人主义的价值观，继承工业文明的技术成就，追求人与自然的和谐共生。以此构建中国形态的生态文明理论，终将引领全球生态文明建设走出西方中心主义的桎梏，在人与自然生命共同体理念的指导下，再塑世界话语多元化的生态文明新格局。这一理论支撑也成为中国生态文明国际话语权的重要生成机理。

中国生态文明国际话语权生成与发展的另一大重要支撑来源于我国生态文明建设实践的成效，以及其对世界生态环境治理的贡献。生态环境的公共物品属性决定了市场机制对生态文明建设和发展的局限，也决定了我国党和政府必然是生态文明理念的倡导者、生态文明建设的主导者。在从上到下的政府主导型模式下，理念的创立、制度体系的建立、机构的设置、政策的制定与实施、评估与监管机制的不断完善等都是生态文明建设实践不断取得丰硕成果的重要保障。新中国成立初期，我国的生态环境基本陷入局部改善总体恶化的困境。生态环境的恶化有其观念、体制和经济发展阶段等诸多原因。自 20 世纪 70 年代初开始，党和国家逐渐重视生态环境问题，并做出了种种改善生态环境的努力。从第一个环境保护文件《关于保护和改善环境的若干规定》、第一部环境保护法律《中华人民共和国环境保护法（试行）》的问世到把生态文明建设上升为国家发展战略、将绿色发展列为新发展理念的重要部分，形成习近平生态文明思想，我国的生态文明建设取得了历史性、转折性、全局性的进步。我国生态环境部最新发布的《中国生态环境状况公报》显示，在生态环境治理方面，全国地级及以上城市的平均优良天数比例已达到87.0%，基本完成京津冀及周边地区、汾渭平原地区生活和冬季取暖散煤替代，为坚决打赢蓝天保卫战打下了基础。深入开展集中式饮用水水源地规范化建设。全国10638个农村“千吨万人”水源地，全部完成保护区划定。开展“碧海2020”专项执法行动，在渤海综合治理攻坚行动计划中实施滨海湿地生态修复8891公顷、岸线整治修复132千米。“十三五”期间共完成15万个建制村环境整治。全国地表水优良水质断面比例提高到83.4%，持续打好碧水保卫战。完成《土壤污染防治行动计划》确定的受污染耕地安全利用率达到90%左右和污染地块安全利用率达到90%以上的目标，基本完成长江经济带重点尾矿库污染治理，圆满完成2020年底前基本实现固体废物零进口目标，“洋垃圾”被彻底挡在国门之外，扎实推进净土保卫战。在生态环境监管、修复方面，开展第二轮中央生态环保督察，全面推行“双随机、一公开”制度，开展执法检查58.74万次。31个省级政府和新疆生产建设兵团均印发生态环境保护综合行政执法改革实施方案，执法职责整合基本到位。积极应对气候变化，2020年单位国内生产总值二氧化碳排放强度比2015年下降18.8%，超额完成“十三五”下降18%的目标。在生态环境改革、防范和保障方面，制定《长江保护法》《生物安全法》。完成固体废物污染环境法律修订工作。积极推进《海洋环境保护法》《环境噪声污染防治法》《环境影响评价法》修订。2020年中央生态环境资金下达523亿元，国家绿色发展基金正式揭牌成立，大气重污染成因与治理攻关项目圆满收官。组建“一带一路”绿色发展国际研究院，继续实施绿色丝路使者计划。积极筹备《生物多样性公约》第十五次缔约方大会，推进“2020年后全球生物多样性框架”谈判进程。组织召开17国部长和国际组织代表参加的生物多样性部长级在线圆桌会，配合支持联合国生物多样性峰会成功举办。①

我国的生态文明建设历经起步、发展和不断完善等阶段，在习近平生

① 以上数据信息来源中华人民共和国生态环境部：《2020中国生态环境状况公报》，http：//www.cnemc.cn/jcbg/zghjzkgb/202105/W020210527493805924492.pdf。

态文明思想的指导下，在党和政府的主导下，生态文明由理念提升为全社会共同的行动指南，经济绿色化程度不断提高，生态文明建设已成为国家经济社会发展的重要组成。2021 年 2 月，《国务院关于加快建立健全绿色低碳循环发展经济体系的指导意见》再次强调，建立健全绿色低碳循环发展经济体系，促进经济社会发展全面绿色转型，是解决我国资源环境生态问题的基础之策。[①] 同时，在政府主导，政府、市场和社会合作的协同治理模式下，统筹兼顾、协调发展的发展战略破解了经济效益与生态效益的矛盾，为世界其他国家的生态环境治理贡献了中国智慧。近年来，我国生态文明建设所取得的成效有目共睹，在世界舞台上的话语空间也不断拓展，中国方案得到了国际社会与联合国的认可与赞同。生态文明建设的实践成效不仅是中国生态文明国际话语权生成的又一重要支撑，更是我国在国际社会赢得更多话语权，引领全球生态环境治理体系、构建新格局的实力保障。

二 中国生态文明国际话语体系的比较优势

在中国形态的生态文明理论和卓越的生态文明实践成效的双重支撑下，中国生态文明国际话语形成了具有独特内涵的话语体系。该话语体系不仅是政治话语、学术话语和大众话语在生态文明方面的学理统一，更是中国特色的语言表达和思想政治的统一。把握其内涵特质是挖掘中国生态文明国际话语权比较优势的要领。

（一）政治话语：习近平生态文明思想的确立与发展

作为习近平新时代中国特色社会主义思想的重要组成部分，习近平生态文明思想立足中国共产党人的实践经验，深度融合马克思主义生态思想和中华传统生态文化，批判地吸收西方生态思潮的合理成分，形成了具有中国特色的社会主义生态文明建设话语体系。这一重大理论成果不仅是新时代生态文明建设的根本遵循，更成为推动生态文明建设的思想指引和实践指南。“生态兴则文明兴”“人与自然和谐共生”“绿水青山就是金山银山”“良好生态环境是最普惠的民生福祉”“山水林田湖草是生命共同体”“共同建设美丽中国”“共谋全球生态文明建设之路”“人与自然生命共同

---

① 《国务院关于加快建立健全绿色低碳循环发展经济体系的指导意见》，http：//www. gov. cn/zhengce/content/2021 -02/22/content_ 5588274. htm。

体”等具有中国特色的话语表达充分体现了习近平生态文明思想的核心内涵，更以国家战略的高度在国际社会推广，是我国对外传播绿色发展理念的主要渠道。实践证明，这一重要输出方式为中国赢得了更多的生态文明国际话语权。2013 年 2 月，联合国环境规划署第二十七次理事会通过《推广中国生态文明理念》决定草案，首次以“中国方案”的形式获得国际社会的广泛认同；2016 年 5 月，联合国环境规划署发布《绿水青山就是金山银山：中国生态文明战略与行动》报告，对习近平提出的绿色发展理念和中国的生态文明理念予以高度评价，生态文明建设的中国方案在世界范围已形成一定影响。不少西方学者表示，中国的绿色发展道路与欧美国家的治理模式有着本质区别，在保护与发展之间寻求共赢的策略为其他国家提供了解决生态环境问题的样板。日本地球环境战略研究机构北京事务所所长小柳秀明通过系列专业数据比对认为，“中国生态文明建设经验值得很多国家学习和参考”；中巴气候变化与能源技术创新研究中心巴方负责人苏珊娜·卡恩则认为，“中国在保护生态方面制定长期规划和发展战略，并严抓落实，值得其他国家学习借鉴”；墨西哥国立自治大学海洋与湖沼科学研究所研究员赫尔南德斯·贝塞里尔认同习近平提出的“共谋全球生态文明建设之路”共赢全球观，并强调，“保护全球生态环境，需要各国齐心协力，拿出更多实际行动。尤其在当下全球面临疫情挑战，各国都应在促进人类健康和福祉的共同目标下，加强团结合作”①。在习近平生态文明思想的指导下，以政治高度定位生态文明，以政治话语传播生态文明，使得中国生态文明政治话语在国际社会具备了一定的国际话语权，让中国的生态文明建设理念得到世界普遍认可，使重构世界生态话语格局成为可能。

（二）学术话语：“东方生态智慧”引起西方学界重视

随着中国形态的生态文明理论不断完善，我国生态文明建设在学术话语表达方面日趋成熟，摆脱了“外部反思”式的主观思想，对生态文明的研究内容更加丰富、研究广度与深度不断扩大、研究类别也更加多样。在当代，学者们寻求和凝练具有中国特色的生态文明理论，也深入和精准把握人们对美好生活的追求，运用学术知识丰富生态文明建设实践，更注重

---

① 《中国绿色发展为全球生态治理作出重要贡献——国际人士积极评价中国生态文明建设成就》，《人民日报》2020 年 6 月 3 日第 3 版。

凝练中华优秀传统文化中应当开掘、采借、继承的资源。我国的生态文明学术话语体系已经能够做到在认识世界、探索真理、服务发展的进程中，"依循由中国社会现实而来的客观需要和基础定向，实际地形成对外来学术大规模的中国化"①，形成具有中国特色的主体性、原创性生态文明概念、范畴和原理，为实际解决生态环境问题而构建的理论；充分结合中华优秀传统文化，在辩证地吸收西方生态思想优长的基础上，形成有自己特色与见解的学术话语体系，实现从学理研究向实践与理论结合的顺利转型。在本土化、原创性理论与实践成果不断丰富的今天，我国生态文明的理论思想与实践建设也引起西方学界的广泛重视。尽管西方社会对生态环境的重视早于中国，当前对生态环境治理等问题的研究依然处于较为领先的地位，但中国的生态文明建设成效世界有目共睹，国际上与中国共同应对环境危机的国际合作日渐增多，从推动达成气候变化《巴黎协定》到全面履行《联合国气候变化框架公约》，从大力推进绿色"一带一路"建设到深度参与全球生态环境治理，"中国声音"开始被世界听到，"中国见解"开始被他国采纳，"中国倡议"得到世界认同。通过学术交流、论坛研讨、实地走访等多种形式，中国生态文明的学术话语也在世界舞台上得到充分展现，实现了从"被动应对"到"积极参与"再到"发挥建设性作用"的历史性跨越。这些成果与成效是中国生态文明建设的重要支撑，也是争取国际话语权的重要手段。下一步，我国应丰富具有中国特色的东方生态智慧，加强对外传播，让世界的目光再次回归并聚焦中国，把握良机，将中国在生态文明建设领域的理论创新与发展经验与国际学术交流同步，扩大中国生态文明学术话语在世界的影响。

（三）公众话语：话语主体权威性与向心力凸显

在政治话语的政治保障和学术话语的理论支撑下，公众话语是中国生态文明话语国际影响力的直接体现。新发展阶段，信息化和数字化充斥着整个人类社会，各种媒体平台蜂拥而出，这为普通大众进行目的诉求的话语表达提供了更多的渠道和空间，公众话语的地位和权威性在当代社会不断提升。近年来，随着经济转向高质量发展，作为公众话语主体的广大人民群众对美好生活的需求开始转向环境保护与绿色发展。民众在生态环境保护方面的主动意识日益增强，在日常生活的消费领域，我国部分民众在

---

① 孙利天：《作为学派的出场学》，《江海学刊》2017 年第 2 期。

衣食住行等方面的物质需求已得到基本满足，更加重视精神层面的获得感，注重精品消费，提升精致生活，故而以“惜物”为核心的绿色消费理念已开始被广大人民群众所接受，人民群众的获得感、幸福感、安全感也逐步增强。同时，生态道德和行为准则等的培育和涵养，让绿色的价值观念成为新时代社会主义建设和发展的主流价值观，民众个人的生态文明素养得到有效提高。民众在生态文明建设过程中既是参与者也是获益者，其话语表达以最直接的方式讲述中国生态文明建设的好故事。但不可否认，我国在这方面的建设和发展较晚，民间非政府组织和公民个人在生态文明话语的对外传播方面还有待加强。公众作为话语表达的主体有着更加强大的凝聚力，生态文明建设的公众话语在国际社会发声的“音量”当前尚显不足，因此，有必要结合线上线下宣传，充分发挥公众的群体影响力，突出生态环境保护与经济效益的双赢优势，使得个体更易于将理论受动转化为实践主动，积极地将最广泛的群众环保实践经验和绿色智慧向世界各国进行传播。

三 中国生态文明国际话语权的运行逻辑

当前，中国生态文明的国际话语权仍处于相对弱势，尚未拥有与我国生态文明建设实力相匹配的“音量”。因而，在挖掘并扩大中国生态文明国际话语体系比较优势的同时，还需对中国生态文明国际话语权的运行逻辑进行分析。要以“人与自然生命共同体”理念为基础，系统打造高质量的生态文明国际话语体系，在实践过程中形塑中国生态文明的世界形象，以重构世界生态文明的话语格局为最终目的，全面提升中国生态文明国际话语权，在世界舞台上讲好“中国生态文明故事”，让“中国声音”深入人心。

（一）理念基础：共同构建“人与自然生命共同体”

全球化时代，环境污染与破坏使得人类面临整体生态退化和资源、能源全面枯竭的困境。生态环境危机的实质是全人类生存的危机。世界各国共同参与全球生态环境治理已成为构建人类命运共同体的应有之义。“人与自然生命共同体”理念的提出是在人类命运共同体理念的引领下，结合生态环境治理与可持续发展提出的又一重要理念。它不仅是人类命运共同体理念在生态文明领域的具体化表现，更是中国生态文明建设的创新发展。这一理念的提出和践行，促进了我国生态文明国际话语体系的不断完善，更有助于提升中国的国际话语权，引领构建全球生态环境治理新格局。

“人与自然生命共同体”理念继承了“人类命运共同体”的核心思想，强调世界各国人民都处于“共同体”这个同心圆之中。当今世界，和平与发展仍旧是时代的主题，世界多极化和经济全球化的趋势也并未改变。世界上任何一个国家都无法做到与世隔绝，各国都是相互依存、休戚与共的，人类社会已成为一个相互依存的共同体。2020年的新冠肺炎疫情让我们认识到了病毒不分国界，近期印度等地疫情的再次暴发表明在抗击疫情的过程中，没有一个国家可以独善其身，只要还有一个国家有疫情存在，其他国家都不会是绝对安全的。全球化时代各国利益的高度交融让世界上不同国家都处在同一利益链上，人类应该从传统的国家利益观中走出来，从整体利益出发，共同应对、共同治理、共享成果。“人与自然生命共同体”理念既秉持“人类命运共同体”的这一核心思想，又将该理念在生态领域具体展现出来，指出人与自然界也是一个休戚相关、生死与共的有机整体，只有世界各国共同面对并参与治理，才有可能真正实现人类社会的可持续发展。正如习近平指出的那样，“建设美丽家园是人类的共同梦想。面对生态环境挑战，人类是一荣俱荣、一损俱损的命运共同体，没有哪个国家能独善其身。唯有携手合作，我们才能有效应对气候变化、海洋污染、生物保护等全球性环境问题，实现联合国2030年可持续发展目标。只有并肩同行，才能让绿色发展理念深入人心、全球生态文明之路行稳致远”①。

中国生态文明国际话语权的提升与发展，首先必须坚持以“人与自然生命共同体”理念为基础，顺应时代趋势，将中国生态文明建设的理念与实践的成功经验与全球气候治理的基本原则有机结合，构建与世界体系接轨、彰显中国特色的生态文明国际话语体系。其次，在寻求让“中国力量”匹配“中国声音”的优化路径中，积极参与全球生态环境治理，推动全球治理朝着更加公平、合理的方向发展。我国应将成功的理论与经验积极分享给世界各国，加强“南南合作”“南北对话”等国际合作，不断提高国际认同度。再次，继续发挥负责任大国的作用，支持发展中国家在国际生态环境治理领域获得更多的发言权和参与权。西方发达国家利用在国

① 习近平：《习近平谈治国理政》第3卷，外文出版社2020年版，第375页。

际社会中的话语霸权，无视相关国际公约，将高污染和高耗能产业转移到发展中国家，将大量垃圾也转运到发展中国家。这种行为损人利己，而这个“利”还是短暂的利，这种短“利”又会进一步加大西方发达国家对自然资源的开采和掠夺。这一恶性循环终将给人类社会带来不可挽回的灾难。正如恩格斯所言：“我们不要过分陶醉于我们人类对自然界的胜利。对于每一次这样的胜利，自然界都对我们进行报复。每一次胜利，起初确实取得了我们预期的结果，但是往后和再往后却发生完全不同的、出乎预料的影响，常常把最初的结果又消除了。”[①] 基于“人与自然生命共同体”理念，我们应对这些国家进行谴责，同时更要为发展中国家争取更多的话语权，构建发展同盟，推动各国携手合作应对全球生态环境问题，将可持续发展落到实处。

（二）话语建构：打造高质量生态国际话语体系

要切实提升我国生态文明话语在国际上的影响力，就要在遵循“人与自然生命共同体”理念的基础上，坚持打造高质量的生态文明话语体系，其构建核心必须体现中国价值和中国立场。长久以来，中国的价值观念被西方社会曲解、屏蔽、颠倒，“西方话语中的中国图像与真实的中国存在巨大反差”[②]，中国亟须构建展现中国价值观念的国际话语体系。习近平指出：“提高国家文化软实力，要努力提高国际话语权。要加强国际传播能力建设，精心构建对外话语体系。”[③] 生态文明话语体系的打造与建构必定要遵循彰显鲜明特色、赢得广泛共识、引领国际导向的话语体系构建原则。同时，话语体系建构的主体内容也必然是内在统一的，即政治话语、学术话语和公众话语必须处在一个良性的互动循环发展中，以生态文明建设的核心理念为主干，打通不同话语场域，实现话语的兼容和表达的对接，避免政治话语、学术话语和公众话语陷入“自说自话”的封闭圈。政治话语是生态文明话语体系的出发点和落脚点，学术话语是话语体系的阐述者和承载者，公众话语则是话语体系的直接传播者，既要从具体内容上切实提升、加强政治话语、学术话语和公众话语的传播能力，又要实现政治话语、学术话语和公众话语的有效统一，充分发挥中国生态文明国际话语权的比较优势，向世界展现中国的价值观念，赢得更广泛的国际认同。

---

① 《马克思恩格斯文集》第9卷，人民出版社2009年版，第559—560页。

② 陈曙光：《论国际舞台上的话语权力逻辑》，《马克思主义与现实》2021年第1期。

③ 习近平：《习近平谈治国理政》，外文出版社2014年版，第162页。

在构建原则方面，首先，要彰显鲜明的中国特色，即要以中国形态的生态文明理论为构建话语体系的核心。当代中国的生态文明理论可分为实际操作的工具性理论和引领思想的目的性理论两大类。工具论强调中国维护自身发展的权益和义务，价值论强调以人类命运共同体、人与自然命运共同体理念为指引，将经济发展与生态保护、中国生态文明建设与全球生态环境治理有机结合。要构建以中国形态的生态文明理论为核心的国际话语体系，就必须坚持工具论和目的论的内在统一：既重视中国方案的推广，更重视中国智慧的传播。其次，要坚持“非西方中心论”，获得世界范围的价值共识。“西方中心论”是西方国家精心打造的标识性话语，这一霸权话语使得西方国家主导了很多全球性的生态议题。中国生态文明国际话语体系构建要打破该论调。但中国生态文明建设不应重走西方的老路，以压制对方为主要目的，强调一元化的世界格局；而是要遵循人类命运共同体的理念，以获得世界性价值认同为目标，支持世界多极化多元化的发展。再次，要为解决全球生态环境治理困境提供方案，引领全球生态环境治理的话语导向。20 世纪 70 年代开始，西方国家凭借先进的科学技术，主导能源利用和环境治理已有半个多世纪。但西方国家治标不治本的治理模式让全球的环境危机不仅没有得到遏制，反而仍在蔓延与加剧。中国要引领世界构建全新的生态文明话语格局，就要充分发挥中国智慧，为西方国家突破治理瓶颈提供策略。另一方面，发展中国家当前面临着更为严峻的国内外生存与发展局面、经济发展与环境保护的双重重压，加之西方发达国家不断将生态废弃物转移至他国，致使发展中国家不得不开始可持续发展等问题。中国的生态文明实践方案应为发展中国家的环境保护与生态治理提供全新的路径选择。

在内容构建方面，政治话语部分要拓宽国际传播路径。中国的发展实际决定了我们有足够自信可以在国际舞台上讲好中国生态文明故事，不仅要在国际论坛、气候峰会等重要会议上加大宣传力度，主动承担中方应负的责任，更要积极举办、主办与生态文明建设相关的国际研讨，在交流中积极传播习近平生态文明思想及其实践成果，借鉴西方在建构生态话语体系方面的成功经验，对接世界话语体系，引领全球生态环境治理合作。学术话语部分要扩大学术研究的理论与实践成果在国际上的影响力。中国学术话语如今在国际领域占据的空间越来越多，中国学者应把握机遇、利用优势，不断创新研究，努力将中国生态文明建设中的实践经验转化为具有国际影响力的研究成果。公众话语部分要重视传播的方式和路径的有效性。公众话语的多元化和多层次决定了话语内容更容易被国际社会接受。传播方式上要注意受众群体的需求和认知。相对于政治性、理论性突出、语言相对宏大等的叙述，国外的受众群体更易于接受平实、具体的实践叙述。

要让公众话语以一种更为平实、质朴、清晰的方式加深国际社会对中国生态文明建设成就的了解。要拓宽有效传播路径，加大数字媒体、各类国际社交网络等平台的传播力度，重视社会组织、智库、企业等公众话语建设。最后，要实现高质量生态文明国际话语体系的构建，就要实现政治话语、学术话语和公众话语的有效统一，多元化、多方面、多层次的话语共同发力，才能让该体系不断完善。政治话语是生态文明国际话语体系的基石，也是衡量国际话语有效性的重要标准，只有在此基础上形成的学术话语和公众话语才能充分体现中国特色。具有科学性和学理性的学术话语为政治话语和公众话语提供了理论支撑和智力支持。只有在政治话语的保障下、学术话语的支撑下，公众话语的直接表达才有可能获得广泛的国际认可。打造高质量的生态文明国际话语体系，离不开政治话语、学术话语和公众话语的合力发声。

（三）实践路径：自塑中国生态文明的世界形象

在多元化的国际社会中寻求生态文明建设的全球共识，充分传达具有中国智慧的生态环境治理方案，是自塑中国生态文明世界形象的主要目标。在新发展阶段，中国与世界各国一道共同参与生态环境治理已成为必然，秉持人类命运共同体理念和不断完善中国生态文明国际话语体系，中国在世界舞台上的形象日趋鲜明。因而，只有从国家战略布局、经济社会发展、国际人文交流等方面齐抓共管，在生态文明的理论研究和建设实践方面双管齐下，增强我国综合国力，夯实生态文明硬实力，才能够彻底摆脱学徒状态，真正成为在生态环境治理领域的引领者。

战略布局方面，以国家综合实力带动中国生态文明话语的世界传播。当前，我国的生态文明建设话语依旧面临着强大的国际压力，西方社会将意识形态色彩较为淡薄的生态环境治理领域视为维护自身霸权的一个重要战场，“中国环境威胁论”“中国生态威胁论”等言论始终存在，国际舆论明显带有西方社会的刻板认知和偏见。自古以来，综合国力强大的国家都占据着世界舞台的中央，拥有强大的话语权力，中国要从无从辩解的话语困境中解放出来，首先，要具有高度的政治意识，坚定中国立场，避免陷入“政治化”的生态话语陷阱。秉持人类命运共同体、人与自然生命共同体等理念，重视生态文明建设的政治话语、学术话语以及公众话语的话语范式和话语表达，在与国际话语顺利接轨的同时，加大“美丽中国”“生态文明”“生态命运共同体”等话语在对外传播中的阐释力度。其次，要充分运用最新科学技术手段不断提升自身实力，维护国家形象，横纵双线拓展传播的覆盖面。运用新媒体、融媒体等数字平台优势，将我国生态文明建设的最新成果及时与世界分享，用事实说话，回击不实言论，积极宣扬中国的和平崛起之路。最后，不断推动中国生态文明话语创新。习近平指出，我国“目前在学术命题、学术思想、学术观点、学术标准、学术话语上的能力和水平同我国综合国力和国际地位还不太相称”[①]。中国生态文明话语的构建与中国生态文明实践创新并不完全同步，特别是近年来，我国各方面建设的实践成果颇为丰硕，但却未能在国际社会上有效把握中国话语的阐释权和话语权。因而要讲好中国故事，就要打造更多中西融通的新理念、新方案，引导国际社会的交流、讨论与合作，自塑绿色的中国形象。

经济社会方面，要把握良机开新局，扩大中国生态文明建设在世界上的影响力。要提升中国生态文明的国际话语权，就要紧抓新一轮科技革命和产业变革的历史性机遇，在后疫情时代推动我国经济社会“绿色复苏”，有效争夺国际地位。一是要创新技术研发，实现多学科、跨领域成果的交叉融合转化。在第七十五届联合国大会一般性辩论上，习近平表示，中国将提高国家自主贡献力度，采取更加有力的政策和措施，二氧化碳排放力争于2030年前达到峰值，努力争取2060年前实现碳中和。[②] 要实现“碳达峰”“碳中和”，不仅需要理论指导，更需要生物、化学、物理等领域的技术支持，还需要地理、数学、经济等学科的学理支撑。这就需要不断创新实践，融合各方优势，积极转化成果，制定有效可行的行动方案，兑现国际承诺，提高国际认同。二是要统筹兼顾，充分发挥政策导向作用，破解发展与保护的矛盾，实现生态效益与经济效益的共赢。如，福建武夷山地区就利用智慧技术对园区内生物资源、生态环境要素等开展“天空地”

① 习近平：《习近平谈治国理政》第2卷，外文出版社2017年版，第338页。

② 中华人民共和国商务部：《习近平在第七十五届联合国大会一般性辩论上的讲话》，http：//www.mofcom.gov.cn/article/i/jyjl/l/202012/20201203020929.shtml。

一体化全方位全天候监测和服务，茶园引入套作养分高效绿肥作物等方式，最大限度地保留了茶园的生物多样性和完整生态链，并以此为基础优势提高茶叶品质，带动茶农增收，保证生态效益的同时也给当地人民带来了经济收益。三是要注重人才培养，特别要重视低碳能源、循环能源、绿色技术等方面的人才培养，打牢生态文明建设的人才基础，推动生态文明建设不断转型升级，并以此增强我国生态文明建设的国际话语地位。

国际交流方面，坚持道路自信、理论自信、制度自信和文化自信，扭转话语困境，在参与国际合作与交流的过程中，赢得更多国际话语权。在国际人文交流过程中，第一，不仅要关注生态环境治理的未来发展方向，更要传播“建设持久和平、共同繁荣的和谐世界”的中国主张，这是坚持走中国特色社会主义道路的自信展现，也是中华民族实现繁荣富强的科学保障。第二，要不断完善以马克思主义为基础的生态文明理论，坚持理论自信，打造中国生态文明建设新标识，树立中国新形象。第三，在应对新冠肺炎疫情的这场大考中，中国再次向世界展示了自身的制度优势。中国特色社会主义制度的强大优势让健康、绿色的美好生活环境触手可及。因此，要完善好、巩固好、利用好这一优势，为人类的生态文明进程作出更多贡献。第四，要坚持文化自信，重视古今生态文化的继承与发扬，汲取中华传统生态文化丰厚的绿色底蕴，促进中外文化交流。同时，还要注重中华优秀传统文化与其他国家文化的有机结合，积极主动吸收国外优秀的生态文化思想和精髓，与这些国家共享生态文明理论与实践成果、共建绿色可持续发展的世界。

（四）战略目标：重构世界生态文明话语新格局

重构是顺势而为，亦是主动求变。在全球化和科学技术不断进步的影响下，当今世界已成为一个相互依存、瞬息万变、错综复杂的存在。[①] 技术的突飞猛进带来全球的“超级互联”，深层次系统互联的形成与发展，使得所有风险也都通过复杂的网络相互影响着。看似孤立的生态环境风险、经济风险、地缘政治风险与社会风险，都会在彼此依存的世界环境中相互强化，每项风险都有可能引发其他风险，造成连锁反应。正如世界经

① ［德］克劳斯·施瓦布、［法］蒂埃里·马勒雷：《后疫情时代：大重构》，世界经济论坛北京代表处译，中信出版社 2020 年版，第 3 页。

济论最新发布的《2020年全球风险报告》中所提供的一份图表[①]所示，伴随着应对气候环境危机的失败，不仅生态领域的自然灾害、极端天气、生物多样性丧失等风险加剧，更会影响到经济、社会、地缘政治、科技等其他宏观领域，导致这些领域的风险提升。因此，在这样一个要素聚合和系统联合的世界环境中，西方中心论的论调已不再适合全球生态环境治理的发展。西方发达国家为逃避、推卸生态环境保护应承担的责任，以邻为壑，实行生态帝国主义的政策，终将会引发世界性的生态灾难，而这些国家亦不能幸免。因而，世界生态环境治理与话语体系需要在打破世界一元化、话语一元论的基础上，在更加广阔的视野上进行重构，这也是中国生态文明国际话语权构建的战略目标之一。作为世界上最大的发展中国家，我国应当积极承担大国应有的责任，倡导国际社会生态平等，重构生态文明国际话语格局。秉持社会主义公平正义基本原则，遵循可持续发展国际公约，以“人与自然生命共同体”作为理念指导，支持联合国发挥积极作用，支持广大发展中国家在生态环境治理等国际事务中的代表权和发言权，建设性参与国际与地区的生态环境问题的解决进程，积极应对气候变暖、生物多样性丧失、粮食危机等世界性问题与挑战，不断为完善全球生态环境治理贡献中国智慧和力量。

全球化的持续推进不仅让世界成为一个相依相连的“地球村”，从整体发展上看，世界的变迁更是瞬息万变，人们的生活、工作、学习，国家的建设、发展、完善都在经历前所未有的“速度化”进程，各种资源的利用也逐渐呈现出稀缺性等特征。要重构世界生态文明话语的格局，就要在这瞬息万变的进程中紧抓绿色发展这一核心要素，强调对资源能源的绿色、可循环开发和利用。当前，国际社会在生态领域追求的是可持续发展的价值观，这与以“人与自然命运共同体”理念为核心基础的中国生态文明建设的价值观异曲同工。这其中，坚持绿色发展是构建全新的生态文明话语格局的一个重要维度，也是应对多变的世界局势和发展趋势的重要战略。我国所提出的绿色发展以人与自然和谐发展的价值观为取向，以绿色、低碳的循环为原则，力求构建一个可持续、和谐、效率有机统一的社会发展模式。我国要积极推进绿色发展在发展内涵、运行模式、实践成效

---

① 图表来源：World Economic Forum，The Global Risks Report 2020，Figure IV：The Global Risks Interconnections Map2020，World Economic Global Risks Perception Survey 2019 - 2020。

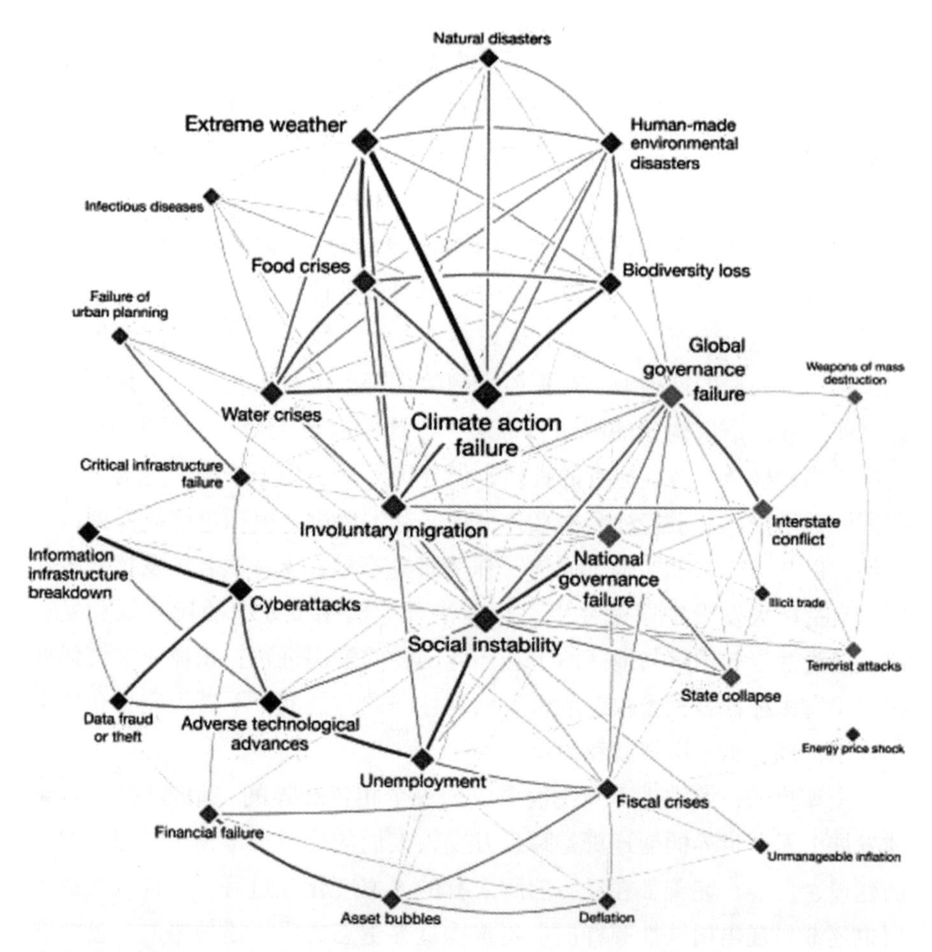

等方面的创新，呼吁在全球生态环境容量和资源承载力约束的范围内，有效缓解生态环境危机带来的破坏和制约，进行可持续的生产发展，使得经济社会的可持续发展在人类社会整体发展中处于主动和有利的位置。尽管全球生态环境治理仍存在不少争议，比如怎样处理生态环境保护的责任与义务同资源利用之间的关系等，中国在绿色发展格局下的生态文明建设与发展依然取得了举世瞩目的成就。未来，中国要以生态文明建设为依托，在国际社会中大力“发声”，持续推进世界生态环境治理的深化发展。在以绿色发展为核心的全新生态文明话语格局下，中国不仅能从中获得更多、更广泛的和平发展机遇，同时也能将中国的“正能量”分享给世界，促进大变局下的世界发展。

复杂、多变、不确定性成为当今世界发展的又一大主要特征。面对错综复杂的全球形势，不仅需要我们在政治、经济和社会生活等方面寻求多极化的发展，也需要我们重构世界生态文明话语的多极化格局。尽管不得不承认，在以国家为活动主体的国际社会中，各种价值观仍旧以服务不同国家的现实利益为主要目标，要构建以人与自然命运共同体为基本理念框架的生态文明国际话语格局依然是一个长期、复杂和曲折的过程。但从全人类长远利益出发，构建一个更高程度、走向共同繁荣的人类命运共同体是历史的必然。在深度互联、瞬息万变的世界中，中国应当主动掌握当前全球生态环境治理格局的新变化。在政治方面，以人类命运共同体理念作为政治话语，并以此构建一个多边行为的力量框架，来协调、平衡各种生态话语、理念、思潮和流派的发展。在经济方面，绿色经济已成为世界各国未来发展的主要方向。我国将绿色发展作为新发展理念之一，这几年的建设已取得长足进展。要重构世界生态文明话语格局，就需要放眼全球，在大力推行绿色发展的同时，还要为发展中国家争取更多的生态话语空间，只有发展中国家与发达国家获得同等空间、共同发展，为人类的共同利益作出贡献，人类社会才有可能实现真正的可持续发展。在文化方面，要遵循多极格局的构建原则，提倡生态文明话语的多元发展，不断创新话语表达，为全球生态环境治理提供更多的中国方案。国际合作方面，在全新的平等互信互利发展中，中国要主动推动世界各国携手合作，加速世界生态文明话语新格局的构建，将可持续发展落到实处。

四 结语

在国际舞台上掌握话语权不仅是“说话”权利的体现，更是话语有效性和影响力的展现，是国家综合国力的重要组成部分。进入21世纪，各领域、各行业的国际话语权争夺愈加激烈，面对各种思潮、文化的碰撞与交融，迫切需要我国不断加强国际传播、提升国际话语权。习近平在中共中央政治局第三十次集体学习时强调，讲好中国故事，传播好中国声音，展示真实、立体、全面的中国，是加强我国国际传播能力建设的重要任务。[①]但长期以来，我国在生态文明建设方面的重点倾向于对其理论与实践本身的成效探讨，在国际传播方面的力度不足。加强中国生态文明建设的对外

---

① 新华网：《习近平在中共中央政治局第三十次集体学习时强调加强和改进国际传播工作展示真实立体全面的中国》，http：//www. xinhuanet. com/politics/2021 -06/01/c_ 1127517461. htm。

传播，提升中国生态文明建设的国际话语权不仅是我国经济社会发展的需要，也是构建世界生态环境治理新格局的必要环节。新形势下，构建高质量的国际生态文明话语体系，加强中国生态文明建设理论与实践的国际传播，提升中国生态文明的国际话语权是向国际社会成功展示中国绿色名片的重要手段。因而，有必要在充分掌握中国生态文明国际话语独特的生成机理和话语体系比较优势的基础上，深入探究其运行逻辑，主动掌握同我国综合国力和国际地位相匹配的生态文明国际话语权，支持世界多极发展，积极构建全新国际生态文明话语格局。

生态文明的中国法治与法典表达

张忠民　李鑫潼*

习近平生态文明思想和习近平法治思想集中体现了中国特色社会主义社会建设过程中的智慧，深刻回答了推进依法治国和生态文明建设中的一系列问题。我国的生态文明思想受西方绿色思潮影响，在继承马克思主义价值观与方法论并结合国情进行适当改造的基础上，形成了生态文明的中国话语体系。习近平总书记强调："只有实行最严格的制度、最严密的法治，才能为生态文明建设提供可靠保障。"在习近平法治思想的指引下，我国的生态文明建设经历了由法制向法治的转变，将生态文明精神融入立法、执法、司法、守法等法治运行全过程。环境法典是承载生态文明法治思想的最佳制度载体，它以可持续发展为逻辑主线、以重构人与自然法律关系为体系化工具、以适度法典化为编纂方式，是习近平生态文明思想的集大成。

一　生态文明的国际视野到国内话语

（一）国际视野：西方绿色思潮下的生态文明综观

近代以来，建立在机械论自然观、牛顿力学和笛卡尔哲学基础上的传统人类中心主义占据人与自然关系理论的主导地位。它片面强调主客二分、极力倡导人类征服自然，忽视自然界内在价值，从而成为生态危机爆发的根源。20 世纪后半叶，人与自然的关系出现总体性危机，现代西方哲学思潮在人们回应这一危机的过程中发展起来。不同的流派对于生态文明建设核心问题的认识存在分歧，梳理西方生态文明观的发展与流变并分析

---

* 张忠民，中南财经政法大学生态文明研究院教授、博士生导师；李鑫潼，中南财经政法大学法学院环境法硕士研究生。

其得失，对我国生态文明建设具有理论和实践价值。

非人类中心主义将自然界看作具有唯一性的实体，组成该实体的每一个部分既相互独立又都属于整体，具有不可替代的伦理价值。人与自然属于共生关系，二者之间并不存在利用与被利用、支配与被支配的工具主义理性。[①] 在这种认知下，非人类中心主义坚持将道德的适用对象推衍至整个自然界，试图通过扩展道德适用的范围来解决生态危机。非人类中心主义主要经历了动物权利/解放论、生命中心论和生态中心论三个阶段。[②] 动物权利/解放论主张人对动物负有道德义务，生命中心论将道德的范围扩展至所有生命，而生态中心论又进一步将直接道德义务的对象扩展至整个生态系统。可以说，非人类中心主义理论的发展过程，也即将直接道德义务的范围从人扩大到动物、植物及整个生态系统的过程。

虽然非人类中心主义提出了人与自然利益结合考虑的生态哲学，但它本身具有无法克服的理论缺陷，这主要表现在：第一，非人类中心主义仅试图在价值观层面解决生态危机，而实际上生态危机根源于人类对于生态资源占有、分配和使用的不平均。[③] 非人类中心主义没有认识到资本主义制度是导致环境问题的根源。第二，非人类中心主义倡导建立“小的就是好的”[④] 社会，反对任何形式的科学技术发展，这种对工具理性的排斥导致人类社会发展的停滞。

弱式人类中心主义的正当性建立在人的理性之上，人的理性给予人一种特权，即他可以将其他一切非理性的存在当作工具来使用。[⑤] 非人类中心主义反对生态中心主义的理论观点，认为在物竞天择的规律下，任何不为实现自己利益的事物都最终走向失败，因此不以人类利益为中心的环保运动也将丧失持续下去的动力。其代表人物诺顿将人的偏好分为感性和理性两种，并认为某些感性偏好需要得到压制。将价值分为需要价值和转化

---

① 参见贾学军《从生态伦理观到生态学马克思主义——论西方生态哲学研究范式的转变》，《理论与现代化》2015 年第 5 期。

② 参见王国聘、李亮《论环境伦理制度化的依据、路径与限度》，《社会科学辑刊》2012 年第 4 期。

③ 参见王雨辰《论西方绿色思潮的生态文明观》，《北京大学学报》（哲学社会科学版）2016 年第 4 期。

④ ［英］戴维·佩珀：《生态社会主义：从深生态学到社会正义》，刘颖译，山东大学出版社 2005 年版，第 48 页。

⑤ 何怀宏：《生态伦理：精神资源与哲学基础》，河北大学出版社 2002 年版，第 344 页。

价值，需要价值指事物能在多大程度上满足人的需要，转化价值指那些有助于理性世界观的形成和感性偏好调整的体验。虽然大自然及其中的生物具有满足价值，但对大自然的体验能够促使人们反思并且拒绝那些过分物质主义和消费主义的感性偏好，这属于自然的转化价值，对于人类而言同样重要。[①] 通过对几种概念的区分和创设，弱式人类中心主义主张综合考虑人的整体利益和长远利益，从而对当下的某些行为进行限制。[②]

有机马克思主义是将怀特海过程哲学和马克思主义相结合而形成的一种生态文明思想。它认同马克思主义对于解决生态危机的积极作用，但同时批判马克思主义所秉持的二元论思想，认为以人类为主体、自然界为客体的世界观最终仍将导致生态危机的爆发。因此，有机马克思主义主张利用怀特海过程哲学对马克思主义进行重建，其三个基本特征是：（1）关联性：万物都是彼此内在关联的；（2）过程性：没有什么事物是永恒不变的；（3）整体性：整体大于部分之和。[③] 有机马克思主义批判现代哲学还原论、机械论的思维方式，试图建立起立足于整体的有机论的思维方式，具有浓厚的后现代主义色彩。[④] 但是，它主张马克思主义与生态文明相背离的观点实际上是对马克思主义的一种误解，同时作为一种正在发展中的生态文明思想，有机马克思主义还面临着探寻生态文明建设途径的难题。

生态学马克思主义发端于对生态中心主义和弱式人类中心主义的批判。生态学马克思主义首先旗帜鲜明地反对生态中心主义理论所主张的自然价值论和自然权利论，认为人类的需要永远居于自然社会的核心位置，除了人类的需要外并不存在所谓自然界的需要。[⑤] 其次，生态学马克思主义注意到生态危机同社会制度的深层联系，从制度矛盾、科学技术与环境保护关系和价值观三个方面展开对资本主义的批判。[⑥] 在制度方面，奥康纳指出资本主义制度除了存在生产力与生产关系这一对矛盾之外，还存在

---

① B. G. Norton, *Why Preserve Natural Variety*, pp. 201 – 211.

② B. G. Norton, *Environmental Ethics and Weak Anthropocentrism. Environmental Ethics*, 1984, p. 6.

③ Philip Clayton, *Justin Heinzekehr*, *Organic Marxism*, Process Century Press, 2014, pp. 197 – 198.

④ 王雨辰：《有机马克思主义的生态文明观评析》，《马克思主义研究》2015 年第 12 期。

⑤ ［英］戴维·佩珀：《生态社会主义：从深生态学到社会正义》，刘颖译，山东大学出版社 2005 年版，第 340 页。

⑥ 王雨辰、王英：《论生态学马克思主义的理论问题及其贡献》，《北京大学学报》（哲学社会科学版）2014 年第 3 期。

着生产力、生产关系与生产条件之间的矛盾，这种资本主义的“第二重矛盾”正是生态危机产生的根源。[①] 在技术层面，生态学马克思主义反对技术悲观论，认为技术本身无罪，但资本主义对技术的不理性运用却与生态文明建设背道而驰。在价值观层面，生态学马克思主义批判消费主义价值观以利润为导向，加剧人与自然的对立。最后，生态学马克思主义为历史唯物主义进行辩护，指出历史唯物主义与生态思维绝不是对立的，并通过对历史唯物主义的重新阐释建立起马克思主义和生态文明之间的关系。[②]

上述四种西方生态主义思潮间的争论可归结为以下两点：其一是现代主义与后现代主义的争论。生态中心主义和有机马克思主义思想同属后现代主义思潮。生态中心主义主张将人类文明与生态文明相对立，企图通过人的自身体验和境界提升构建起自然权利理论，体现浓厚的相对主义和神秘主义色彩。[③] 有机马克思主义对现代性的批判使它具有鲜明的后现代主义特点，它进一步反对规律和决定论以及二元对立观点，属于建设性后现代主义范畴。[④] 弱式人类中心主义和生态马克思主义的理论性质则是现代主义的，它们都将环境问题置于人类利益之上，并且主张经济技术发展和生态环境保护并不矛盾。

其二是自由主义和马克思主义的分歧。生态中心主义和弱式人类中心主义的理论基础是自由主义。其中，生态中心主义忽视了对资本主义制度及其生产关系的考察，单纯从德性增长和个人生活方式变革的角度寻求生态危机的解决之道；弱式人类中心主义则有意维护资本主义制度，试图在资本主义框架内进行可持续发展。[⑤] 有机马克思主义和生态马克思主义则属于马克思主义理论阵营，其最鲜明的特点就是对资本主义制度的全方位拒斥与批判。理论基础的分歧进一步导致价值立场的不同，“自由主义”派本质上仍在维护资本主义统治秩序，而“马克思主义”派则直指资本主义制度本身的弊病，其价值立场是非西方主义的。

---

① ［美］詹姆斯·奥康纳：《自然的理由：生态学马克思主义研究》，唐正东、臧佩洪译，南京大学出版社2003年版，第253—282页。

② 王雨辰：《以历史唯物主义为基础的生态文明理论何以可能？——从生态学马克思主义的视角看》，《哲学研究》2010年第12期。

③ 王雨辰：《论西方绿色思潮的生态文明观》，《北京大学学报》（哲学社会科学版）2016年第4期。

④ 汪信砚：《有机马克思主义与马克思的马克思主义》，《哲学研究》2015年第11期。

⑤ 王雨辰：《当代生态文明理论的三个争论及其价值》，《哲学动态》2012年第8期。

（二）国内话语：我国生态文明对西方思想的扬弃

西方生态思潮对于我国生态文明研究有利有弊。一方面，我国的生态文明体系建设最早开始于对西方生态思潮的学习与借鉴；另一方面，在我国对西方生态文明思潮进行研究的初期，受不同理论流派影响，曾围绕一些问题展开激烈的讨论。比如，本体论方面如何处理人与自然之间的关系；价值观方面究竟选择人类中心主义还是生态中心主义；发展观方面如何处理生态文明与经济科技发展间的关系等。[①] 对理论体系庞杂的西方生态思想不加分析地全盘接受，很容易使我国的生态文明制度建设走入歧途。党的十八大以来，习近平总书记发表生态文明系列重要讲话，习近平生态文明思想初步形成。习近平生态文明思想立足于中国环境现实，着眼于现代科技引领的时代背景，辩证吸收西方生态文明理论精髓，对什么是生态文明，怎么建设生态文明等问题进行了深刻阐述。[②] 主要表现在以下几个方面。

第一，转换生态文明研究范式。西方绿色思潮或抛开社会制度，仅在抽象价值观层面进行空谈；或立足于绿色资本主义这一价值立场，希望在资本主义框架内解决生态危机。中国的生态文明建设则以历史唯物主义的历史分析法为基础，注重从社会制度和生产方式角度探寻生态危机的根源和解决途径。[③] 首先，从生产力方面看，生产力的发展有很多形式。习近平指出，“保护生态环境就是保护生产力，改善生态环境就是发展生产力”[④]，通过生态环境保护也能够提高劳动效率、降低生产成本，从而达到提高生产力的目的。其次，从发展模式看，马克思主义认为一切社会问题的出现都可以在生产力和生产关系的矛盾当中得到解释，因此对生态危机的理解也可以套用这一分析框架。“生态环境问题归根结底是发展方式和生活方式问题，要从根本上解决生态环境问题，必须贯彻创新、协调、绿色、开放、共享的发展理念。”[⑤] 习近平生态文明思想遵循马克思主义思维范式，从生产方式角度思考生态危机的本质，并由此提出了优化国土空间

---

① 王雨辰：《西方生态思潮对我国生态文明理论研究和建设实践的影响》，《福建师范大学学报》（哲学社会科学版）2021 年第 2 期。

② 李雪松、孙博文等：《习近平生态文明建设思想研究》，《湖南社会科学》2016 年第 3 期。

③ 王雨辰：《生态文明思想源流与当代中国生态文明思想》，湖北人民出版社 2019 年版，第 210 页。

④ 习近平：《在海南考察工作结束时的讲话》，《人民日报》2013 年 4 月 11 日。

⑤ 《习近平谈治国理政》第 3 卷，外文出版社 2020 年版，第 361 页。

开发布局、调整经济结构和能源结构、绿色生活方式革命等一系列变革。最后，在科学技术与自然的关系上，马克思主义将科学技术置于一个更广阔的背景下进行研究。一方面，强调“外部自然界的优先地位”，尊重自然规律与自然价值；另一方面，强调人的主体地位与主体作用，并指出科学技术是人类改造自然的中介力量。[①] 马克思主义并不排斥对科学技术的运用，但同时又表现出对人类无序使用科学技术，打乱自然秩序，破坏物质交换的担忧。[②] 由此，习近平生态文明思想主张在处理科学技术发展和自然生态保护的关系方面不应偏废，二者应该相互促进、相辅相成。

第二，丰富生态文明研究内容。在具有现代性的全球生态治理话语体系中，西方生态文明思想占据主导地位。在学习借鉴西方生态治理经验时，本土立场的缺失成为国内生态学界存在的普遍问题。[③] 马克思曾言：“人们自己创造自己的历史，但是他们并不是随心所欲地创造，并不是在他们自己选定的条件下创造，而是在直接碰到的、既定的、从过去承继下来的条件下创造。”[④] 在马克思看来，历史为理解现实问题提供了宏大的背景叙事，同时又为解决现实问题提供思路与启迪。鉴于此，习近平生态文明思想从中国传统思想文化中汲取智慧，并立足于当下中国生态文明建设实践，不断拓展中国传统生态文化的适用情景，更新其生态意蕴。

习近平生态文明思想对中华传统文化进行了创造性转化和创新性发展。在价值观念上，赋予传统自然观以时代内涵。以“天人合一”为例，中国古代生态哲学尤为重视天人关系，《易经》《老子》《庄子》等典籍中都有关于天人合一的表述。传统天人合一观念从个人道德修为层面看待人与自然关系，认为人与自然和谐共生是人追求的一种精神境界。习近平生态文明思想运用马克思辩证唯物主义世界观和方法论重新解释“天人合一”观，认为它一方面包括人类利用自然、改造自然的需求，另一方面体现出敬畏自然、尊重自然的要求，二者的结合体现出人与自然和谐共生的新格局。在方法论上，习近平生态文明思想吸取传统生态治理的有益成

---

① 黄承梁等：《论习近平生态文明思想的马克思主义哲学基础》，《中国人口·资源与环境》2021年第6期。

② 张永红：《马克思自然观的生态意蕴探析》，《马克思主义研究》2013年第4期。

③ 李全喜、李培鑫：《习近平生态文明话语的传统文化基因：理论前提、存在样态与构建经验》，《学习论坛》2022年第1期。

④ 《马克思恩格斯选集》第1卷，人民出版社2012年版，第669页。

分，助推生态文明治理现代化。比如将古代虞衡制度与使用最严格制度最严密法治保护生态联系起来，强调将生态文明观念上升至国家管理制度的重要性。[①] 在语言表述方面，习近平善用古诗文传递生态文明思想。这不仅可以增强对生态文明建设的认同感，而且能够创造出一批具有中国特色、当代价值、世界意义的生态概念。

第三，创新生态文明治理观念。习近平生态文明思想形成了德法兼备的生态治理观，所谓德法兼备，指生态文明治理既依靠生态环境文化与道德从内部修养人的德性，又依靠生态环境相关法律法规从外部约束人的行为。[②] 首先，习近平强调生态价值观对于生态文明建设的引领作用，因为任何经济的发展都会受到文化的影响和制约，文化对社会进步起到基础性作用。习近平的生态价值观一方面继承和发展马克思主义人与自然关系观，另一方面吸收我国传统文化中的生态智慧。它以生态道德为内核，以节约资源、保护环境为核心理念，以在全社会形成爱护环境的道德风尚为终极追求。其次，习近平强调生态保护法律制度对生态文明建设的保障作用。“生态文明建设必须依靠制度，依靠法治”，由此形成的生态文明法治思想是我国生态文明建设过程中的理论创新。

习近平生态文明治理观以“生命共同体”为哲学基础，继承并发展了马克思主义关于人与自然关系的原理。一方面，自然生态属于一个生命共同体，“山水林田湖草沙统筹治理”理论体现出对自然界系统整体的认识方法和协同综合的生态治理观念。[③] 另一方面，“生命共同体”概念扩展了生态文明的治理边界，不再局限于国别或种族的差异，而是通过地球这一唯一的家园将全人类联合起来，强化同舟共济思想，共同承担全球环境治理的责任和义务。

总的来说，我国的生态文明思想既吸收了西方生态思潮之精华，又超越其局限性。习近平生态文明思想以马克思历史唯物主义为理论基础，汲取中国传统文化智慧，在人与自然关系、经济技术发展与生态环境保护的关系等方面具有创新性的认识。其德法兼备的生态治理观强调内部德行修

---

① 王艺霖：《习近平生态文明思想对中华优秀传统文化的创造性转化和创新性发展》，《环境与可持续发展》2021 年第 6 期。

② 王雨辰：《论德法兼备的社会主义生态治理观》，《北京大学学报》（哲学社会科学版）2018 年第 4 期。

③ 巩固：《山水林田湖草沙统筹治理的法制需求与法典表达》，《东方法学》2022 年第 1 期。

养和外部硬制度约束的双重作用，并以"生命共同体"为核心观点发展出系统治理观和全球治理观。可以说，习近平生态文明思想实现了生态文明从国际视野向国内话语的转化，构建起了立足当代中国、面向世界的生态文明哲学社会科学话语体系。

二　生态文明的法制体系到法治系统

（一）法制体系到法治系统的转型

"法制"概念一指法律制度，二指法律体制和体系。[①] 而法治则是一个更为复杂的系统性概念，其至少包括以下三层含义：第一，法律至上的价值观念。法治理念认为法律应该居于统治体系中的最高位阶，甚至执政者和国家最高权力也要受到法律的约束和统治。其核心在于"法律的统治"，其中又以约束国家权力为重点。第二，法律本身的价值。失德之法不是法治之法，纵观法治发展历程，不管是亚里士多德口中的"良法"，还是普通法系中的权利之法，抑或大陆法系法治概念中的正义之法，都在强调法治是良法之治，只有符合法律德性要求的法才是合格的主治者。第三，实现法律权威程序化的机制。正如哈耶克为防止法治陷入空谈而指出的那样，"要使法治生效，应当有一个常常毫无例外地适用的规则，这一点比这个规则的内容更为重要"[②]。综上所述，法治概念以法律至上为宗旨，包含以良法之治为内容的实质法治和以规则之治为表征的形式法治。[③]

"法制"与"法治"，虽仅一字之差，但含义却相去万里。从价值来看，法制是一个中性概念，既有民主的法制也有专制的法制，既有保障自由的法制也有侵犯自由的法制，具有工具性特点。而法治则带有鲜明的价值判断，它包含了人人平等的价值判断，与民主、人权保障等密不可分。[④]从内涵来说，法治的内涵更加丰富。它不仅包括了完备的法律体系，还要求树立法律权威、保障法律实施、用法律约束权力和治理社会。从外延来讲，法制是静态的，相当于各种法律规范的机械加总；而法治是动态的，

---

① 张文显：《习近平法治思想的理论体系》，《法制与社会发展》2021 年第 1 期。

② ［英］哈耶克：《通往奴役之路》，王明毅、冯兴元等译，中国社会科学出版社 1997 年版，第 80 页。

③ 王人博、程燎原：《法治论》，山东人民出版社 1989 年版，第 94 页。

④ 李桂林：《从法制体系到法治体系：以宪法法律权威为中心的体系转型》，《人大法律评论》2015 年卷第 1 辑。

它包含静态法律规范在社会生活中运行的全部环节。

从2014年党的十八届四中全会提出“从法律体系到法治体系”的目标，到2020年中央全面依法治国工作会议上党中央首次明确提出“习近平法治思想”，中国特色社会主义法治体系正稳步建立。从法制到法治的转型主要有以下三个方面的意义：其一，转型加强了对人权的保障力度。法制体系以秩序为核心价值，一方面，维护秩序是保持国家长治久安的前提，也在间接上起到了保障公民权利的效果；但另一方面，单纯强调对法制秩序的维护却很容易以对公民权利和自由的扼杀为代价。此时的法制与人治相连、与专制为伍，由此构建起的法制秩序是社会动乱之源，终将难以维持。而尊重和保障人权是现代法治的根本价值目的和终极追求，[①] 正是在此基础上构建起了法治体系的庞大图景。法治不仅保障公民在社会交往中的权利不受他人侵害，也通过限制权力保障公民在官民交往中的正当权利。此外，法治同样重视法的秩序价值，强调普遍守法，认为任何人的权利不能凌驾于法律体系之上。也就是说，法治保障法律之下的权利与自由，这是法治的正当性基础，也是法治相较于法制的一大进步。[②] 其二，转型助推了国家治理体系和治理能力现代化。法治思维和法治方式在国家治理体系和治理能力现代化中具有非常重要的作用。[③] 法治优于人治，“凡是不凭感情因素治事的统治者总比感情用事的人们较为优良，法律恰正是全没有感情的”[④]，法治对现代国家治理的作用可总结为指引、规范、激励、制约四个方面[⑤]。应该说，法治不仅是现代国家治理的手段，更是现代国家治理所追求的目标，从法制到法治的转型开启了国家治理体系和治理能力现代化的道路，也必将助推未来中国在改革道路上行稳致远。其三，转型整合了法治诸要素，使其成为完整的法治体系。法律体系是一国全部现行法律规范分类组合为不同法律部门而形成的有机整体，它侧重对静态法律制度的集成与汇总。[⑥] 法治体系在法律体系的基础上生成，它以

---

① 江必新：《习近平法治思想对法治基本价值理念的传承与发展》，《政法论坛》2022年第1期。

② 李桂林：《从法制体系到法治体系：以宪法法律权威为中心的体系转型》，《人大法律评论》2015年卷第1期。

③ 莫纪宏：《国家治理体系和治理能力现代化与法治化》，《法学杂志》2014年第4期。

④ ［古希腊］亚里士多德：《政治学》，吴寿彭译，商务印书馆1965年版，第163页。

⑤ 姜明安：《改革、法治与国家治理现代化》，《中共中央党校学报》2014年第4期。

⑥ 《中国大百科全书·法学卷》，中国大百科全书出版社1984年版，第84页。

法律体系作为自身存在的正当性前提，但同时又极大地丰富了原有内容。习近平在《关于〈全面推进依法治国的决定〉的说明》中指出，法治体系共包括“完备的法律规范体系、高效的法治实施体系、严密的法治监督体系、有力的法治保障体系、完善的党内法规体系”五部分内容，其中既涉及静态的法规范体系，也涉及动态的法运行体系；既包含对以国家强制力量为后盾的“硬法”进行规范体系化的要求，也体现了将以党内法规为代表的“软法”纳入中国特色社会主义法治体系的期待。[①] 法治体系不仅关注法制的内部构造和体系安排，更关注法律规范在实际生活中的运用情况和实现程度。相较于法制体系而言，法治体系对于中国法治建设具有更强的适用性和解释力。

（二）生态文明与法治文明的融合

生态文明法治理论是生态文明思想和法治思想的有机融合，是回应生态文明转型诉求的法治形态，生态文明建设必须以法治为基本遵循，法治必须对生态文明的重要理念予以回应。[②] 习近平生态文明思想和法治思想同属新时代中国特色社会主义理论体系的新发展，二者在价值观和方法论方面互为借鉴、相互契合。

价值观层面。其一，生态文明思想和法治思想均奉行以人民为中心的价值观。习近平法治思想以保障和维护人民利益为核心，而生态文明思想同样坚持以人民为中心的价值观，并进一步丰富其内涵。我国的生态文明建设以促进人的全面发展为价值目标，以“生命共同体”为基础概念，主张在“生命共同体”视域下阐释生态环境法律制度。[③]“人与自然是生命共同体”矫正了近代西方的机械自然观和强式人类中心主义下人与自然相对立的认知，强调人的发展与自然的发展休戚与共，人与自然关系应从单方面索取向谋求共存的可持续发展模式转变。“生命共同体理论”深化了“人的全面发展”的内涵，拓宽了其实现路径，揭示出对美好生态环境的需要是人类在新时代全面发展的必然。习近平进一步指出要通过最严格制度最严密法治保护生态环境，这是生态文明思想和法治思想以“生命共同

① 莫纪宏：《从法律体系到法治体系》，《河南工业大学学报》（社会科学版）2015 年第 2 期。

② 于文轩：《习近平生态文明法治理论指引下的生态法治原则》，《中国政法大学学报》2021 年第 4 期。

③ 刘超：《习近平法治思想的生态文明法治理论之法理创新》，《法学论坛》2021 年第 2 期。

体”为纽带的重要连接。其二，生态文明思想丰富了习近平法治思想的价值追求。传统观点认为法的基本价值包括秩序、效益、平等、自由、人权、正义等，[①] 而生态文明思想又在此基础上引入新型价值观。以生态安全价值为例，长久以来人们对于“安全”是否应该作为法的基本价值争议颇多，它通常被秩序、正义等价值所吸收从而处于“隐身”状态。[②] 习近平生态文明法治理论以维护生态安全作为其价值目标，是对传统法律价值体系的重大更新。由此可见，生态文明思想和法治思想不仅具有同样的价值观追求，生态文明的加入也进一步丰富了法治思想的价值观，使其与时俱进，更加适应当下的时代特性。

方法论层面。生态文明思想和法治思想具有相同法理渊源，二者分别在法治和生态领域对马克思历史唯物主义和辩证唯物主义哲学方法论进行了再阐释。[③] 习近平法治思想强调全面依法治国是一个系统工程，对此可做三个方面的解释：第一，将“依法治国”放在“五位一体”总体布局和“四个全面”战略布局中看待，强调全面依法治国和其他三个“全面”的关系，努力做到四个全面相辅相成、相互促进、相得益彰。[④] 第二，在内容上，全面依法治国和依法执政、依法行政构成一个有机整体，法治也离不开国家、政府和社会的共同努力。第三，在法治的具体手段上，重视制度的系统化集成，法治的五个子体系贯穿立法执法司法守法各方面，法治建设注重各个体系间的联通和配合。[⑤] 生态文明思想同样坚持系统观念，在客体上注意到自然界各要素之间相互联系的特性，提出“山水林田湖草沙”综合治理的思路；在主体上认识到现代环境问题的特殊性对传统的单纯由行政机关主导的治理模式提出挑战，更加强调环境多元共治的重要性；在手段上要求发挥多种治理手段的协同作用，指出“环境治理是系统工程，需要综合运用行政、市场、法治、科技等多种手段”。[⑥] 系统性和整体性方法论为生态文明思想和法治思想所共同遵循，它们各有侧重又相互

---

① 张文显：《法哲学范畴研究》（修订版），中国政法大学出版社 2001 年版，第 195 页。

② 刘超：《习近平法治思想的生态文明法治理论之法理创新》，《法学论坛》2021 年第 2 期。

③ 张忠民、冀鹏飞：《习近平法治思想和生态文明思想的自足与互助：以环境法典为中心》，《重庆大学学报》（社会科学版）2021 年第 5 期。

④ 楚向红：《党的十八大以来依法治国的新进展、新特点、新成就》，《学习论坛》2017 年第 11 期。

⑤ 蔡守秋：《论环境资源法治体系的完善》，《荆楚法学》2021 年第 1 期。

⑥ 习近平：《推动我国生态文明建设迈上新台阶》，《奋斗》2019 年第 3 期。

呼应，体现出二者在方法论层面的契合。

（三）生态文明法治理论的实践路径

从法制到法治的转型是新时代中国特色社会主义建设的必然和必要，而生态文明思想和法治思想又在价值观和方法论层面相互契合。生态文明法治理论以“生命共同体”为核心概念，创新生态文明法治价值论；以系统观、整体观为方法论，着力打造人与自然和谐共生的美丽中国。生态文明法治是生态文明的新发展，法治文明的新类型，也是我国社会主义法治的一大亮点。[①] 其实践路径应依法治构成要素展开，分为生态文明法治立法、实施和监督三部分。

首先，良法是善治之前提，生态文明法治建设的开展倚仗完备的立法体系。自生态文明理论提出以来，我国生态文明法制建设取得了突破性进展，主要表现在四个方面：（1）按照生态文明思想精神制定和修改了一批环境单行法，如《土壤污染防治法》《森林法》等；（2）传统部门法生态化工作持续开展，典型如生态文明思想入宪，《民法典》就绿色原则、生态环境损害赔偿等问题做出专门规定；（3）构建起党内生态文明法规体系，生态文明建设目标评价考核、领导干部离任环境审计、中央环保督察等制度被写入党内法规；（4）在生态文明重点领域开展有益探索，如部分地方性立法涉及环境权、国家公园、生物多样性保护等重点热点问题。[②]

其次，法律的生命在于实施，生态文明法治实施体系包括执法、司法、守法三个环节。在执法环节，要不断提升生态环境执法能力和水平。为此，一是要继续推进环境保护垂直管理体制改革。二是要构建多元化的执法监督机制：一方面要构建协调有序的内部执法监督机制，另一方面应当加强社会公众的监督。三是要创新生态环境监管执法手段。当前，我国的环保执法面临着执法手段单一，强制性执法手段过多的弊端，这不利于解决利益纠葛中的环境问题。为此，应创新环保执法形式，丰富执法手段，引入柔性治理等模式，满足环境治理的高需求。[③] 在司法环节，要完

① 徐忠麟：《生态文明与法治文明的融合：前提、基础和范式》，《法学评论》2013 年第 6 期。

② 杨朝霞等：《我国生态文明法制建设的回顾和展望：从“十三五”到“十四五”》，《环境保护》2021 年第 8 期。

③ 汪劲：《中国环境执法的制约性因素及对策》，《世界环境》2010 年第 2 期。

善生态环境保护司法体系，以公正司法维护生态环境公平正义。[①] 逐步实现环境司法专门化与专业化：在司法组织方面，从2007年贵阳市清镇环保法庭成立，到2014年最高人民法院成立环境资源审判庭，再到2019年最高人民检察院成立专门办理环境资源案件的第八检察厅，生态环境保护司法专门化组织逐渐健全。在司法程序方面，最高人民法院积极探索“二审合一”“三审合一”等审判模式，完善环境司法程序。在司法规则方面，出台环境保护禁止令、环境侵权惩罚性赔偿、环境公益诉讼专项资金等多项环境司法专门性制度，不断提升环境司法的专门化与专业化水平。在守法环节，要增强社会公众的生态环境守法意识，形成守法普遍化的新格局。对于普遍守法而言，既要保证守法主体的多样性，又要实现守法客体的体系性构建。环保守法主体主要包括政府、企业和社会公众。要将法治思维和生态思维进行融合，用“生态人”的思想改造守法主体。守法客体是守法主体遵守的对象，也即法本身，良好的法律体系能够为守法主体提供规范指引和制度约束，对生态环境法律体系的整合是普遍守法的前提和应有之义。

最后，法治体系的良好有效运行离不开监督，生态文明法治监督也是生态文明法治实践中必不可少的一部分。以主体为标准进行划分，生态文明法治监督体系分为党内监督、人大监督和社会监督三部分，它们各有侧重又相互配合，共同构建起规范高效的制约监督体系。党内监督是中国共产党之所以成为民主政党的标志之一，[②] 党领导生态文明建设，必然要以党内监督引领生态文明法治监督体系。人大监督由我国宪法和法律体系所确立，环境治理领域的人大监督主要通过法律监督、行政监督、司法监督等方式展开。其中，法律监督主要保证环境治理相关规范性文件与宪法、法律、法规等上位法保持一致；行政监督旨在确保环境行政权力规范化行使；司法监督则敦促司法机关依照法律规定正确地适用环境保护法律法规，从而构筑起环保领域公平正义的最后一道防线。[③] 社会监督在生态文明法治监督体系中起补充性作用，通过发动政协、社会组织等社会面力量，不仅能够保障公民的知情权、表达权、参与权和监督权，也能够起到

---

① 吕忠梅：《习近平生态环境法治理论的实践内涵》，《中国政法大学学报》2021年第6期。

② 许耀桐：《党内监督论》，《中共天津市委党校学报》2016年第3期。

③ 章楚加：《环境治理中的人大监督：规范构造、实践现状及完善方向》，《环境保护》2020年Z2期。

查漏补缺的作用，消除监督盲区。

三 生态文明法治理论的法典化表达

（一）环境法典编纂与生态文明法治理论的关系

编纂环境法典是对生态文明法治理论的重要回应。从形式上来看，环境法典运用法治思维和法治方式落实生态文明，运用体系性、整体性的方法构建生态文明法律制度，这与生态文明法治理论的要求相一致；从实质上来说，环境法典编纂以人民为中心，着力回答如何满足人民群众对美好生活的向往这个新时代终极追求之问，这与生态文明法治理论的追求相契合。生态文明法治理论为环境法典编纂提供价值观和方法论上的指引，环境法典又是生态文明法治理论在实践中的具象和承载，二者的关系具体表现在以下四个方面。

其一，编纂环境法典是生态文明建设的迫切要求。[①] 党的十八大以来，生态环境体制改革步伐明显加快，因此更加需要构建新的生态环境保护法律体系。当前，我国的环境法律制度没有达到生态文明建设的要求。首先，我国现行环境立法将环境保护与资源分立，这导致二者之间的不衔接与不协调。其次，我国的环境法律体系呈现出法律、行政法规、部门规章和地方性立法相结合的模式，这不仅导致了环境治理的部门分割和条块分割，也使得现行环境法制无法应对具有高度综合性和整体性的环境问题。最后，我国的环境单行法在不断的修改过程中出现了“逸出”基本法的现象，严重破坏了环境法律体系。[②] 在这种情况下，更加迫切需要制定一部统一的环境法典，以实现环境法制的体系化。

其二，环境法典是承载生态文明思想丰富内涵的最佳形式。当前，我国环境法领域存在环境立法混乱、体系性不强等弊端，这既与生态文明思想所要求的“山水林田湖草沙”系统化治理相违背，也不符合习近平法治思想构建完备的法律规范体系的要求。而环境法典遵从体系化安排，能够在最大程度上实现生态法治建设对于环境保护法律体系的形式合理性要求。此外，生态文明思想要想应用于实践，需要切实的制度载体，而环境法典不仅可以承载“生命共同体”理念的价值追求，也可以运用体系化编

---

① 吕忠梅：《为中华民族永续发展编纂环境法典》，《人民论坛》2021 年第 24 期。

② 吕忠梅、窦海阳：《民法典“绿色化”与环境法典的调适》，《中外法学》2018 年第 4 期。

排方法统合各项环境法律规范，是契合生态文明思想的最佳法律表达。[①]

其三，生态文明理论为编纂环境法典提供坚实基础。首先，生态文明理论为环境法典编纂确立了基本立场。习近平总书记强调，人类关心自然、保护自然的根本目的是满足人民的需要，保护生态环境必须依靠人民，良好生态环境必须由人民共享。这就要求法典编纂必须以人民的利益为旨归，必须惠及人民。其次，生态文明理论为环境法典编纂提供价值论与方法论指引。从价值论角度观之，生态文明理论所强调的“生命共同体”所秉持的是一种理性的人类中心主义价值观，它既反对纯粹的人类中心主义将自然简单视为人类生存和发展的工具，也反对极端的生态中心主义一味强调生态环境保护，忽视人类的发展利益，[②] 这为环境法典的编纂提供了价值论上的指引。从方法论角度观之，生态文明理论强调“绿水青山不仅是金山银山，也是人民群众健康的重要保障”，环境法典编纂采用整体性、系统性、协同性方法，统筹山水林田湖草沙综合治理。

其四，生态文明理论为环境法典编纂提供全球视野。生态文明理论对内指导我国生态文明建设取得重大成就，对外为应对全球生态危机提供了中国智慧。生态文明理论通过加强生态文明建设顶层设计、构建生态文明建设国际合作新格局、建设全球生态环境新秩序等，为全球生态文明建设的路径选择提供了重要借鉴。[③] 在此基础上，环境法典必须以国际视角重新审视中国环境法问题，并采用国际通行环境法律语言进行编纂。

（二）环境法典对生态文明法治理论的回应方式

1. 逻辑主线：可持续发展

首先，通过对生态文明思想和理论溯源和西方生态思潮的回顾可知，生态文明思想和可持续发展观在一定程度上具有同源性。其一，生态文明和可持续发展的提出背景相同，都建立在对工业革命以来生态环境遭受破坏从而导致生态危机的反思之上。其二，生态文明与可持续发展的目标理念相同，二者都试图调和人与自然关系，追求人与自然的和谐共生与人类社会的高质量永续发展。其三，生态文明与可持续发展在实践中相互促

---

① 张忠民、冀鹏飞：《习近平法治思想和生态文明思想的自足与互助：以环境法典为中心》，《重庆大学学报》（社会科学版）2021 年第 5 期。

② 王雨辰：《论生态文明的本质与价值归宿》，《东岳论丛》2020 年第 8 期。

③ 田启波：《习近平生态文明思想的世界意义》，《北京大学学报》（哲学社会科学版）2021 年第 3 期。

进，生态文明建设有利于可持续发展目标的实现，践行可持续发展观所倡导的发展方式和消费模式也将会带来生态文明。[①] 我国的生态文明建设更加关注现实性问题和实践效果，因此环境法典编纂应该秉持求同存异原则，谋求生态文明和可持续发展的最大公约数。

其次，以可持续发展为逻辑主线能够提升环境法典的全球视野和国际站位。环境保护是我国与国际接轨的重要领域和前沿阵地，我国的环境保护理念应与国际同步，并逐步成为全球生态文明建设的倡导者和推动者。当前，可持续发展观已经成为国际环境保护领域的通用语言和最大共识，在我国系列政策文件中，当生态文明和环境保护概念同时出现时二者的定位是："生态文明建设作为治国理政方略，可持续发展作为价值目标。"[②] 生态文明建设内含打造人类命运共同体的理论蕴意和实践抱负，而可持续发展理念既能体现人与自然和谐共生的生态文明理念，又能展示"共谋全球生态文明建设"的博大胸怀，无疑是当前编纂环境法典最为合适的逻辑主线。

2. 体系工具：重构法律关系

法理学认为，法律关系是法学的"逻辑中项"。[③] 环境法典中的法律关系是指基于"生态环境"而产生的各种社会关系为法律规范所调整后形成的以权利义务为内容的法律关系。一方面，以环境法律关系作连接有助于促进环境法典体系融贯。环境法律关系对内可以协调法典内部公私法法律关系，对外可以作为与民法典、行政法典等沟通的核心话语体系。另一方面，环境法律关系的多元性与现代环境治理体系的发展方向相契合，对促进"形成导向清晰、决策科学、执行有力、激励有效、多元参与、良性互动的环境治理体系"具有重要作用。

环境法典对于法律关系的重构基于对传统主客二分理论的反思之上。尽管环境法典编纂并不否认"以人为本""人是最终目的"这一命题，但同样也认识到对美好生活环境的需求是人类发展的内在需要，生态环境保护与人类发展并非截然对立而是相辅相成的关系。因此，应该对传统的主客二分理论进行改造，居于主体地位的人类应弱化其主体性，承担更多对

① 谢永明、余立风：《生态文明与可持续发展关系探讨》，《环境与可持续发展》2012 年第 4 期。

② 吕忠梅：《发现环境法典的逻辑主线：可持续发展》，《法律科学》2022 年第 1 期。

③ 雷磊：《法的一般理论及其在中国的发展》，《中国法学》2020 年第 1 期。

自然的义务和责任；而居于客体地位的自然也享有环境伦理意义上的自然权利，以此对应人类承担的相应义务。需要注意的是，重构后的“人—自然—人”法律关系最终仍然落脚在对人类权利的保障和人类发展的维护之上，它反映了新时代对人类主体性的重新定位，对人与自然关系的重新认识。①

3. 编纂模式：适度法典化

适度法典化指对当前的环境法律体系进行一定程度的编纂。它有三个方面的含义：一是法典编纂应选择最能够体现环境法本质的内容以及对实现国家任务最根本的部分进行整合。二是适度法典化降低法典编纂的严格形式要求，以缓解环境法领域理论和实践间的矛盾关系。三是适度法典化下的环境法典是一部保持开放性的法典，在未来，可以根据环境法理论的发展和实践需求的变化对环境法典的内容进行补充和修改。

放眼全球，各国的环境法立法体系基本可以分为“基本法 + 单行法”与环境法典两类。我国环境法典编纂选择适度法典化模式主要出于以下考虑：第一，由于各个历史阶段我国生态环境保护政策不同，导致现行的环境法律体系既缺乏体系化整理又难以与生态文明建设要求相适应。因此，需要通过法典化工作对生态环境法律体系进行梳理，解决各环境单行法之间相互矛盾的难题，并将生态环境立法上升至生态文明高度。第二，法典化需遵循“适度”原则。这是因为环境法律体系处于日新月异的发展阶段，环境法典必须保持一定程度上的开放性。此外，也存在很多环境法典不能取代原环境单行法作用的领域以及虽然与环境法相关但属于其他领域的立法无法被环境法典所囊括，因此适度法典化是当前环境法典编纂的合理选择。②

环境法典编纂采取“总—分”模式，按照“风险预防—过程控制—损害救济”的规制逻辑展开。③ 总则编是各分编的纽带，同时整合不适宜放入各分编的跨要素规范和综合性规范，④ 主要包括环境法典的价值体系、调整范围、基本原则、管理体制和治理体系、基本制度等。

三个分编分别对应可持续发展观中的可持续经济、可持续环境、可持

---

① 吕忠梅：《做好中国环境法典编纂的时代答卷》，《法学论坛》2022 年第 2 期。

② 吕忠梅：《中国环境立法法典化模式选择及其展开》，《东方法学》2021 年第 6 期。

③ 吕忠梅、窦海阳：《民法典“绿色化”与环境法典的调适》，《中外法学》2018 年第 4 期。

④ 竺效：《环境法典编纂结构模式之比较研究》，《当代法学》2021 年第 6 期。

续社会“三大支柱”，按照“保障人群健康”“维持生态平衡”“实现绿色低碳发展”的顺序展开。[①] 其中，污染控制编重点在于把握环境法典“编”与“纂”的关系，在对现行污染控制单行立法进行梳理和整合的基础上探究制度创新的特殊需求。[②] 自然生态保护编主要贯彻落实环境与资源辩证统一的整体自然观和“山水林田湖草沙”协同治理的综合治理观。[③] 绿色低碳发展编将可持续发展落实在经济可持续之上，不同于前两个分编侧重于对生态环境损害的预防和填平，绿色低碳发展编以对经济正向效益的增进为目标，其内容不仅涵盖社会生产的全流程，且对社会主体环保义务、碳达峰碳中和等热点问题一并进行回应。[④] 三个分编的内容体现了环境法典编纂中的守成与创新，回应了可持续发展这一逻辑主线，兼顾了生态环境保护从防控到治理的全流程。

生态环境责任编起保障作用。环境治理贯穿于环境法典始终，其中，具有威慑力及可执行性的生态环境责任必不可少。当前，我国环境法体系呈现出以救济环境私益为主的环境侵权责任，以救济环境公益为主的生态环境损害赔偿责任，以及公法层面的环境行政责任与环境刑事责任的混合。生态环境责任编实现环境民事责任与行政责任的统合，力图创造环境法特有的综合性的责任体系。此外，生态环境责任编还整合了责任追究机制及环境领域新型诉讼模式，在环境法典中实现实体性规范和程序性规范的统一。

结　语

习近平生态文明法治理论是习近平生态文明思想和习近平法治思想的有机融合。习近平生态文明思想经历了从国际视野到国内话语、从法制体系到法治系统的转型，逐渐形成了“以公正为导向的生态法治伦理观、以良法为目标的生态法制创设观、以双严为标准的生态法治实施观、以法治社会为中心的生态守法观和以美丽世界为愿景的全球共赢观”[⑤] 组成的综

① 吕忠梅：《中国环境立法法典化模式选择及其展开》，《东方法学》2021 年第 6 期。

② 刘超：《环境法典污染控制编空间法律制度的构建》，《法学论坛》2022 年第 2 期。

③ 巩固：《环境法典自然生态保护编构想》，《法律科学》2022 年第 1 期。

④ 张忠民：《环境法典绿色低碳发展编的编纂逻辑与规范表达》，《政法论坛》2022 年第 2 期。

⑤ 郭永园：《理论创新与制度践行：习近平生态法治观论纲》，《探索》2019 年第 4 期。

合理论体系。环境法典是习近平生态文明法治理论的集中体现，它对内整合生态环境法律体系，在保持一定开放性的同时使各项生态环境法律制度在法典框架内有序运行；对外承载生态文明思想的价值追求，集中展现我国生态文明法治建设成果，是生态文明发展到新高度和新阶段的标志。

经济社会发展全面绿色转型的经济学研究

高红贵　阿如娜*

党的十九届五中全会指出要“促进经济社会发展全面绿色转型”，这是十四五时期实现经济高质量发展的必然要求。实质就是要将生态文明的重要任务和各项指标融入我国的经济社会发展中，旨在彻底改变我国经济社会发展中存在着的非绿色问题。以绿色发展实现人与自然和谐共生，促进我国经济社会发展全面绿色转型。

一　经济社会发展全面绿色转型的理论逻辑

“经济社会发展全面绿色转型”是党的十九届五中全会精神和《中共中央关于制定国民经济和社会发展第十四个五年规划和二〇三五年远景目标的建议》（以下简称《建议》）的重大决策部署之一。“全面绿色转型”是一个伟大的系统工程，涉及经济社会的结构形态、运转模式和人们的思想观念。也就是说，经济社会的体制机制、发展模式、发展战略都要进行调整和创新，使之更加符合新时代新阶段的要求。

由于经济社会全面绿色转型是综合性和系统性问题，就必须从多视角去考察、思考、探寻和解决问题。既有的相关文献对经济社会全面绿色转型有不同的解读和认识理解。一是从政治经济视野来分析。“全面绿色转型”体现了多维度政治与政策综合考量和统筹兼顾能力的全面转型，是党和政府领导下的有计划、有秩序的自我转型。① 这种转型是在坚持用生活方式绿色化倒逼形成绿色化生产方式的基础上，关键是要从促进生产的绿

* 高红贵，中南财经政法大学经济学院教授、博士生导师；阿如娜，中南财经政法大学经济学院博士研究生。

① 郇庆治：《促进经济社会发展全面绿色转型》，《安徽日报》2020 年 12 月 15 日。

色转型抓起，坚持用生产的绿色转型来引领和支撑经济社会发展的全面绿色转型。[①] 二是以绿色发展理念为引领。理解“绿水青山就是金山银山”理念的实践要求，协同推动高水平保护和高质量发展，促进经济社会发展全面绿色转型。[②] “要以高水平保护促进经济社会全面绿色转型”，为此，必须打好污染防治攻坚战、深化示范创建探索“两山”转化新路径。[③] 实现全面绿色转型的重要意义在于三个“走向”，即绿色发展从“异质性”走向“同质性”、从“外生性”走向“内生性”、从“静态均衡”走向“动态均衡”。[④] 全面绿色转型的重点方向就是要发展绿色产业、推进能源清洁低碳发展、构建绿色清洁运输体系、推动绿色消费，并以经济高质量发展引领经济社会发展全面绿色转型。[⑤] 有学者提出要实现经济社会发展全面绿色转型，必须推动生产方式绿色转型和生活方式绿色革命协同发力[⑥]，必须推动绿色低碳发展[⑦]，必须抓好减污降碳[⑧]，必须完善生态文明领域统筹协调机制[⑨]。

经济社会发展全面绿色转型，就是在全社会推动绿色发展，把绿色发展理念融贯到经济、政治、文化、社会各方面和全过程。从经济学学理层面来理解，绿色发展的理论本质是“生态经济社会有机整体全面和谐协调可持续发展”。很显然，绿色发展的本质是从人的利益角度来考虑资源配置及其效果的，既要考虑社会资源及其利用过程中外部性的影响，也要考虑对全社会的影响以及对子孙后代的影响。绿色发展的实践主旨是实现“生态经济社会有机整体全面和谐协调可持续发展”。如何实现经济社会可持续发展呢？从实践层面来看，在经济领域必须坚持高水平环境保护和高质量经济发展，必须坚持生态优先、绿色发展。全面绿色转型发展是中国

---

① 张云飞：《促进经济社会发展全面绿色转型》，《中国环境报》2020 年 12 月 8 日。

② 黄润秋：《坚持“绿水青山就是金山银山”理念，促进经济社会发展全面绿色转型》，《学习时报》2021 年 1 月 15 日。

③ 庄国泰：《以高水平保护促进经济社会发展全面绿色转型》，人民网。

④ 李志青：《坚持绿色发展理念 实现全面绿色转型》，《中国生态文明》2020 年第 6 期。

⑤ 王倩、储成君：《全面绿色转型，实现人与自然和谐共生的现代化》，《光明日报》2020 年 11 月 7 日。

⑥ 叶冬娜：《促进经济社会发展全面绿色转型》，《经济日报》2020 年 12 月 1 日。

⑦ 石敏俊：《推动经济社会发展全面绿色低碳转型》，中国网 2020 年 11 月 27 日。

⑧ 马新萍：《抓好减污降碳 促进经济社会发展全面绿色转型》，《中国环境报》2021 年 1 月 6 日。

⑨ 高世楫：《完善生态文明领域统筹协调机制》，《人民日报》2021 年 1 月 11 日。

绿色发展的创新体现，其落脚点仍然在于满足全体人民日益增长的美好生活需要，美好生活需要人们努力创造。我国当前的社会主要矛盾是“人民日益增长的美好生活需要和不平衡不充分的发展之间的矛盾”，解决这个社会主要矛盾是新时代建设美丽中国实现美丽中国梦的内在要求。坚持绿色发展理念，促进经济社会发展全面绿色转型，就是对这种社会主要矛盾转化的最直接体现和回应。

经济社会全面绿色转型发展是科学发展、高质量发展。其经济学理论逻辑体现在：（1）“全面绿色转型”强调转型的范围是“全面”。不是对局部问题和某个问题的修修补补，而是对经济系统全方位的绿色化改造，真正把生态文明建设融入经济、政治、文化建设全过程。加快形成绿色发展方式和绿色生活方式，通过工业化、城镇化、信息化、农业现代化、消费现代化和绿色化的“五化同步”，让产业变“绿”，让“绿”变产业，是“全面绿色转型”的关键。（2）“全面绿色转型”核心强调“绿色”。绿色是经济社会发展的底色。绿色不仅仅是推进“环保”和“节能”，也是稳增长、调结构的重要手段；绿色不仅是发展的基础和约束，也是发展的目标和归宿。绿色发展的根本指向是实现经济、社会、环境的共生发展。绿色发展强调通过绿色循环低碳的经济发展模式，实现高质量发展。因此，要牢固树立和践行“绿水青山就是金山银山”理念，大力推进经济、能源、产业结构转型升级，推动经济社会发展建立在资源高效利用和绿色低碳发展的基础之上。（3）“全面绿色转型”目的在于发展转型。在生态文明新时代里，发展起点、目标和要求都发生了质的变化和提升，必然要求发展理念、发展方式、发展模式等发生相应转变。“全面绿色转型”就是贯彻新发展理念，摒弃损害甚至破坏生态环境的发展模式，摒弃以牺牲环境换取一时发展的短视做法，探索走出一条生态优先、绿色发展的生态文明道路，推动实现人与自然和谐共生的高质量发展。（4）“全面绿色转型”的动力在于改革创新。“全面绿色转型”是一场广泛而深刻的系统性变革，是关系我国发展全局的一场深刻变革。坚持创新发展、协调发展、绿色发展、开放发展、共享发展，要统一贯彻五大发展理念，不能顾此失彼，也不能相互替代。深化改革为全面绿色发展提供体制机制保障。党的十八届三中全会明确了改革目标和方向，但基础性制度建设比较薄弱，2016 年，习近平总书记强调“尽快把生态文明制度的‘四梁八柱’建立起来”，现在要解决的是经济社会发展全面绿色转型过程中面临的

“卡脖子”问题，解决发展动力问题。

由此，我们可以说，绿色发展是永恒的经济社会发展，这是生态文明新时代绿色发展的客观规律。理论和实践逻辑表明，我们要坚持科学发展、绿色发展，促进绿色转型和绿色经济繁荣，推动经济社会有机整体全面和谐协调可持续发展。

二 生态文明绿色发展的伟大实践创造和全面绿色转型的现实挑战

（一）绿色发展创造性贡献为全面绿色转型提供了条件

1. 中国生态文明的绿色发展取得了伟大成就，这就为全面绿色转型提供了有利条件

党的十八大以来，在习近平生态文明思想引领下，中国走出了一条适合自身国情的独特的生态文明建设道路。在生态建设领域开辟了新的道路，成为当今绿色能源革命的领导者之一。（1）中国绿色发展已经走在了世界前列。一是中国有效保护修复湿地、森林、河流等生态系统中的生物多样性，着力补齐生态短板。修复陆生生态和水生生态，防治水土流失，增强了自然本色，夯实了大地根基，还生命以家园。这对于维护全球生态平衡、促进人与自然和谐共生至关重要。二是生态文明制度体系逐渐完善。主要表现在：生态文明顶层设计逐步完善，生态环保法治建设不断健全，生态环保执法监管力度不断增大。同时，中国还积极参与国际生态环境治理，并为其作出重大绿色贡献。中国生态文明建设从理念到行动，成绩斐然，使经济社会发展迈向更高端，使人与自然逐渐走向和谐。（2）中国正在稳步推进生产方式和生活方式的绿色转型。我国正在花大力气改变不合理的产业结构、资源利用方式、能源结构、空间布局、生活方式，更加自觉地推动绿色发展、循环发展、低碳发展，使生态环境质量不断改善，绿色生产方式和生活方式、绿色低碳水平不断提升。中国拥有丰富的风能、太阳能、页岩气和沼气资源，中国还是全球最大的太阳能光伏电池板制造国，这就使得中国在减少对传统化石燃料的依赖和改善能源结构方面有更大的空间。这对于推动经济社会全面绿色转型是非常有利的。

2. 中国特色社会主义经济制度和生态文明制度的优势，为经济社会全面绿色转型提供了保障

（1）经济制度优势。公有制为主体、多种所有制经济共同发展的经济制度，体现了公有制经济与非公有制经济统筹协调发展，体现了以人为

本、全面协调可持续发展的科学发展观，这就是中国特色社会主义制度的特点，其优势在于推动经济深化改革，使我国经济实现了跨越式发展，人民生活水平、居民收入水平均得到提高，综合国力、国际竞争力、国际影响力也越来越大。我国生态文明制度建设是由我国社会性质和人民群众的根本利益决定的，是中国特色社会主义制度的重要组成部分，也是中国经济制度的一个组成部分。经济制度是支撑整个社会的现实基础，经济制度建设能否取得成功需要生态文明制度作为保障。（2）生态文明制度优势。生态文明制度建设的目标是促进人与自然和人与人和谐相处。在生态文明新时代里，人与自然和人与人能够和谐相处的制度就是可持续发展的制度。[①] 生态文明制度具有较强的社会属性，它在一定程度上折射了当今社会的主要经济制度。生态文明制度建设需要不断创新，中国在生态文明建设实践中大力推行河长制、湖长制，这些都是非常创新的体制安排，这些安排是社会与自然环境和自然生态联结最密切的地方。经济建设也是环境建设和生态建设联系最紧密的地方，以人为本、以提升人民群众生活质量为出发点和归宿。建设美丽中国离不开生态文明作为基础保障，要把生态文明理念植入社会经济发展的各个方面和全过程。中国把生态文明建设纳入“五位一体”总体布局之中，推进建设资源节约、环境友好的绿色发展体系，推进生态环境治理能力的现代化，以及全社会对绿色发展的高度共识，在推动经济社会全面绿色转型上具有独特的制度优势。

（二）经济社会发展全面绿色转型面临的巨大挑战

1. 中国在本世纪中叶实现碳中和将面临巨大挑战

一是碳达峰到碳中和的缓冲时间较短。碳中和是一个长期的发展愿景，不仅关系着温室气体排放指标，而且涉及经济社会各个方面，需要在不断摸索中前行。目前，我国的二氧化碳排放量仍在不断攀升，没有看到峰顶，实现碳达峰还需要做出艰苦努力，只有实现了碳达峰才能考虑实现碳中和。欧盟承诺的碳中和时间与达峰时间的距离是65—70 年，而我国承诺的碳中和时间与达峰时间的距离是30 年，这就意味着碳达峰到碳中和的缓冲时间很短。在短时间内实现碳减排稳中有降，以致快速下降，这是我

---

① 高红贵：《生态文明建设与经济建设融合发展研究》，经济科学出版社 2020 年版，第 61 页。

们最大的挑战。二是实现碳中和的相关机制不完善，资金缺口仍较大。近年来，我国在气候变化相关领域的公共资金投入约为5000亿元，但每年的资金需求约为3.7万亿元，缺口还比较大，[①] 这就需要通过建立多元化的资金投入机制，撬动和吸引大量的社会资本。

2. 节能减排形势严峻，碳减排压力巨大

中国目前的能源结构虽有所改善，但还不够革命性。煤炭仍然是中国能源消费的大头，集中使用率和清洁化利用水平较低。中国仍是能源消费大国，能源问题关系经济社会稳定发展。中国是世界上最大的发展中国家，处于工业化、城市化快速发展阶段，能源需求旺盛，碳排放仍处于攀升期。能源结构实现降“碳”仍是“重头戏”。统计数据显示，中国的单位GDP能源强度是世界平均水平的1.5倍多，是欧盟的4倍多。中国单位GDP碳强度是世界平均水平的3倍多，是欧盟的6倍多。如果国内的能源强度下降到世界平均水平，意味着产出同样的GDP，可以节约十几亿吨标准煤。要想降低单位GDP能耗和碳排放水平，必须加快转变经济发展方式，加快推动能源革命。

3. 实现生态环境治理能力现代化仍有压力

生态环境治理能力现代化是推进我国走向生态文明新时代的有效途径。在生态文明新时代里，生态环境的治理不是单一的政府治理，应该是全社会的共同治理，这是生态环境治理能力现代化的必然要求，我国实现生态环境治理能力现代化面临的压力还很大。一是经济发展目标与环境保护目标仍有冲突。主要表现在：经济增长目标和生态保护目标不一致，政府治污目标与企业实施目标不一致。二是全社会共同治理机制不完善。尽管当前人民群众对环境污染的关注度是前所未有的，但总的来说，人民参与生态环境治理的热情和素养还不是很高，缺乏参与治理的方式和途径，全民参与治理的机制还未形成。人民群众生态环境意识有待提高并落实在行动上。三是法律制度不完善不健全。现阶段，我国生态建设和环境治理的相关法律法规仍然是不健全、不完整的，一些法律法规还存在欠缺和不科学的地方，这就使得我国在资源开发利用和管理等方面存在极大漏洞，使得生态环境遭到严重破坏，生态环境治理现代化的实现受到阻碍。

---

① 柴麒敏：《共同开创国家碳中和繁荣美丽新时代》，《阅江学刊》2020年第6期。

三 努力推动、促进和实现经济社会发展全面绿色转型

促进“全面绿色转型”，要以降碳为重点战略方向，以减污降碳协同增效为总抓手，加快推动形成绿色发展方式和生活方式。

（一）培育经济社会发展全面绿色转型的动力

绿色转型是实现生产生活方式全面深刻变革的系统工程，需要全方位、全过程地融入政治、经济、文化、社会、生态各个层面，形成绿色发展的内生动力。按照马克思的观点，物质利益是人类经济活动的一个基本动力，但并不一定就表现为个人经济利益的利己心。传统经济发展的动力就是追求经济高速增长，追求物质利益的增加，追求眼前利益和物质利益的增加，在诸多利益面前，只追求经济利益，根本不考虑人类经济社会的可持续发展问题。生态文明的绿色发展是人与自然和谐共生的发展，是经济社会全面协调综合发展。绿色发展以人的全面发展为根本动力，人类必须把发展首先是人的发展作为首要因素和根本动力。这里的人，不仅指当代人，还指后代人。绿色发展不仅以保证当代人福利的增加为动力，还以后代人有与当代人相同甚至更高的福利水平为动力。因此，必须大力推进绿色科技创新，变革能源消费结构，推进绿色低碳发展，培育经济社会发展全面绿色转型的动力。

1. 大力推进绿色科技创新

绿色发展是生态文明建设的必然要求，代表了当今科技和产业变革的方向，是最有前途的发展领域。坚持绿色发展，就是要坚持节约资源和保护环境的基本国策。绿色发展依靠绿色科技创新，绿色科技创新不仅解决增长问题，同时也关注资源节约和环境保护，关注社会进步和人的生存与发展。在党的十九大“人与自然和谐共生的现代化”与“建设美国中国”的号召下，从根本上、未来趋势上和战略路径上推动绿色科技创新的发展，是跳出“环境污染—经济发展”怪圈追求环境与经济“双赢”发展模式的关键举措。[①] 坚决杜绝以牺牲资源环境为代价换取一时的经济增长。

2. 大力推进能源革命

既要推进能源消费革命，更要推进能源供给革命。推动能源消费革

---

① 高红贵、朱于珂：《绿色技术创新研究热点的动态演变规律与趋势》，《经济问题探索》2021 年第 1 期。

命，抑制不合理能源消费。坚持节能优先方针，完善能源消费总量管理，强化能耗强度控制，把节能贯穿于经济社会发展全过程和各领域。要在推动高质量发展中促进经济社会发展全面绿色转型，必须加快产业转型升级，建立绿色低碳循环发展的产业体系；加快可再生能源发展，保障国家能源安全；加快工业建筑交通终端部门电力取代化石能源的消费和利用。加快推进能源技术革命，构建绿色能源技术创新体系，强化重大科技专项支撑，实现核心技术国产化和关键装备自主化，全面提升能源科技和装备水平。

3. 大力推进绿色低碳发展

绿色低碳发展，是针对传统发展取向和经济社会发展所面临的资源瓶颈与环境容量而提出的新理念。推进绿色低碳发展、积极应对气候变化，是生态文明建设的重要任务。因此，必须严格按照“低能耗、低污染、低排放”的要求，促进绿色经济与低碳经济融合发展；必须紧抓新旧动能转换着力点，推进产业绿色转型，推进传统产业绿色升级，坚决淘汰落后产能。

（二）提升经济社会发展全面绿色转型的能力

建设小康社会，实现人与自然和谐共生的现代化，必须加大绿色转型的攻坚力度，亦即加大生产方式绿色转型力度和加快推动生活方式的绿色革命，形成生产方式和生活方式绿色转型的合力。

1. 加大生产方式和生活方式绿色转型力度

绿色转型是贯彻新发展理念的必然要求。只有推进经济社会发展全面绿色转型，才能实现生态环境根本好转，才能为实现美丽中国目标创造条件。因此，必须加快建设资源节约、环境友好的绿色发展体系；建设绿色科技创新体系；完善资源节约和循环利用体系；大力推进资源节约和循环发展。加快推动生活方式的绿色革命。生活方式绿色革命，就是要变革思想观念和消费模式，推动生活方式和消费模式向绿色化转型，实现生活方式和消费模式向勤俭节约、绿色低碳、文明健康的方向转变。树立绿色消费理念，养成绿色生活习惯。倡导环境友好型消费，引导绿色饮食、推广绿色服装、鼓励绿色居住、践行绿色出行、发展绿色休闲。加大政府采购环境标志产品的力度，鼓励公众优先购买节水节电环保产品。

2. 提升生态系统碳汇能力

广泛开展“碳达峰”和“碳中和”的宣传活动，切实将“碳达峰”

和“碳中和”纳入经济社会发展和生态文明建设整体布局，全面落实2030年应对气候变化国家贡献目标，重点控制化石能源消费，实施以碳强度控制为主、碳排放总量控制为辅的环境管制制度，支持发达的、资源条件好的地方和重点行业、重点企业率先达峰，加快建立碳排放权交易市场。科学制定“碳达峰”行动方案，大力控制工业、农业等重点领域温室气体排放、引导权社会参与“碳达峰”“碳中和”行动。加强“双控”目标落实，提升应对气候变化的能力。

3. 大力提升生态环境治理能力现代化水平

生态环境治理能力现代化是我国全面深化改革的目标之一，也是推进我国走向生态文明新时代的有效途径。因此，必须提升中国共产党对生态环境治理的领导能力和科学精准治理能力；必须建立完善社会主义生态制度体系，完善资源高效利用机制；构建新型生态环境保护体制，压实政府相关职能部门的任务，推动其履行生态责任；提高社会参与度，建立生态环境治理体系；充分运用大数据思维来制定生态环境保护目标和工作进度，提供更详细更充分的信息，帮助生态环境管理部门进行舆情监测和分析。[①] 改革创新环境经济政策，全面实行排污许可制，推进排污权、用能权、用水权、碳排放权市场化交易，大力发展绿色金融，建立健全生态补偿机制和生态损害赔偿机制。健全完善生态环境风险预防化解管控机制。

（三）协同汇聚“全面绿色转型”的合力

简单来说，合力就是一起出力，同心协力、共同出力。“全面绿色转型”是一个系统工程，涉及政治、经济、文化、社会方方面面，不仅需要各领域、各行业、各企业之间的共同努力，相互协作，而且需要有关政府部门、科研院所、行业协会、教育科研机构的合力推进。

大气污染治理靠“单干”是不行的，需要区域联动、协同作战，形成合力。大江大河跨省贯通，下游治理，上游污染也不行。长江流域、黄河流域、淮河流域，水气相连，地缘相近，必须同下“一盘棋”，着力强化高效协同，完善一体化体制机制，加强共治联保。因此，必须着力打造经济社会发展全面绿色转型区。

打造生态优先、绿色发展新路的强大合力。生态优先绿色发展新路，

① 赵朔：《推进生态环境治理体系和治理能力现代化的探讨》，《环境保护与循环经济》2020年第11期。

是一条适应新形势、顺应新要求的经济转型之路。为此，我们必须深入学习贯彻绿色发展理念，找准推进生态优先绿色发展的具体实施方案。大力完善生态优先绿色发展新路的推进机制和协调机制，全民通力协作，相互支持，汇集强大的绿色合力，共同推进绿色发展。

下编

当代生态文明理论与生态思潮研究

黄河流域生态保护与经济协调发展的现实之困及应对之策*

刘海霞**

黄河是中华民族的母亲河，从两千多年前“大禹治水”伊始，黄河治理就成为历代执政者作为“固国本、兴政绩”的一大举措。“黄河宁，天下平。”黄河流域生态作为我国北方地区的安全屏障，不单关乎黄河流域的发展，还关系到整个国家的发展稳定。“生态兴则文明兴，生态衰则文明衰。”① 人与自然的关系是人类社会最基本的关系，大自然是人类生存和发展的基础，生态环境变化与文明的兴衰更替息息相关。“自然是生命之母，人与自然是生命共同体，人类必须敬畏自然、尊重自然、顺应自然、保护自然。”② 保护自然就是保护人类自身，建设生态文明就是为人类造福，黄河流域生态保护和经济发展理应相得益彰，协调共赢。然而，目前，黄河流域经济发展未根本摆脱“边污染边治理”的发展模式，科学技术水平、绿色化水平偏低，对生态环境负面影响较大，环境风险持续上升，与实现黄河流域生态保护和经济协调发展有很大差距。展望未来，在推进黄河流域生态保护和经济协调发展过程中，要精准施策、因时因地施策，共谋共创新时代黄河流域的美好局面。

---

* 本文系教育部社科规划项目“新时代西北地区生态治理的困境与对策研究”（20YJAZH065）、兰州市社科规划项目“兰州地区生态扶贫的现实困境及其路径优化策略研究”（19－018D）、2020 甘肃省高等学校思政工作课题“新时代高校生态文明教育的对策研究”（XX-SZGZYBKT05）阶段性成果。

** 刘海霞，兰州理工大学马克思主义学院教授。

① 中共中央宣传部：《习近平系列重要讲话读本》，学习出版社、人民出版社 2014 年版，第 121 页。

② 中共中央宣传部：《习近平新时代中国特色社会主义思想学习纲要》，人民出版社 2019 年版，第 167 页。

一 相关研究综述

黄河流域生态保护和高质量发展战略提出前，学界分别对黄河流域生态保护、黄河流域经济带等相关问题相对独立地进行了研究。自2019年9月18日，习近平总书记在河南郑州主持召开的黄河流域生态保护和高质量发展座谈会上提出黄河流域生态保护和高质量发展的重大战略后，黄河流域生态保护和高质量发展协调共进开始成为学术界探讨和研究的热门话题。中国知网显示，目前，探讨此问题的学术论文有260余篇，还未形成相关专著。从现有的资料来看，学界基本上按照如何治理黄河流域日益凸显的生态环境问题、如何推进黄河流域经济发展以如何实现二者共赢发展的脉络来分析、挖掘、梳理和探究这一理论和现实课题。

1. 关于黄河流域上中下游的水文、泥沙、河道以及黄河治理等研究

学界主要有何爱平、刘家旗、马柱国、郑子彦、张震、吕美霞、石逸群、张红梅、陆大道、赵卫、王敏等开展这方面的研究。何爱平、马柱国、郑子彦、吕美霞认为，重大环境灾害像洪涝、旱灾以及干支流水体污染等是制约黄河流域实现高质量发展的严重障碍，这些问题对当前乃至今后黄河流域的发展起着决定性作用。① 赵卫、王敏认为，黄河流域生态治理的机遇与挑战并存，同时提出了黄河流域生态治理的相关对策建议。②

2. 关于黄河流域的城市群、都市圈、经济空间结构、城市功能以及黄河流域经济带发展等研究

学界主要有李冬花、张晓瑶、崔盼盼、赵媛、李小建、文玉钊、马海涛、徐楦钫、高煜、安树伟、李瑞鹏等开展这方面的研究。李冬花、张晓瑶在文章中认为，黄河流域要开展旅游业发展的整体性研究，最后针对空间格局优化和旅游业高质量发展提出了建议。③ 李小建、文玉钊从人地关

---

① 何爱平、安梦天：《黄河流域高质量发展中的重大环境灾害及减灾路径》，《经济问题》2020年第7期。马柱国、符淙斌、周天军、严中伟、李明星、郑子彦、陈亮、吕美霞：《黄河流域气候与水文变化的现状及思考》，《中国科学院院刊》2020年第1期。

② 赵卫、王敏：《流域生态系统治理机遇、挑战及建议》，《环境保护》2019年第21期。

③ 李冬花、张晓瑶、陆林、张潇、李磊：《黄河流域高级别旅游景区空间分布特征及影响因素》，《经济地理》2020年第5期。

系和空间异质两种角度说明了黄河流域城市的空间联系，映射出“流域社会经济发展不平衡和流域空间结构的特殊性，应着力加强流域内部联系，迈向更高质量的区域合作”①。高煜认为，黄河流域在发展过程中有明确的特殊指向，即通过构建现代化产业体系推动黄河流域经济带的发展。② 安树伟、李瑞鹏认为，要强化黄河流域5个都市圈之间的分工协作与经济交流，以实现产业融合发展。③

3. 关于黄河流域生态保护和高质量发展的推进策略和战略设计研究

在这一研究取向上，学界有代表性的学者主要有王金南、连煜、任保平、张倩、方兰、李军、金凤君、毛汉英、安树伟、李瑞鹏、郭晗、左其亭等。王金南在梳理黄河流域生态保护治理历程的基础上，提出了新时期生态保护和经济协调发展的总体思路以及未来一段时间的优先政策建议。④ 任保平、张倩从新发展理念的五个维度出发，提出了黄河流域生态和经济高质量发展的战略规划、空间管控、体制机制等前瞻性思路。⑤ 金凤君经过研究提出，黄河流域生态保护和高质量发展要落实新发展理念，构建“三区七群”协调发展格局，发展要着眼于黄河流域的长远形势和近期任务，统筹规划。⑥ 左其亭在文章中总结出黄河流域生态保护和高质量发展的研究框架和方向，为今后学者进一步研究黄河流域相关问题提供了一定借鉴。⑦

不难看出，学界在如何治理黄河流域日益凸显的生态环境问题、如何推进黄河流域经济发展方面取得了较多的研究成果，但就如何实现黄河流域生态保护和经济协调发展方面的研究成果相对不足，总体上还处于初期探索阶段。黄河流域生态保护和经济协调发展到底面临着那些现实困境？又该如何科学正确应对？本文拟在认真学习和深刻领会习近平总书记在黄河流域生态保护和高质量发展座谈会上的讲话精神和学界已有研究成果的

---

① 李小建、文玉钊、李元征、杨慧敏：《黄河流域高质量发展：人地协调与空间协调》，《经济地理》2020年第4期。

② 高煜：《黄河流域高质量发展中现代产业体系构建研究》，《人文杂志》2020年第1期。

③ 安树伟、李瑞鹏：《黄河流域高质量发展的内涵与推进方略》，《改革》2020年第1期。

④ 王金南：《黄河流域生态保护和高质量发展战略思考》，《环境保护〉2020年第Z1期。

⑤ 任保平、张倩：《黄河流域高质量发展的战略设计及其支撑体系构建》，《改革》2019年第10期。

⑥ 金凤君：《黄河流域生态保护与高质量发展的协调推进策略》，《改革》2019年第11期。

⑦ 左其亭：《黄河流域生态保护和高质量发展研究框架》，《人民黄河》2019年第11期。

基础上，试图回答上述问题。

二 黄河流域生态保护和经济协调发展的现实困境

中国特色社会主义进入新时代，美丽中国建设深入人心。特别是十九大以来，黄河流域生态保护和经济协调发展成为共识，“绿水青山”不仅是自然财富和生态财富，还是社会财富和经济财富，但是黄河流域的发展由于自然历史人为等缘故，面临着一些现实困境。

1. 生态环境承载力减弱，缺少统筹规划，地区差异明显

生态环境承载力是指生态系统对于人类活动的最大承受限度，与人口多少、经济规模、地理环境等因素紧密相关。黄河流域地形复杂，再加上近些年人们对黄河流域生态系统的破坏，造成了黄河流域的生态承载力不断减弱。“黄河上游是我国生态环境最薄弱的地区”[①]，上游地区大多处于干旱半干旱非季风区，土地沙化、荒漠化较为严重。中游地面坡度较大，雨水冲刷力强，降雨集中、多暴雨，土壤质地松软、抗蚀力低，植被覆盖面少，由于近些年人们对土地不合理的使用，毁林开荒等，造成了中游地区水土流失严重，黄河水“一碗水、半碗泥”的说法由此而来。下游河道坡度平缓，水流减慢，泥沙淤积比较严重，河床逐渐升高，两岸只能靠大堤提供保障，成为世界上有名的“悬河”，黄河下游滩区受洪水的影响，基础设施建设较为薄弱。就产业发展来看，长期以来，黄河流域洪涝灾害频发，习近平总书记在黄河流域生态保护和高质量发展座谈会上也说到，“洪水风险依然是流域的最大危害”[②]。黄河流域的高质量发展不仅需要经济职能部门参与，生态环保部门、水利部门、国土资源部门等相关部门都应该各尽其职、各尽所能。现阶段，黄河流域生态保护和经济协调发展的问题之一是地方政府之间、政府各部门内部缺乏交流，缺乏长期性、长远性的决策机制。有学者提出，黄河流域要推动构建“三区七群”[③] 的发展

---

① 宋瑞、金准、吴金梅：《“一带一路”与黄河旅游》，社会科学文献出版社2017年版，第20页。

② 习近平：《在黄河流域生态保护和高质量发展座谈会上的讲话》，《奋斗》2019年第20期。

③ “三区七群”：三区是指青藏高原保护与限制开发区、黄土高原资源开发—经济发展—生态环境保护协调发展区、华北平原现代化高质量升级—生态环境保护协调发展区；七群是指山东半岛城市群、中原城市群、关中城市群、太原城市群、呼包鄂城市群、银川平原城市群和兰西城市群。

框架，就要优化黄河流域沿线城市的空间结构、产业布局以及发展规划。但是，从目前来看，黄河流域各省份缺少统筹合作的机制，在资源开发、经济发展、生态环境保护等方面并没有展开深度的、实质性的合作，更不要说在全流域形成资源开发、生态保护和经济协同发展的统一战略与布局。另外，黄河流域经济发展差距较大，整个流域的产业经济重心集中于中下游地区。据资料显示，2017 年上、中、下游的 GDP 占比分别是 22.0%、45.2% 和 32.8%。从 GDP 增速来看，黄河流域上游地区最慢，中游地区增速最快（见表 1）。[①] 除了四川省西北的小部分地区外，地处西北内地的甘肃、青海、宁夏以及内蒙古自治区经济发展缓慢，民族交错杂居，是最难啃的“骨头”，特别是甘肃、宁夏、青海三省区经济总量小、实力弱，与黄河其他省份相比差距比较明显。

表 1　**黄河流域 2017 年上中下游 GDP 占比、2012—2017GDP 增速**　单位：%

区域	上游	中游	下游
2017 年 GDP 占比	22.0	45.2	32.8
2012—2017GDP 增速	4.4	6.4	6.0

注：数据来源于 EPS 数据库及《中国统计年鉴 2018》。

2. 第二产业比重偏高、绿色化程度偏低，生态法律制度有待完善

黄河流域能源资源丰富，第二产业主要是石油、煤炭、天然气开采、有色金属冶炼等资源能源产业以及重化工业。据资料显示，除四川外，黄河流域上游主要地区 GDP 能耗普遍高于全国平均水平，中游地区能耗低于全国平均水平的仅有陕西省，作为我国产煤大省的山西由于传统产业占比较大的缘由，能耗是全国平均水平的两倍多。2018 年黄河流域 GDP 总值为 23.8 万亿元，其中第一、二、三产业增加值分别为 19460 亿元、102745 亿元和 116360 亿元，分别占 GDP 的 7.8%、43.1%、49.1%。第二产业 GDP 占比高于全国平均水平（见表 2）。

① 姜长云、盛朝讯、张义博：《黄河流域产业转型升级与绿色发展研究》，《学术界》2019 年第 11 期。

表2 2018年黄河流域三大产业增加值、GDP占比以及全国GDP占比

单位：亿元/%

	增加值	GDP 占比	全国 GDP 占比
第一产业	19460	7.8	7.2
第二产业	102745	43.1	40.7
第三产业	116360	49.1	52.2

注：数据来源于EPS数据库及《中国统计年鉴2019》。

事实上，青海、甘肃、宁夏、陕西、山西、河南等省份尚处于工业化中期阶段，[①] 在推进新型工业化过程中面临的任务十分艰巨。从整体的产业发展布局来看，黄河流域工业企业绿色化水平偏低。黄河流域中上游地区多以发展能源、重化工等资源型工业为主，以绿色产业为主的生态园区、特色农业、养殖业发展缓慢，国家级文化产业示范区和具有国际知名度的黄河文化旅游带还未发展起来。从制度层面来看，黄河流域生态环境监测和评价机制没能规范部分企业合规生产。“企业为了自身的最大利益，只要是法律没有禁止的，他们就尽量地去排污或是打‘擦边球’”[②]；部分高耗水、高耗能、高污染的工业未能实现新旧动能转换，依然在法律制度的边缘进行违规生产。某些地方领导没有树立正确的政绩观，唯GDP论英雄，不顾生态环保以及民生等问题，甚至以牺牲生态环境来发展经济，损害了当地人民群众的利益。在生态环境保护领域，黄河流域各省市人大及其常委会通过的多为决议、通知等不具有国家强制力保证实施的政策文件，不能有效规范黄河流域的开发和保护。“只有实行最严格的制度、最严密的法治，才能为生态文明建设提供可靠保障。”[③] 过去黄河流域生态保护与经济发展未能协调发展，甚至呈现负相关态势，很大原因就在于体制机制不健全、制度不完善、执法不到位、惩办不严厉。今后“要将黄河流域生态保护纳入法制化轨道，从根本上解决黄河流域生态资源开发与保护

---

① 魏后凯、王颂吉：《中国“过度去工业化”现象剖析与理论反思》，《中国工业经济》2019年第1期。

② 高红贵：《中国绿色经济发展中的诸方博弈研究》，《中国人口·资源与环境》2012年第4期。

③ 中共中央宣传部：《习近平新时代中国特色社会主义思想学习纲要》，人民出版社2019年版，第174页。

无法可依、执法不严的问题”[①]。

3. 区域间产业同质性强，分工协作关系偏低、互补性较差

黄河流域地形多样，东西高差悬殊，交通不便。与长江黄金水道相比，黄河的通航能力有限，上中下游的经济联系主要依靠陇海线等陆路交通，各省之间经济交流的成本高，再加上缺少辐射能力突出的龙头城市和跨区域合作协调机制，导致黄河流域区域经济关联性较弱，流域内部甚至省内区域之间开放程度低，产业结构相似度较高，产业经济之间互补性低，造成了低水平的恶性竞争。据调查，以黄河流域西北四省区陕甘青宁为例，2016 年四省区三次产业结构相似系数均达到了 0.96 以上，一些主导产业也高度重合，产业相似度趋势明显。[②] 由于地理位置和历史原因，新一代科学信息技术、生物技术、新材料、新能源等在我国区域合作联系紧密的沿海发达地区蓬勃发展，而在黄河流域总体上还处于起步或萌芽阶段。黄河流域中上游地区资源丰富，为能源、有色、冶金、化工等产业的发展提供了良好条件。但是，上中游省区能源、冶金等各化工产业都进行加工生产，反而没有形成专业化、集约化生产，分工协作关系偏低。总体来看，黄河流域已经形成的经济系统，多以能源、重化工等传统产业为主，产业集群效应不强，市场竞争力弱，区域间缺乏经济交流，企业互补性较差。虽然近年来黄河流域交通基础设施状况大为改善，但是由于大部分地区地处内陆腹地，黄河流域对内、对外交通运输通道不畅的问题比较突出，不利于区域之间资源要素的低成本流动，也影响了区域外部资源要素的集聚，制约着文化旅游等产业资源优势的发挥。

三　黄河流域生态保护与经济发展的应对策略

黄河流域各省区要实现绿色、高效发展，必须坚持生态优先策略，在保护中发展，在发展中保护。“经济与生态协调发展模式，最终能否被选择以及实现的程度，依赖于各个相关利益主体的博弈与合作。”[③] 近年来，黄河生态和沿线经济发展受到党和政府的重视，倡导相关利益主体进行良

---

① 张震、石逸群：《新时代黄河流域生态保护和高质量发展之生态法治保障三论》，《重庆大学学报》（社会科学版）2020 年第 5 期。

② 贲宇航：《西北五省区产业结构趋同分析与效益评价》，《甘肃金融》2018 年第 8 期。

③ 黄万林、罗序斌：《欠发达地区经济与生态协调发展的制约因子研究》，《江西社会科学》2016 年第 2 期。

性竞争和通力合作，促进了沿线城市在生态保护和经济发展等方面的协调发展。生态保护和经济的协调发展是目前黄河流域的最优选择，要处理好两者之间的关系，走出一条长期稳健的高质量发展道路，以实现黄河流域生态保护和经济发展的协调共赢。

1. 做好黄河流域生态保护治理和经济发展的顶层设计

“黄河流域生态保护和高质量发展，同京津冀协同发展、长江经济带发展、粤港澳大湾区建设、长三角一体化发展一样，是重大国家战略。”①黄河流域的保护和开发是一项复杂的系统工程，必然涉及自然、经济、社会、文化等各个层面。所以，要推动形成全局统筹兼顾的协调机制，高瞻远瞩地运用系统的方法、手段解决黄河流域面临的问题。习近平总书记指出，“推动黄河流域生态保护和高质量发展……既要谋划长远，又要干在当下……我们就一定能让黄河成为造福人民的幸福河”②。在黄河流域高质量发展的规划中，要对各省区的功能进行定位，做好整体性规划，为黄河流域生态保护高质量发展明晰路线图，指引黄河流域的发展方向。黄河流域的开发和保护，首先要尊重黄河流域生态和经济发展的规律，从流域整体性、系统性、协同性入手，统筹规划黄河流域资源的开发和利用，形成黄河流域高质量发展模式。同时，“黄河流域应进一步理顺政府与市场的关系，实现管理型政府向服务型政府转变”，③ 充分发挥市场在资源配置中的决定性作用，破除要素流动壁垒，使要素流动到生产效率最高的地方。

习近平总书记这两年对黄河流域进行多次考察，从甘肃、河南到陕西、山西、宁夏，旨在开创黄河流域发展新局面，让黄河两岸人民共享幸福美好新生活。2019 年 8 月习近平总书记视察甘肃时，参观了敦煌莫高窟彩塑、壁画，嘉峪关世界文化遗产，瞻仰了张掖西路军烈士公墓，步入水草丰茂的山丹马场，切身感受武威八步沙林场“六老汉”三代人治沙造林的故事，沿步道察看兰州黄河两岸生态修复和景观建设，感受“读者”书香氛围。习近平总书记聚焦特色文化与生态保护，为黄河流域生态保护和

① 习近平：《在黄河流域生态保护和高质量发展座谈会上的讲话》，《求是》2019 年第 20 期。

② 习近平：《在黄河流域生态保护和高质量发展座谈会上的讲话》，《求是》2019 年第 20 期。

③ 安树伟、李瑞鹏：《黄河流域高质量发展的内涵与推进方略》，《改革》2020 年第 1 期。

经济发展提供了发展契机。甘肃、青海、宁夏是黄河流域上游重要的生态涵养区和补给区，对维护我国生态安全屏障至关重要，要在黄河上游生态修复、水土保持等方面形成合力，共同治理。上游地区要将经济发展与革命老区红色资源和当地优秀传统文化相结合，赓续红色血脉，进一步深化脱贫攻坚，坚持“一不偏两不变”，继续把脱贫重心向深度贫困聚焦，要落实到村、落实到户、落实到人，一村一户都不能落下，坚决攻克最后的贫困问题。今后，黄河流域要注重缩小地区差距，加大对革命老区、贫困地区的扶贫力度，深入推进民族团结工作，促进区域协调发展，让黄河两岸的人民有更多的获得感、幸福感和安全感。

2. 构建现代生态产业体系，完善生态法律法规

贯彻落实“两山论”的发展理念，让“青山更绿、金山更大”，给黄河流域两岸人民带来最普惠的民生福祉，积极推动黄河流域产业优化升级、新旧动能转换，因地制宜形成既具有特色又布局合理的生态产业分工体系，是黄河流域实现生态环境保护和经济协调发展的重要策略。

随着建设“美丽中国”成为人们对美好生活向往的重要内容，近年来党和政府相关部门大力提倡发展绿色清洁生产、可持续低碳循环经济等，并鼓励居民绿色消费、合理消费。黄河流域各省区要紧跟产业变革，充分运用科学技术，因地制宜建设现代化生态产业体系，夯实黄河流域经济发展的基础。第一，发展生态农业。黄河流域幅员辽阔，平原众多，又处于中纬度地带，昼夜温差大、光照充足。据调查，黄河流域 8 省区粮食产品占比近达到全国的 30%，小麦产量占比近达到 55%[①]。此外，部分产品优势突出，在全国享有盛誉，如甘肃兰州百合，山西小杂粮，陕西眉县猕猴桃、紫阳富硒茶等。黄河流域各省区要充分利用科学技术的成果和现代管理手段，结合传统农业的经验，继续发挥农业特色，延长产业链，增加农产品的附加值，结合乡村振兴战略，推动农业绿色化、生态化发展，以“绿”生“金”。第二，发展生态工业。在黄河流域发展生态工业，就要推动新一代科学信息技术与化工、煤炭天然气开采、有色金属冶炼等传统重化工产业的深度融合，提高排污、节能、节水、安全、品质、技术标准，加强多种政策的协调配合，重点化解钢铁、煤炭、建材等传统重化工业多余产能，对未按期淘汰落后产能任务的企业和地区，要加大执法惩办力

① 金凤君：《黄河流域生态保护与高质量发展的协调推进策略》，《改革》2019 年第 11 期。

度，以发展生态经济为契机，发展生态工业。第三，发展生态文化。要“保护、传承、弘扬黄河文化。黄河文化是中华文明的重要组成部分，是中华民族的根和魂”①。黄河历来都被华夏儿女奉为中华文明的起源地，黄河流域是中华民族最早生息繁衍的家园，新石器文化、仰韶文化、龙山文化、马家窑文化等都产生于黄河流域。要推动黄河流域文化资源的创造性转化和创新性发展，将优秀传统文化、红色文化、名胜风景区与特色旅游、文化创意深度融合。要讲好“黄河故事”，创建对外文化贸易基地、国家级文化产业示范园区和具有国际知名度的黄河文化旅游带。第四，完善生态法规。考虑到黄河流域生态环境的复杂性和特殊性以及流域内省区自然资源、地理环境的差异，关于流域发展的相关法律也应当从流域的系统性和整体性出发，通过法律法规的制定实现省区以生态环境保护为前提的协同发展。一方面应发挥法律的保障作用。明确各主体在违反区域合作条款后需要承担的责任与后果，对破坏生态环境的反面典型，释放出严加惩办的信号，对任何破坏生态环境的个人和团体，必须追责到底，绝不能让制度成为一纸空文或“没有牙齿的老虎”。另一方面要发挥出法律制度对于黄河生态保护和经济发展的规范、指导作用。在法律制定过程中，要将黄河流域生态保护和经济发展结合起来，提升流域的生态效益、经济效益和社会效益。2018 年，“生态文明”历史性地被写入宪法；2020 年，《中华人民共和国民法典》的颁布，赋予了新时代生态法治新的内涵，必将进一步为新时代黄河流域生态法治发展提供新的规范指引。

3. 加强跨区域生态管控互助合作，实现绿色发展

黄河流域生态系统是一个有机的整体，需要沿线各省份形成合力，协同治理。跨区域生态管控指流域各省区将黄河流域的自然保护区、重点生态功能区、经济开发区、工业园区等进行分级管控。要严守生态保护红线，在保障生态功能不降低、红线面积不减少的前提下，允许科学研究、适度的生态旅游等活动，这样不仅能减少黄河流域沿线的不良竞争，还能促进黄河流域生态保护和经济的协调发展。

“要想富，先修路”，良好的基础设施建设是打造黄河流域经济带，推动黄河流域生态保护和经济协调发展的前提条件。黄河流域高质量发展需要各个省区基础设施的建设和完善作为支撑，以加强不同地区在资源配置

---

① 左其亭：《黄河流域生态保护和高质量发展研究框架》，《人民黄河》2019 年第 11 期。

等方面的高速匹配，进而实现黄河流域相关省区与城市的有机衔接，推动各个省区资源要素的优势互补和协调发展。黄河流域生态保护和经济协调发展要取得突破性进展，就要学习借鉴京津冀、长江经济带、粤港澳大湾区等区域发展的经验，尝试通过“自上而下”与“自下而上”相结合的经济合作机制来确定各地区的共同利益点，同时借助“一带一路”充分发挥出黄河流域的区位优势。黄河流域相关省区在今后推进工业化过程中，不能继续以过去高污染、高排放、高耗能的粗放型增长方式发展工业，也不能走先搞经济后治理的老路，更不能为了经济增长承接国外或发达地区淘汰的产业，应该结合本地区的优势加强各省域之间的经济联系和生态管控合作，打破常规、互帮互助，走产业跨越式发展道路。实现黄河流域生态和经济的协调发展，需要将两者看成一个不可分割的整体，要着眼于黄河流域的整体布局，调整各个地区的产业结构，实现不同地区的优势互补、合作共赢。

习近平总书记指出，“生态环境保护就是为民造福的百年大计”①。因此，黄河流域各省区应该加强跨区域合作，以发展好黄河流域的经济为战略目标，同时始终坚持保护环境优先，形成推进黄河流域生态保护和高质量发展的强大合力，从而使黄河流域的优势得以显现。具体来说，可以在以下几个方面发力。第一，黄河上游源头地区，应该按照禁止大开发的想法和思路，采取点状开发的形式，严格控制开发范围和强度，要以生态保护、涵养水源为主，加强对草地、湿地的保护，以防止土地退化，不能单纯地以创造经济价值为目的，要保护好中华民族的水塔；黄河流域中游地区应坚持开发与保护并重，制定出与流域生态相适应的环境保护规划，特别是黄土高原这一区域的水土保持工作，在开发的同时要注重加强生态环境预防与治理，打造国家资源型经济高质量发展示范区；黄河下游地区区位优越，人口和劳动力资源丰富，经济发展和工业化水平相对较高，要持续转换发展新动能，打造具有引领作用的龙头型城市，同时注重加强防治水患，增强对洪水风险的预测与防控。第二，对于黄河流域内的重点城市，要加快产业的优化升级，按照优化开发区建设的思路与要求，将政策重点放在减少环境污染、发展清洁产业等方面，发挥重点城市的模范带头作用。第三，黄河流域生态保护和经济协调发展要以区域内基础设施的完

① 习近平：《保持加强生态文明建设的战略定力》，《人民日报》2020 年 5 月 23 日第 2 版。

善为战略支撑，进而实现沿黄河的相关省区与城市的有机衔接，推动流域内资源的合理配置，实现高质量发展，从而更好地为黄河生态保护提供物质基础。

四 结语

黄河流域生态环境的好坏，不仅影响当地人民的生活水平，而且对维护北方地区生态屏障乃至全国的生态安全有着至关重要的作用。“保护黄河是事关中华民族伟大复兴和永续发展的千秋大计。”① 加强黄河流域生态保护，推动区域内经济高质量发展，对于促进各省份团结协作、维护社会和谐稳定、实现民族伟大复兴具有重要意义。绿水青山就是金山银山，保护黄河流域生态环境也是保护生产力的题中应有之义。黄河生态环境保护和经济发展理应是相辅相成、辩证统一的关系，我们既不能为了经济效益而肆意破坏生态环境，也不能只为保护环境而不谋求经济发展，而应当协调好两者的关系，一边保护一边发展。绿色是生命的象征、大自然的底色，我们追求经济的发展，要坚定不移地贯彻“绿水青山就是金山银山”的理念，最终解决好人与自然的和谐共生问题。“GDP 快速增长是政绩，生态保护和建设也是政绩”②，经济发展的最终目标就是要解决好人与人、人与社会、人与自然的关系，建成生产发展、生活富裕、生态良好的文明发展道路。事实证明，在人类发展的长河中，只追求经济利益而忽略生态环境保护，只注重发展不进行治理，只讲索取而不讲投入，人类必然会遭受大自然的惩罚，这是无法抗拒的铁律。人类只有在发展中注重对于大自然的保护，遵循自然规律，才能幸福生活。

---

① 习近平：《共同抓好大保护协同推进大治理 让黄河成为造福人民的幸福河》，《人民日报》2019 年 9 月 20 日第 1 版。

② 习近平：《之江新语》，浙江人民出版社 2007 年版，第 30 页。

“动物解放”的历史唯物主义解析*

蔡华杰　王　越**

自20世纪六七十年代现代环境保护运动兴起以来，“动物解放”一直是“深绿”思潮的核心性议题，其引发的动物保护运动取得了不少的成就。本文意在引入马克思主义的历史唯物主义研究范式，阐释如下三个相关问题：第一，动物解放论的本体论根基何在？第二，人是怎样异于动物的？第三，究竟如何为解放动物创造条件？通过对这些问题的考究，以期对“动物解放”做一种“红绿”层面的阐释。

一　差异中的统一：动物解放论的本体论根基

马克思作为人类思想史上的璀璨明星，总是绕不过人们对他的褒贬。在人与自然以史无前例的速率互动境遇下，马克思的思想再次遭遇国际学界苛刻的指责甚至谩骂，人与动物的关系议题就是如此。对马克思人与动物关系思想进行诘难的经典性文献要追溯到20世纪80年代末英国埃塞克斯大学特德·本顿（Ted Benton）发表的《人道主义等于物种歧视主义：马克思论人与动物》一文。正如这篇论文的标题所言，作为生态马克思主义阵营中秉持生态中心主义立场的本顿，将马克思的人道主义立场等同于歧视动物的物种歧视主义，认为马克思尽管存在着诸如“自然是人的无机的身体”这样的类似深生态学的观点，但是，在《1844年经济学哲学手稿》中，马克思的观点却存在着内在的张力和矛盾，这主要体现在以下两点：一是在对私有制下工人的异化劳动进行道德批判时，马克思采用了人

* 本文系国家社科基金青年项目“新自由主义对全球生态环境治理的影响及我国对策研究”（17CKS030）阶段性成果。

** 蔡华杰，福建师范大学马克思主义学院教授、博士生导师；王越，福建师范大学马克思主义学院博士研究生。

与动物的二元对立法来加以阐释；二是马克思在人类解放愿景的设想中，谈及了“自然的人化”。本顿指出这两点之间存在着内在的悖论。马克思将有意识、自由自觉的创造性活动视为人的类本质，以此来区别于动物的本能活动，因此，马克思正是以一种人与动物的彻底二分法来描述人类作为一种“类存在物”何以可能，以及在资本主义条件下又如何出现类本质的异化。如果要让人类摆脱这种异化状态，就意味要将类本质归还给人类，同时消除人与动物的差异。而在马克思对未来社会的愿景设想中，人类的解放又有赖于“自然的人化”，如果这里的“自然”包括动物的话，那么，这又意味着动物要被人类所改造以符合人类的需要。由此一来，本顿认为，马克思在对未来愿景的设想中就出现了悖论。[①]

为了捍卫马克思思想的生态性，福斯特细究了马克思文本中关于动物的相关论述，其核心论题在于论证马克思并没有忽视动物同样具有类似人类的生理性特征[②]。福斯特指出，这些批评马克思是一个物种歧视主义的思想家，只是断章取义地从一两个文本中取几句话，而忽略了马克思更广泛的论据和他作为一个整体的知识主体。为此，福斯特考察了马克思与伊壁鸠鲁的关系，指出马克思的历史唯物主义深受伊壁鸠鲁唯物主义的影响。伊壁鸠鲁强调人与动物之间的密切物质关系，所有的生命都源于地球。动物和人一样，被视为一种经历了痛苦和愉悦的感性存在物。而本顿却引用马克思的伊壁鸠鲁哲学笔记来说明马克思的人与动物二分法，即下面这一句话：“如果一个哲学家不认为把人看作动物是最可耻的，那么他就根本什么都理解不了。”[③] 福斯特指出，实际上，马克思在这里是批判普卢塔克对伊壁鸠鲁唯物主义的攻击，伊壁鸠鲁抵制以恐惧为基础的宗教。因此，在这句话之前的一句话是：“既然在恐惧中，而且是在内心的、无法抑制的恐惧中，人被降低为动物，那么把动物关在笼中，无论怎么关法，对它来说反正都是一样的。”[④]

从福斯特所引用的这段文字来看，我们可以发现，马克思与伊壁鸠鲁

---

① Ted Benton, “Humanism = Speciesism: Marx on Humans and Animals”, *Radical Philosophy*, No. 141, 1988, pp. 4 – 18.

② John Foster and Brett Clark, “Marx and Alienated Speciesism”, *Monthly Review*, Vol. 70, No. 7, 2018, pp. 1 – 20.

③ 《马克思恩格斯全集》第40卷，人民出版社1982年版，第85—86页。

④ 《马克思恩格斯全集》第40卷，人民出版社1982年版，第85页。

一样，在某种意义上承认了动物的心理与人的心理之间的亲缘关系，但更为重要的是，马克思在这里为了批判普卢塔克的宗教目的论，强调了人在以恐惧为基础的宗教面前的受动性，而人的这种受动性，与动物作为自然存在物的受动性是一样的，因此，《马克思恩格斯全集》中文第一版的"人被降低为动物"其实是一种误译，应该译为"人像动物那样受动"，在英文版的《马克思恩格斯全集》第一卷中，原文是"For in fear，and indeed an inner，unextinguishable fear，man is determined as animal，and it is absolutely indifferent to the animal how it is kept in check"①，从"man is determined as an animal"来看，马克思确实将人同动物做比较，强调了人与动物在受动性上是一样的。我们也知道，在《1844 年经济学哲学手稿》中，马克思同样强调了人作为一种自然存在物，是一种受动的"肉体"存在物。

本顿认为，马克思对人与动物关系的物种歧视主义方法论陷入了笛卡尔的主客二分哲学范式，在笛卡尔那里，动物被贬到机器的地位。对此，福斯特指出，在本顿对马克思所谓笛卡尔二元论的描述中，缺失了对 18 世纪和 19 世纪早期德国哲学和心理学中对笛卡尔动物机器概念批判的任何认识，而马克思又恰恰是这一批判的继承者。福斯特这里所说的德国哲学和心理学的代表人物是赫尔曼·萨缪尔·赖马鲁斯（Hermann Samuel Reimarus），他对笛卡尔的动物机器概念提出了挑战，对动物和人类心理学产生了革命性理解，其主要的贡献是引入了"欲望"（德文是 Trieb）这一概念，明确指出动物也有类似于人类的追求有益目的的欲望，并将动物的欲望分成 10 个大类和 57 个次级类别，其中最重要的是动物也具有为其某些行为制定规则的内在"欲望"。福斯特指出，马克思在《1844 年经济学哲学手稿》中指出作为自然存在物的人身上拥有"欲望"②，在《资本论》中将蜘蛛的活动类比织工的活动，将蜜蜂的活动类比建筑师的活动③，从这些可看出马克思并不是笛卡尔式的人物，而是坚持人与动物具有某种亲缘关系，这一观点显然是受到赖马鲁斯的影响，因为马克思曾经在其青年

---

① Karl Marx and Friedrich Engels，*Marx－Engels Collected Works*，*Vol.* 1，New York：International Publishers，1975，pp. 452－453.

② 《马克思恩格斯文集》第 1 卷，人民出版社 2009 年版，第 209 页。

③ 《马克思恩格斯文集》第 5 卷，人民出版社 2009 年版，第 208 页。

时期细读了其著作《关于动物的复杂本能》，对这本著作“下了很大功夫”[1]。

除了讲述马克思与伊壁鸠鲁、赖马鲁斯的关系外，福斯特也论述了达尔文、林奈、居维叶等人对马克思、恩格斯的影响，指出在这些生物进化学家的影响下，马克思、恩格斯的思想中并没有将人类看得比动物更加高级，人体的结构和其他哺乳动物的结构是完全一样的。

在本顿之后，以马克思对人的类本质论述为出发点几乎成了批评马克思物种歧视主义立场的基本方法，批评者先是概括了马克思在论述人的类本质时所凸显出的与动物相异的人的独特性，然后列举了近代科学发展以来人们对动物所拥有的类似人的生理和心理特征，以此来批评马克思在人的本质界定上的不严谨。乔恩·埃尔斯特（Jon Elster）概括了马克思区分人和动物的六个方面，包括自我意识、意向性、语言、使用工具、制造工具和合作。但是，本杰明·贝克（Benjamin Beck）的《动物的工具行为》认为，像螃蟹、海鸥、艾姆猴这样的动物同样具有意向性、生产、使用工具和制造工具的行为。[2] 兴起于20世纪六七十年代的动物解放运动，其立论也是将动物的生理和心理感知作为动物权利、福利和道德地位的本体论根源，将道德对象扩展到动物身上的确是动物解放论的重心所在。

其实，对于这样一种批评马克思的路径，要进行反驳和辩护是相对容易的，除了福斯特所列举的马克思与诸多唯物主义者和生物进化学家之间的思想关系，我们还可以从马克思的其他文本考究中加以辩护。但是，无论是以人与动物的差异性描述来指责马克思是物种歧视主义者，还是以人与动物的相似性描述来为马克思进行辩护，都还不足以构成控辩双方的有力证据。因为对二者任何事实的描述都未能得出某种共同价值判断，即控辩双方都陷入了马克思有无动物的似人性的事实描述，而无论事实是“有”抑或“无”，都无法得出马克思是物种歧视主义者或不是物种歧视主义者的判断。倘若能从人与动物的相似性论述证明马克思不是物种歧视主义者，那就为控告马克思是物种歧视主义者留下了反驳的空间，因为人与

① 《马克思恩格斯全集》第40卷，人民出版社1982年版，第16页。

② ［美］乔恩·埃尔斯特：《理解马克思》，何怀远等译，中国人民大学出版社2016年版，第61—66页。

动物的差异性显然从表面上胜过相似性。[①] 这也是动物解放论者进行论证时存在的问题，因为动物解放论者总是试图以动物的生理和心理性特征类似于人类，来证明动物拥有权利、福利和道德地位。其实就连辛格都曾谈到不能基于事实的平等来论证物种歧视主义的错误[②]，否则我们如何进一步论证那些真的没有痛苦、情感的土地、岩石的权利？只是辛格本人似乎也陷入了自己所提出的这种错误之中。因此，将马克思对动物似人性的论述挖掘出来，其实意义也不大，若由此得出马克思就是一个关于人与动物的平等主义者将是荒谬的。

问题的关键不在于动物是否像人，或者人是否类似于动物这样的事实，而在于人与动物在整个生态圈中的"关系"是怎样的，前者并不会对人究竟该如何行事产生影响，但对后者的探究和阐释所揭示出的事实能影响人在生态圈中如何行事，即能够做什么的问题。从马克思对人与动物的关系的论述看，显然，二者是一种共存于生态圈中"差异中的统一"的关系。尽管马克思有对人与动物相似性特征的描述，但人和动物之间的明显差异是马克思所要强调的，在上述的将蜘蛛活动与织工活动、蜜蜂活动与建筑师活动进行类比后，马克思的笔锋就转向了人类所特有的特征："最蹩脚的建筑师从一开始就比最灵巧的蜜蜂高明的地方，是他在用蜂蜡建筑蜂房以前，已经在自己的头脑中把它建成了。"[③] 从肯定人与动物的相似性到强调人的独特性，是《1844年经济学哲学手稿》《德意志意识形态》中常见的叙述方式。但这种差异又有着"差异中的统一"，即人是不可能脱离动物而存在的，这既体现为人的生存必须依靠外界自然的供给，也体现为外界自然是人的本质的对象化存在，这里的自然包括除人类之外的其他生命体。所以，人与动物就在这种差异下统一于生态圈之中。从这种关系出发，对人该如何行事显然做出了限制，我们完全可以说，在动物面前，动物本身的存在构成了人之所以成为人的基本底线，正是在此意义上，马克思才讲到人直接地是自然存在物，是受动的、受制约的和受限制的存在

---

① 类似的问题也存在于种族主义者和反种族主义者之间，特别是近年来对远古人类尼安德特人和丹尼索瓦人基因组测序的研究结果表明现代人类的DNA并不都与智人相似，而是与前二者相似，例如现代美拉尼西亚人和澳大利亚原住民最高有6%的丹尼索瓦人DNA，这就为种族主义者提供了证据。

② ［澳］彼得·辛格、［美］汤姆·雷根：《动物权利与人类义务》，曾建平、代峰译，北京大学出版社2010年版，第79—83页。

③ 《马克思恩格斯文集》第5卷，人民出版社2009年版，第208页。

物。由此一来，相比对人与动物生理、心理性具有相似性事实的揭示，对人与动物在生态圈中的“关系”事实的揭示，更能打破贬斥马克思物种歧视主义的诘难，并将动物解放建立在更加牢固的本体论基础之上。

二 统一中的差异：人异于动物的唯物主义殊途

如前所述，无论福斯特如何为马克思进行辩护，挖掘马克思的人类与动物的相似性论述，马克思还是通过阐述人的独特性而将人类社会与自然区别开来，从而开启其历史唯物主义运思路径，因此，退一步讲，如果暂不考虑人与动物在生态圈中的统一性，这是否意味着马克思对人与动物的差异性描述同样隐含着物种歧视主义的倾向？其实，在思想史上，将人与动物区分开来，也存在着唯物主义和唯心主义的方法论之分，不同的方法论会引致不同的人类对待动物的可能结果。

对人与动物差异性的唯心主义阐释，是一种从主观方面刻意将人异于甚至优越于动物的独特性展现出来的运思路径，这种路径在描述的过程中，一开始就先验地绘上了人支配动物的主观色彩。对生态危机的思想根源进行追溯，我们可以发现早在基督教的教义中就埋下了人区别于动物的直接证据，《旧约》宣称：“我们要照着我们的形象，按着我们的样式造人，使他们管理海里的鱼、空中的鸟、地上的牲畜和全地，并地上所爬的一切昆虫……要生养众多，遍满地面，治理这地；也要管理海里的鱼、空中的鸟和地上各样行动的活物……我将遍地上一切结种子的菜蔬，和一切树上所结有核的果子，全赐给你们作食物。至于地上的走兽和空中的飞鸟，并各样爬在地上有生命的物，我将青草赐给它们作食物。”基督教教义中这种对人与动物的预设，是直接将人从动物中分离了出来，并且直接赋予了人与动物在自然中的地位，动物是服务于人类的工具性存在物，由此一来，基督教教义就同时直接预设了人与动物之间支配与被支配的关系。而在马克思之前的瑞典生物学家卡尔·林奈（Carl Linnaeus）看来，人之所以为人，当然可以基于自己生理性上的差异而将自己与动物区别开来，但这还不足以构成充分条件，而是存在着一种“认识你自己”的主观过程，即人之所以为人，也会从人自身的内部，从主观上极力将自己视为一个人，换句话说，那些不具备人之外形的动物，也有可能基于自己的能力，而将自己视为人，比如《猩球崛起》中的恺撒和《西部世界》中的人工智能机器人。而人在“认识你自己”的主观过程中，从而同动物区别开来的关键是，动物只会沉浸在对自己有意义的载体所构建出的封闭循环的生态圈之中，而人类则拥有打开这一封闭循环的生态圈的能力，一种可以看到生态圈之外的世界的"敞开"能力。[①] 阿甘本的论述是从人的主观过程开始，演进到人与动物相异的"敞开"能力，由于人极力想证明自己是人，极力想同动物区别开来，这就为人对动物的支配从主观方面开辟了道路。

那么，马克思对人异于动物的"类本质"的阐释是否也是一种从主观方面展开的解析路径呢？对于"类本质"，马克思的认识也是渐进展开的。1842 年，青年马克思在为《莱茵报》撰写的有关第六届莱茵省议会的文章中，在新闻出版议题的"类本质"认识上带有本质主义的倾向，他谈到，"要真正为书报检查制度辩护，辩论人就应当证明书报检查制度是新闻出版自由的本质。而他不来证明这一点，却去证明自由不是人的本质。他为了保存一个良种而抛弃了整个类，因为难道自由不是全部精神存在的类本质，因而也就是新闻出版的类本质吗？"[②] 而马克思对人的类本质及其异化的阐述出现在《1844 年经济学哲学手稿》中，从总体上看，人本主义的异化逻辑是这一手稿中占统摄地位的逻辑线索和话语，由于它先验假定了人的非异化状态下的真实存在，然后将现实的人的生存状态与之进行比较得出异化的非真实存在，由此论证了迈向共产主义社会的必然性，从而这种论证是一种隐匿的唯心主义历史观，如果从这种统摄性的话语来审视这其中所包含的马克思对人的类本质异化的论述，是否马克思也同阿甘本一样，陷入了一种也是从主观出发来论证人与动物的差异的认识论，即人是一种从事自由自觉的活动的人，为了与动物相区别，人极力试图通过展现自由自觉的活动从而形成对包括动物在内的自然的支配？其实不然，人本主义的异化逻辑是就异化理论总体而言的，在异化理论之中，其实同样隐匿着历史唯物主义的逻辑线索，而这正体现在马克思对人与动物相异性的论述上，这条线索常常被遮蔽。

人是什么，或者说人的本质是什么？这一问题的提出已经隐藏在《1844 年经济学哲学手稿》的第一笔记本中，马克思在谈到工人的生存状况时，指出工人不是作为人、不是为繁衍人类而得到他所必要的那一部

---

① ［意］吉奥乔·阿甘本：《敞开：人与动物》，蓝江译，南京大学出版社 2019 年版。

② 《马克思恩格斯全集》第 1 卷，人民出版社 1995 年版，第 171 页。

分，那么，由此而来的问题就是，如果作为人且为繁衍人类，工人到底应该是怎样的生存状态？如何回答这一问题？在第一笔记本阐述异化劳动之前，马克思对此没有做出具体的回答，但我们可以看到，他从反面即人不是什么，做了初步的说明，而在这些说明中，马克思将人同动物做了类比："工人完全像每一匹马一样，只应得到维持劳动所必需的东西""国民经济学把工人只当做劳动的动物，当做仅仅有最必要的肉体需要的牲畜"[①]，也就是说工人不应该像马等其他动物那样只获得维持肉体需要的东西，那些指责马克思是物种歧视主义的人认为马克思在此有贬低动物的意思，其实，从"像""只""仅仅"这样的类比方法常常运用的词汇来看，马克思在此不是贬低动物的地位，而恰恰透露出人与动物在维生方面的共性，人与动物一样都有为了生存而去获取肉体需要的东西，马克思谈及工人的"非人"的生存状况，并不是要否认工人也有同动物一样的这种特征。与动物相比，人无论如何特殊，也包含着这一特征。笔者认为，对这一点的指认是非常重要的，因为只有从共同之处中才能找到二者的不同之处，不以共性为前提的对象，是无法进行比较的。在经济思想史上，亚当·斯密也曾探讨过人的本性，他也是在与动物的比较中得出人的本性，即人具有"互通有无，物物交换，互相交易"的倾向，可是这种倾向却在动物中找不到，只是为人类所特有。[②] 斯密没有从人与动物的共同之处谈起，而直接断定了人具有交换的天性，那么，比较的对象既可以是动物也可以是其他生物甚至非生物，这样一来，动物就没有作为比较对象的意义了，由此所得出的人的本性也就成为一种主观臆想。而从共性出发寻求差异作为出发点，则打开了马克思对人的本质的历史唯物主义书写，我们随即可以在第一笔记本的后半部分对异化劳动的讨论中看到。

马克思对异化劳动的四个规定是劳动者同劳动产品相异化、劳动者同劳动过程相异化、人同自己的类本质相异化、人同人相异化。如果按照异化的逻辑演进链条来看，首先产生的异化是第二个异化，即劳动者同劳动过程相异化，进而才有同劳动结果——劳动产品的异化，有了这两个异化最后才推出第三、四个异化规定。依此顺序，我们会发现，动物一开始就成为马克思加以比照的对象，而且是从人与动物的共同之处进行比照，即

---

① 《马克思恩格斯文集》第1卷，人民出版社2009年版，第124、125页。

② ［英］亚当·斯密：《国富论》，商务印书馆2015年版，第11页。

在劳动过程中，人只是在运用自己的吃、喝、生殖这些机能时才觉得自己是人，而在自己的人类机能方面，即在自己的劳动过程中，却觉得自己是动物。接着在劳动异化的第一个规定中，马克思认为人的对象化却表现为对象的奴隶，也是指明人与动物的共同之处。只是马克思对这种共同之处的比照，是为了说明人本不应当像动物那样劳动，那么，人究竟是怎样的？这就要到异化劳动的第三个规定中去寻找，正是在这个规定的论述中，马克思非常明确地指认了人与动物之间的差异，这主要体现为人是一种从事有意识的生命活动的类存在物。

马克思是怎样确证这一事实的呢？是像阿甘本那样，认为人从主观上有一个"认识你自己"的过程吗？不是的。马克思指出，"通过实践创造对象世界，改造无机界，人证明自己是有意识的类存在物，就是说是这样一种存在物，它把类看做自己的本质，或者说把自身看做类存在物"[①]。人是通过对象性的实践活动"证明"自己是有意识的类存在物，马克思是如何"发现"而不是像唯心主义那样"发明"这一点的呢？他同样是从人与动物的共性之中找出了差异，"诚然，动物也生产。动物为自己营造巢穴或住所，如蜜蜂、海狸、蚂蚁等"[②]，"也"这个词意味着人与动物最初是一样的，都进行生产活动，只是后来在各自生产的进程中，人的生产活动逐渐表现出与动物的巨大差异，例如，人与动物在最初的生产活动中都懂得利用自然力，而人在这种活动中经历了漫长的过程并逐渐习得"摩擦生火"这第一个具有"世界性解放作用"的能力，从而走上了同动物界分开的过程[③]，而再往后，人与动物在此意义上的分离就更多了，这包括人的生产变得更全面，人不只为满足直接的肉体需要进行生产，人再生产整个自然界，人懂得按照任何一个尺度进行生产，人能够按照美的规律来构造，所有这些差异是马克思"发现"而不是"发明"的人的类本质特性。

而到了写作《德意志意识形态》时，马克思和恩格斯将动物和人类的演进史上升到历史发展的高度来讲述。在他们看来，历史可以从自然史和人类史两个方面来考察，但是，这两个方面的历史是不可分割的，人类的历史起初与动物一样完全受制于自然界，"自然界起初是作为一种完全异己的、有无限威力的和不可制服的力量与人们对立的，人们同自然界的关

---

① 《马克思恩格斯文集》第1卷，人民出版社2009年版，第162页。
② 《马克思恩格斯文集》第1卷，人民出版社2009年版，第162页。
③ 《马克思恩格斯文集》第9卷，人民出版社2009年版，第121页。

系完全像动物同自然界的关系一样，人们就像牲畜一样慑服于自然界，因而，这是对自然界的一种纯粹动物式的意识”①，而人类的历史除了从这些自然条件出发，还需要从这一进程由于人们的活动而发生的变更出发，正是对这一方面的考察将人类历史和自然历史区分开来，在此，马克思和恩格斯又将人与动物做了“比对”：“可以根据意识、宗教或随便别的什么来区别人和动物。一当人开始生产自己的生活资料，即迈出由他们的肉体组织所决定的这一步的时候，人本身就开始把自己和动物区别开来。”② 因此，无论如何，人就是在自己的实践进程中逐渐脱离动物界而“越走越远”的，这意味着人与动物的差异程度不会随着历史的发展而消失，反而是逐渐增强，到了共产主义社会，这种差异依然存在并最终完成，恩格斯指认了这一点，他说：“一旦社会占有了生产资料，商品生产就将被消除，而产品对生产者的统治也将随之消除。社会生产内部的无政府状态将为有计划的自觉的组织所代替。个体生存斗争停止了。于是，人在一定意义上才最终地脱离了动物界，从动物的生存条件进入真正人的生存条件。”③ 这里还需提醒的是，如前所述，无论如何演进，这种差异及其差异的最终完成，不是一种二元对立式的进程，而是在人与动物的“统一”前提下完成的。

至此，我们可以得出结论，马克思的确阐述了人与动物的差异，但与基督教教义中明确的人类中心主义倾向，以及阿甘本的主观过程视角不同，马克思是以历史唯物主义方式，书写了人与动物的差异。马克思不是先验就假定人是自由自觉的劳动者，而是按照历史唯物主义的方法，指出在自然界自身的演进过程中，人作为自然界的一个成员，起初和其他动物并没有什么区别，在此意义上二者是“统一”的，只是在各自的劳动中（假如动物也有劳动），人从最初的“似动物性”，通过对象性的实践活动这一载体渐进地走出了一条“非动物性”的类存在物的“差异”道路，最终获得了类似于阿甘本所说的“敞开”能力，因此，马克思所描述的人与动物的差异是一种唯物的、自然历史性的差异，可以说，人与动物是在共同演进的过程中各自演绎了自己不同的“精彩人生”。与前述的人与动物的“差异中的统一”对应，我们可以将这种“精彩人生”称为“统一中

① 《马克思恩格斯文集》第1卷，人民出版社2009年版，第534页。
② 《马克思恩格斯文集》第1卷，人民出版社2009年版，第519页。
③ 《马克思恩格斯文集》第3卷，人民出版社2009年版，第564页。

的差异”。由此，与从主观过程出发不同，历史唯物主义的运思路径并不产生人与动物之间的支配与被支配的等级关系，是一种自然历史性的描述，而不是一种规范性的价值判断，马克思不是本质主义者，将马克思关于人与动物的论述解读成笛卡尔式的二元论纯属无稽之谈。

三 超越资本宰制：动物解放的唯物主义路径

如果说在阐释人是怎样异于动物的问题上存在着唯心主义的运思路径，那么，在如何解放动物的问题上同样地也存在着唯心主义的运思路径。唯心主义将获取正确的思想视为采取道德行动的首要任务，是先有正确的意识，而后才有正确的行动。将这种运思路径运用到动物解放论中，就意味着要教导人们进行价值观的变革，由原来的人类中心主义价值观向生态中心主义价值观转变，而为了获取生态中心主义价值观，就必须贬斥思想史上的人类中心主义，挖掘生态中心主义的思想资源。由于宗教在规制教众行动方面的力量和上述基督教教义中对人类形象的塑造，就出现了其他学者的不同阐释路径，他们认为基督教教义中人对动物的管理关系，实际上并不是怂恿鲁莽、破坏自然的态度，人类被上帝创造出来充当上帝的管理员，应当保护地上的生物，因此完全可以从基督教教义中发展出一套生态伦理来。除了基督教之外，中国传统儒家、道家和佛教的“天人合一”“顺其自然”“无为而治”等思想也常常被捧上生态价值观的位置。树立正确的意识，挖掘生态价值观当然是重要的，但认为由此能够并且必须将其转化为生态行为则存在着误区：一方面，在具有生态价值观的传统中国社会里，同样存在着生态破坏的行为；另一方面，将生态价值观强加于人们身上带有普世教化的韵味，它不顾特定的历史时空和具有阶级属性的人群，要求所有人遵守同样的道德律令，是一种非历史性的“普世价值”。

唯心主义的动物解放论是“从天国降到人间”，而马克思的动物解放论完全相反，是“从人间升到天国”。马克思对人与动物在生态圈中“差异中的统一”或者“统一中的差异”这种“人间”事实的揭示，即把人当作生态圈的一员揭示人与其他成员的关系，仅是“影响”到人能做什么的问题，这并不意味着人类社会就会形成共同的、不变的实践过程，实践过程是一个价值选择的过程，人类社会最终会做出怎样的价值选择往往受多种复杂因素的影响，在这其中，一个社会的生产方式及其与之相适应的生产关系和交换关系对人类的价值选择起到决定性的作用，上述生态中心主义的价值观之所以无法得以实施，其中很重要的因素是受现实生产生活过程中占支配地位的生产方式的规制或者掣肘，这也是历史唯物主义在对“人间”不断变迁的生产方式揭示中所隐含的对动物解放论的另一个意涵，即它揭示了在不同的生产方式之下，人类对待动物的不同方式及其后果，并为我们提供了让动物彻底解放的真正道路。由此，我们同样可以遵循历史唯物主义的基本精神，考察不同社会生产方式下人与动物关系的动态演进，特别是其在资本主义生产方式中的存在状态。[①]

在原始的狩猎采集时代，动物与人的关系表现为动物是作为人的食物而存在，但这并不意味着动物受制于人类，反而是在固有的生理性特征下，人类为了生存而受制于动物。摩尔根曾经指出：“从生理结构上看，人类是一种杂食动物，但在很古的时代，他们实际上以果实为主要食物；在那个时代，他们是否积极地寻找动物作为食物，这一点只有付诸猜测了。”[②] 的确如此，同动物相比，远古人类并不显得更加高级，为了存活，人类必须了解周遭环境，包括动物的生活习性，有些部落还发展出禁猎某些动物的图腾禁忌或者每隔几年才到一个地区进行捕猎的猎杀模式，以此来保护动物资源以便于维持食物的长期供应。正因为获取动物为食如此困难，在人与动物的地位上，以及人类获取和占有动物的方式上，远古人类社会均带有共同性特征，在动物面前，人类就是“三无产品”：无人名、无私产、无交易。在美洲各地的土著中，所有氏族都以某种动物或微生物命名，例如，狼氏、熊氏、海狸氏，从没有以个人命名的，氏族成员甚至声称自己就是本氏族命名的那种动物的子孙，大神把他们的祖宗由动物变成人形，他们也不吃本氏族命名的那种动物。可见，在动物面前，人类毫无个体性。马克思的柯瓦列夫斯基笔记则认为，人类将狩猎和捕鱼作为相同的营生，在美洲大陆，北美的达科塔人的“狩猎物不是私有财产，而是

---

① 马克思在写作《资本论》时就认识到在不同的历史形态下，动物在生产过程中的作用和地位是不同的。他谈到笛卡尔主客二分的思维方法时指出，笛卡尔用主客二分的思维方法，将工场手工业时期的动物界定为机器，而在中世纪，甚至在更久远的年代，动物在人类的生产过程中是助手：“按照笛卡儿下的定义，动物是单纯的机器，他是用与中世纪不同的工场手工业时期的眼光来看问题的。在中世纪，动物被看做人的助手”。参见《马克思恩格斯文集》第5卷，人民出版社2009年版，第448页。

② [美] 路易斯·亨利·摩尔根：《古代社会》（上册），杨东莼等译，商务印书馆1977年版，第19页。

整个狩猎者集团的共同财富。每人都获得‘相等的’一份”①。而在交换关系上，斯密、李嘉图假定人类具有交换倾向的天性是没有证据的，在原始的狩猎采集时代，没有证据显示当时的人类具有交易肉类之类的消费品的倾向。

在经历了漫长的历史过程后，由于人类对火的发现、对工具的使用和制造、语言的产生，以及人脑意识和合作能力的发展，人对动物越来越具有优越性，人与动物的关系也逐渐发生改变，从受动物的制约阶段演进到驯化动物的阶段。在农业革命发生之前，人类就驯化了狗，它成为人类捕猎时的助手。后来，大约公元前9500年至公元前3500年，在中东、中国、中美洲地区开始驯化绵羊、山羊、牛、猪、鸡、驴、马、骆驼等动物，自此往后，动物就分成两类：野生动物和驯养动物。随着上面这些动物和同一时期植物的驯化，人类获取生活资料的方式较之前发生了巨大变化，人类从游牧生活过渡到定居生活，人类社会迈向以农业生产为主的奴隶社会和封建社会。人类社会的第一次变革改变了人与人之间的社会经济关系和政治权力关系，也带来了人与动物关系的变革，动物在人类社会中的用途主要表现为以下三种：一是仍为人类所食用；二是用于皮毛交易；三是在家庭、商贸往来和战场等场所上用作役畜。除了用途的改变和拓展，更为关键的是，人类社会由此开启了将动物视为财产，对动物进行交易的道路。

马克思在摘抄摩尔根《古代社会》笔记中有关财产观念的部分时就指出，对财产的最早观念是同获得生活资料的基本需要紧密相连的，随着生活资料所依赖的生存技术的增进，财产的对象也会随之增加起来。也就是说，当人类获取驯养动物这一生存技术后，人类就有了“财产”观念产生的可能。的确如此，摩尔根在《古代社会》中描述了在中级野蛮社会和高级野蛮社会下，饲养动物这一生存技术的增进，如何促使动物归个人所有的财产观念的形成，以及动物在人类社会中的用途越来越多样化的倾向，包括其成为商品用于交换。对摩尔根的相关论述，马克思都做了摘要，并加了着重线。

那么，动物在人类社会发生这种转型后的生存状态如何？我们可以发现那些被驯化的动物由原来野生状态下被随机性地杀食，转变为被选择性

---

① ［德］马克思：《马克思古代社会史笔记》，人民出版社1996年版，第2页。

地杀食，其生长的天然进程和活动空间也逐渐受到人类的干预和限制，因此，从自由程度来看，动物与奴隶制下的奴隶并无异样，且在奴隶解放后的封建社会也没有发生变化，在农业社会，动物就是“动物奴隶”。不仅如此，被驯化的动物在奴隶制这样的社会形态下，还会遭受奴隶的虐待，因为奴隶和被驯服的动物一样只是生产工具，而奴隶为了表现自己是人，就将奴隶主平时虐待奴隶的行为用在了动物身上，对此，奴隶主只能选择那些更能挨疼的动物充当劳动资料。

行文至此，我们先对远古的狩猎采集时代和以农业生产为主的奴隶制、封建制时代的人与动物关系做一个小结：一是就获取、生产动物的目的而言，人类社会经历了从食用的单一使用价值生产向食用、皮毛交易、祭祀、搬运等多种使用价值生产的转变；二是就获取、生产动物的方式而言，人类社会经历了从随机性杀食向选择性、干预性驯养的转变；三是就人与动物的关系而言，人类社会经历了从人与动物相互制约、相互依赖到人类“有限”控制某些野生动物的转变。

那么，当历史继续前行，演进到工业化生产的资本主义时代后，人与动物的关系又经历了怎样的变化？商品流通是资本的起点，资本主义是在前资本主义时代的商品流通基础上发展而来的，因此，我们必须比较动物在前资本主义时代的商品流通中与动物在资本主义时代的资本流通中的不同，从而揭示人与动物关系的变化。商品流通的公式是：W—G—W，资本流通的公式是：G—W—G′，我们就来看看动物在二者中的差异。

从形式上看，动物在商品流通中可以位于公式的任一阶段和位置。动物既可以位于“W—G”售卖阶段的“W”位置，作为一种商品被人类出售，也可以位于“G—W”购买阶段的“W”位置，也是作为一种商品等待人类购买，同时，动物在历史上还曾经作为货币意义的牲畜而存在，作为一般等价物促成两种商品的交换，马克思指出，在不同公社间的物物交换中变成商品的那些特殊使用价值，如奴隶、牲畜、金属，大多成为公社本身内部最早的货币，后来，马克思在写作《资本论》时再次指出，在交换过程中，货币形式曾经固定在本地可以让渡的财产主要部分，如牲畜这种使用物品上。[①] 而动物在资本流通中只能位于“G—W”购买阶段的

---

① 《马克思恩格斯全集》第31卷，人民出版社1998年版，第443页；《马克思恩格斯文集》第5卷，人民出版社2009年版，第108页。

"W"位置，但它充当的角色却比较复杂。如果资本流通的总公式在这里指的是生产资本的总公式，那么，动物首先作为一种商品被资本家买入充当生产资料，"农业越是发达，它的一切要素也就越是不仅形式上，而且实际上作为商品加入农业，也就是说，这些要素来自外部，是另外一些生产者的产品（种子、肥料、牲畜、动物饲料等）"①。此时的动物要么成为工人的劳动对象，要么成为工人的劳动资料，或者同时充当二者，如马克思所说："在同一劳动过程中，同一产品可以既充当劳动资料，又充当原料。例如，在牲畜饲养业中，牲畜既是被加工的原料，又是制造肥料的手段"②，当动物（包括野生动物和驯养的牲畜）作为劳动对象而存在时，经过工人的劳动作用，它最终又会变成一种商品——W′出售给消费者，而当动物作为劳动资料而存在时，它就始终处于这一存在方式直至"终老"。如果资本流通的总公式在这里指的是商业资本的总公式，那么，动物在此被当作商品买入后又被当作商品卖出，这种情况主要存在于野生动物的交易中，既可以表现为供人类食用野生动物方面的交易，也可以表现为供人类观赏野生动物方面的交易。

从内容上看，动物在商品流通中从属于获取使用价值、满足需要这一生产目的，而在资本流通中从属于获取剩余价值、满足资本增殖这一生产目的，可以说，人类获取、生产动物经历了从使用价值生产向以使用价值为载体、以剩余价值生产为目的的转变，动物不仅变成商品，而且变成资本增殖的工具。在前资本主义和资本主义社会，动物都曾作为商品被人类进行生产和交换，但二者之间却存在着本质差别。在前资本主义社会，人类对动物进行交易的目的尽管随着动物使用价值的多样化发展而相应变得多种多样，但无论如何都是为了获得动物的使用价值。而在资本流通中，获取剩余价值、满足资本增殖成为生产目的，从量的层面上看，这是没有限制的发展，因此，与商品流通中的动物相比，在资本流通中必然要求动物发生在量上的无限繁殖和驯养倾向，而相应地在消费端则要求家禽消费的大众化发展。

在资本流通中，更重要的是质的层面的变革，表现为动物成为资本增殖的工具。资本家将动物购买回来充当生产资料，成为不变资本，其价值

① 《马克思恩格斯全集》第34卷，人民出版社2008年版，第54页。

② 《马克思恩格斯文集》第5卷，人民出版社2009年版，第213页。

是过往劳动的凝结，在雇佣工人的劳动作用下，其原有价值就转移到新产品中，构成新产品价值的一部分，如果其本身就作为劳动对象而存在，那么，在生产结束时它就作为新产品被售卖，不仅不变资本的价值回到资本家手中，而且资本家还从中获得剩余价值，因此，虽然动物不创造新价值，没有直接促进资本增殖，但它和工人共同成为资本增殖必不可少的工具。如前所述，从形式上看，在商品流通和资本流通中，动物都可以被当作商品被购买或者售卖，但是，从内容上看，动物在商品流通中被购买或者售卖是由其自身的固有的物质属性或者自然属性所决定，也就是由其使用价值所决定，体现的是人与物之间的关系，而动物在资本流通中被购买或者售卖是由它在资本主义生产过程中所发挥的作用所决定，即由它的社会属性所决定，我们可以根据前述它在资本增殖中转移旧价值的作用将动物归入不变资本范畴，也可以根据它在资本周转中的价值转移方式将动物归入固定资本或者流动资本的范畴，动物成为资本的“代言人”。因此，我们不能将商品流通和资本流通中的动物等同起来看待，尽管二者在形式上都可以作为商品而存在，马克思就曾批评斯密等古典资产阶级政治经济学家在这些概念上所陷入的混乱，他说：“他们把那种由价值流通引起的经济的形式规定性，和物质的属性混同起来，好像那些就本身说根本不是资本，只是在一定社会关系内才成为资本的东西，就它们本身说天生就可以是具有一定形式的资本——固定资本或流动资本。……牲畜作为役畜，是固定资本；作为肥育的牲畜，则是原料，它最后会作为产品进入流通，因此不是固定资本，而是流动资本。”[①] 也就是说，牲畜本身不是资本，它只有在一定的社会条件下，即被资本家作为剥削雇佣工人的工具时，才成为资本，而斯密等人却认为牲畜天然就是资本，或者牲畜天然就是固定资本，从而将资本主义生产方式进行了历史化、永恒化、自然化。

当动物处于资本流通之中后，它的存在方式就必须服从资本流通获取剩余价值最大化的规律。例如，从固定资本和流动资本的角度看，动物的存在方式受到资本周转速度的影响。资本家获取剩余价值的大小受到资本周转时间的影响，资本周转速度越快，越有利于获取剩余价值。而资本周转速度又受到生产时间和劳动时间不一致的影响，以及劳动期间长短的影响。资本周转时间包括生产时间和流通时间，生产时间又包括劳动时间和

① 《马克思恩格斯文集》第6卷，人民出版社2009年版，第180—181页。

非劳动时间，生产资料在非劳动时间不起劳动吸收器的作用，不吸收工人的剩余劳动，此时的固定资本也中断发挥职能，生产资本也不会增殖，但"如果这个固定资本由役畜构成，那么，发生中断时会同干活时一样，在饲料等等方面继续需要同量的或几乎同量的支出"[①]，显然这是很不利于资本家的，为此，只有减少非劳动时间，资本家才能获取尽可能多的剩余价值，这就出现了工厂中的换班制度，将工人在工厂中的一切时间都变成劳动时间，而当诸如马、牛等动物成为役畜作为固定资本时，工人的这种劳动状态当然也会相应导致这些役畜劳动强度的加大，从而缩短役畜的寿命，"役用马常常遭到残忍对待。过度负重的马匹，连挽具都来不及取下就一命呜呼，在体力耗尽而崩溃时，被无情地扔进沟里喂狗。……几乎所有马匹都要面对过度劳累的一生"[②]。

而当牛、羊这些动物成为驯养的牲畜作为流动资本时，生产这些牲畜的劳动期间是由一定的自然条件决定的，羊的生产可能需要两三年，牛的生产可能需要四五年，这对于资本家获取剩余价值来说太长了，因为劳动期间越长，资本周转的速度就越慢，还有遭遇经济危机风险的可能，所以，为了缩短它们的劳动期间，通过科学技术干预牛羊等牲畜的生长就成为必然。马克思注意到了当时法国资产阶级经济学家、政治活动家、保皇党人拉韦涅的著作《英格兰、苏格兰和爱尔兰的农村经济》，这一著作对英国农业经济在加速动物生长速度方面大加赞赏，因为"饲养牲畜的人现在用以前养出一只羊的时间，可以养出三只来供应市场，而且这种羊长肉最多的部位发育得更宽大浑圆了。它们的全部重量几乎纯粹是肉。"马克思也介绍了英国农学家、畜牧家、育种家贝克韦尔的科学研究成果——新莱斯特羊："要在五年期满之前提供一个五年生的动物，自然是不可能的。但在一定限度内，通过饲养方法的改变，使牲畜在较短时间成长起来供一定的用途，却是可能的。贝克韦尔正是在这方面做出了成绩。以前，英国羊，像1855年前的法国羊一样，不满四年或五年是不能宰的。按照贝克韦尔的一套方法，一年生的羊已经可以肥育，无论如何，在满两年以前可以完全成熟。迪什利·格兰奇的租地农场主贝克韦尔，由于精心选种，使羊

① 《马克思恩格斯文集》第6卷，人民出版社2009年版，第270页。

② ［英］布莱恩·费根：《亲密关系：动物如何塑造人类历史》，刘诗军译，浙江大学出版社2019年版，第250页。

的骨骼缩小到它们生存所必需的最低限度。他的这种羊叫做新莱斯特羊。”[1]。但是，对动物的这种遭遇，马克思表达了厌恶之感：被改变的动物“以早熟、全身病态、骨质疏松、脂肪和肌肉大量发育等为特征。这些都是人工制品。真恶心!”将拉韦涅的著作翻译成德语的威廉·汉姆（Wilhelm Hamm）也高度赞赏英国改进动物的农业经济，对此，马克思也质问：将这种在“盒子中饲养”动物的行为比作将动物投入“细胞监狱系统”一般，动物在这一监狱中出生直至被宰杀，问题是，这一体系与那些只是为了获取纯肉和大量脂肪而终止骨骼生长的动物繁殖体系相结合，是否会最终导致生命力的严重退化?[2] 马克思对牲畜生长周期遭人为干预的描述，使我们明白了当今时代为何产生“催熟”鸡鸭的缘由，这一切都是为了加快资本周转速度获取利润使然，“贝克韦尔仅靠出租他的优质公羊，就能获利3000多金币（相当于今天的5000美元)。……用肉食和羊毛赚钱是贝克韦尔永恒的追求”[3]。

至此，要实现动物的彻底解放，只有将其置于社会主义生产方式的根本前提之下才有可能，尽管对此的制度设计还有待进一步细究，但从所有制的维度来看，我们可以将马克思如下这段话作为一个基本出发点来结束全文的论述：“托马斯·闵采尔正是在这个意义上认为下述情况是不能容忍的：‘一切生灵，水里的鱼，天空的鸟，地上的植物，都成了财产；但是，生灵也应该获得自由。’”[4]

---

① 《马克思恩格斯文集》第6卷，人民出版社2009年版，第264页。

② Kohei Saito, *Karl Marx' s Ecosocialism: Capitalism, Nature, and the Unfinished Critique of Political Economy*, New York: Monthly Review Press, 2017, p. 209.

③ ［英］布莱恩·费根：《亲密关系：动物如何塑造人类历史》，刘诗军译，浙江大学出版社2019年版，第246页。

④ 《马克思恩格斯文集》第1卷，人民出版社2009年版，第52页。

从生态帝国主义批判到资本主义国际生态秩序批判

鞠传国[*]

资本主义的全球扩张引发了全球生态危机，生态学马克思主义以及绿色左翼的哲学家、思想家们深入探析这一问题，其中约翰·贝拉米·福斯特提出了生态帝国主义批判思想，乌尔里希·布兰德则提出了“帝国式生活方式”理论。这两种理论是目前哲学家、思想家们论述资本主义与全球生态危机相互关系最主要的理论成果，然而，生态帝国主义批判思想需要更进一步的丰富发展，“帝国式生活方式”理论则存在着一定的缺陷和问题——本文将评析这两种理论的价值与不足，进而提出“资本主义国际生态秩序批判”，希望能够通过“资本主义国际生态秩序批判”来更好地分析与应对资本主义所引发的全球生态危机。

一 福斯特生态帝国主义批判思想的贡献与不足

在1994年出版的《脆弱的星球：环境经济学简史》一书中，福斯特简要梳理了人类社会与生态环境相互关系的历史发展过程，分阶段论述了第一次工业革命之前的生态破坏情况、18世纪中叶至19世纪中叶第一次工业革命时期的生态破坏情况以及19世纪中叶之后的生态破坏情况，进而总结了资本主义全球扩张的生态影响，提出了“生态帝国主义”的重要概念。具体来说，在福斯特看来，资本主义世界体系具有自身独特的等级秩序，世界各国可以被划分为中心国家和外围国家：其中，发达资本主义国家是中心国家，它们在国际政治经济秩序中占据支配地位；而广大发展中国家则是外围国家，它们依附于中心国家、在国际政治经济秩序中处于被

* 鞠传国，北京大学马克思主义学院，习近平新时代中国特色社会主义思想研究院。

支配地位。福斯特敏锐地意识到了“这种等级制度的存在意味着外围国家的人民和生态系统被视为先进资本主义中心国家增长要求的附属品”[①]，于是，他提出了“生态帝国主义”概念，用以表征发达资本主义国家为了本国利益而在世界各地破坏生态环境进而引发全球生态危机的世界历史现象，并且论述了资源掠夺、污染输出以及生态战争等的生态帝国主义表现形式。

此后，福斯特陆续出版了《生态危机与资本主义》《赤裸的帝国主义：美国对全球统治地位的追求》以及《生态革命：与地球和平相处》等多部著作，并且发表了一系列学术论文，深刻揭示了生态帝国主义的生态剥削问题。具体来说，福斯特援引资本主义“踏轮磨坊式的生产方式”理论、资本主义的“第二重矛盾”理论以及资本主义的“新陈代谢断裂”理论来论证资本主义破坏生态环境的必然性，进而指出发达资本主义国家为了实现资本增殖而进行全球扩张，在自己获利、维护好本国生态环境的同时却利用不合理的国际政治经济秩序给广大发展中国家造成了环境污染与生态破坏的现实问题，实际上就是在对广大发展中国家进行生态剥削。例如，在《生态危机与资本主义》一书中，他指出“发达国家每年都在向第三世界运送数百万吨的废料。1987 年，产自费城的富含二氧杂芑的工业废渣倾倒在了几内亚和海地”[②]；例如，在《赤裸的帝国主义：美国对全球统治地位的追求》一书中，他指出“在经济停滞、全球贫富分化加剧、美国经济霸权削弱、核威胁加剧以及生态衰退不断深化的全球危机扩散时期，美国正在寻求对地球行使主权权力”[③]；又如，在《生态革命：与地球和平相处》一书中，他指出美国发动阿富汗战争和伊拉克战争就是为了攫取中东地区的石油天然气资源，而美国盲目开采石油、燃烧化石燃料的做法将会引发全球性的生态灾难。[④] 在案例分析的基础上，福斯特认为发达资本主义国家已经对发展中国家欠下了沉重的“生态债务”——发达资本主义国

---

① J. B. Foster, *The Vulnerable Planet: A Short Economic History of the Environment*, Monthly Review Press, 1994, p. 85.

② ［美］约翰·贝拉米·福斯特：《生态危机与资本主义》，耿建新、宋兴无译，上海译文出版社 2006 年版，第 56—57 页。

③ J. B. Foster, *Naked Imperialism: The U. S. Pursuit of Global Dominance*, Monthly Review Press, 2006, p. 20.

④ ［美］福斯特：《生态革命：与地球和平相处》，刘仁胜、李晶、董慧译，人民出版社 2015 年版，第 89 页。

家通过金融债务的方式控制着发展中国家，但是福斯特分析指出，发达资本主义国家亏欠发展中国家的“生态债务”，其数额至少已经达到了发展中国家所欠发达资本主义国家金融债务的三倍。

在此基础上，福斯特希望通过“生态革命”来抵抗生态帝国主义。发达资本主义国家破坏了广大发展中国家的生态环境，但是由此而造成的很多生态问题却不会只停留在发展中国家，例如气候变暖、海平面上升、臭氧层空洞等生态问题都已经超越国界而具有了全球性影响，导致发达资本主义国家自身也面临着这些问题所带来的冲击与挑战——正如福斯特所指出的那样，“这样的生态帝国主义只在几个世纪的发展进程中就制造出全球性的环境危机，并将地球生态置于危险可怕的境地”[①]。在全球生态危机的压力之下，福斯特认为人们抵抗生态帝国主义的斗争将会不断加剧，而只有一种“革命性的社会解决方案”才有可能真正战胜生态帝国主义，那就是坚持马克思主义的思想观点、推翻资本主义不合理的社会制度，“由自由联合起来的生产者，合理地组织人类与自然之间的新陈代谢”[②]，也就是进行“生态革命”。总的来说，福斯特认为生态革命是一种反对资本主义的社会主义革命，在《赤裸的帝国主义：美国对全球统治地位的追求》一书中，他指出帝国主义“目前的野蛮状态正在为新的全球大屠杀和日益恶化的生态崩溃铺平道路，而只有沿着社会主义的方向超越资本主义，才有可能摆脱这种野蛮状态”[③]；而在《生态革命：与地球和平相处》一书中，他深入考察了生态因素在资本主义向社会主义过渡过程中的影响作用，指出发达资本主义国家的环境保护运动与社会主义运动相分离、无法有效地推动生态革命，反而是古巴、委内瑞拉以及玻利维亚等国采取了很多具有社会主义性质的政策措施来解决生态问题，展现了生态革命的发展前景。

综上所述，福斯特的生态帝国主义批判思想指明了资本主义就是全球生态危机的社会历史根源，其中“生态帝国主义”“生态债务”“生态革

---

① ［美］约翰·贝拉米·福斯特：《生态危机与资本主义》，耿建新、宋兴无译，上海译文出版社2006年版，第79页。

② ［美］福斯特：《生态革命：与地球和平相处》，刘仁胜、李晶、董慧译，人民出版社2015年版，第226页。

③ J. B. Foster, *Naked Imperialism*: *The U. S. Pursuit of Global Dominance*, Monthly Review Press, 2006, p. 160.

命”等概念范畴有助于人们更加深刻地认识全球生态危机，有助于人们明确应对全球生态危机的努力方向，具有重要的理论意义和现实意义。然而，福斯特的生态帝国主义批判思想仍旧存在着一定的不足之处，需要更进一步的丰富发展。第一，福斯特对人类社会与生态环境相互关系的历史梳理较为简单，而且并未论证他所做出的阶段性划分的合理性——生态帝国主义批判思想需要更加深入、更加系统地考察资本主义全球扩张引发全球生态危机的历史过程，从而更加清晰地呈现资本主义与全球生态危机的相互关系。第二，正是由于尚未深入细致、系统全面地考察社会历史现实情况，福斯特无法为生态革命的实现提出切实可行的具体措施——实际上，在2009年出版的《生态革命：与地球和平相处》一书中，福斯特认为，“整个地球仍然牢牢地掌握在资本及其世界异化的手中……这种必须进行的全球性生态革命基本上没有什么现实前景”[①]；而在2017年发表的《漫长的生态革命》一文中，福斯特仍旧认为生态革命将会是一个漫长而波折的过程，“这场革命必将伴随着胜利和失败以及持续的努力奋斗，它会长达数个世纪”[②]。

二 布兰德“帝国式生活方式”理论的价值与问题

布兰德认同福斯特的生态帝国主义批判思想，但是他也指出了生态帝国主义批判思想存在着不足之处：“虽然帝国主义的国际秩序在本质上依赖权力、统治与/或暴力，但这种秩序也并非一旦确立就能获得一定程度的稳定性。”[③] 如前所述，生态帝国主义批判思想尚未深入细致、系统全面地考察资本主义全球扩张引发全球生态危机的社会历史现实情况，在这里，布兰德追问的就是：既然发达资本主义国家所引发的全球生态危机日益严峻，生态帝国主义又何以能够在现实中稳定地长期存在，“何以能够扎根于日常实践并得到国家制度的支持，并且以其帝国性质得到隐藏的方

① ［美］福斯特：《生态革命：与地球和平相处》，刘仁胜、李晶、董慧译，人民出版社2015年版，第250页。

② ［美］约翰·贝拉米·福斯特：《漫长的生态革命》，刘仁胜、武烜译，《国外理论动态》2018年第8期。

③ ［德］乌尔里希·布兰德、马库斯·维森：《作为可持续政治主要障碍的帝国式生活方式》，曹得宝译，《国外理论动态》2019年第9期。

式实现了常态化。"① 为了回答生态帝国主义的稳定性与常态化问题，布兰德提出了他的"帝国式生活方式"理论。

与福斯特一样，布兰德承认资本主义的主导性逻辑就是追求资本增殖的无限扩张，也承认发达资本主义国家塑造了不合理的国际政治经济秩序，并且将世界各国划分为发达资本主义国家所构成的中心国家（北方国家）与广大发展中国家所构成的边缘国家（南方国家），进而指出"帝国式生活方式"是生态帝国主义得以实现稳定性、常态化的关键所在："资本主义中心地区的生产力和物质财富的增加，依赖于一个有利于北方国家的世界资源系统和国际劳动分工，并借助'帝国式生活方式'使这一切隐于无形，结果是，它背后所蕴含的统治和权力关系被常态化。"② 具体来说，布兰德援引规制（调节）理论来论述"帝国式生活方式"，这种理论认为，虽然资本主义的社会关系存在着复杂的矛盾冲突，但却可以通过社会制度、价值规范等的规制（调节）方式来规制（调节）社会的自然关系，维持社会中生产、分配与消费方式暂时的一致性，进而形成某种有利于资本增殖、有利于资本主义发展的"积累体制"——"帝国式生活方式"指的就是北方国家资本主义的社会制度与价值规范在规制（调节）社会的自然关系过程中所形成的生产、分配与消费方式，以及建立在这种生产、分配与消费方式基础上的对"美好生活"的理解与追求。"帝国式生活方式"在北方国家的社会生活中占据主导地位，在资本增殖的驱使之下，这种生活方式的存在与维持依赖于对劳动力的剥削压迫、对自然资源的残酷掠夺、对生态系统的肆意破坏以及对全球"污水池"的过度索取，并且由军事力量以及军事力量基础上的不合理的国际秩序加以维护，所以被称为"帝国式生活方式"。

在概念界定的基础上，布兰德论述了"帝国式生活方式"全球扩张的历史过程。从16世纪初资本主义列强开始进行殖民扩张到19世纪末资本主义世界体系基本形成，三百多年的时间里北方国家上层阶级的生活方式就是"帝国式生活方式"；进入20世纪之后，组织进行流水线标准化生产的福特制提高了北方国家的生产效率，促进了商品的大量生产与大量消

---

① ［德］乌尔里希·布兰德、马尔库斯·威森：《资本主义自然的限度：帝国式生活方式的理论阐释及其超越》，郇庆治等编译，中国环境出版集团2019年版，第14页。

② ［德］乌尔里希·布兰德、马尔库斯·威森：《资本主义自然的限度：帝国式生活方式的理论阐释及其超越》，郇庆治等编译，中国环境出版集团2019年版，第2页。

费，使得北方国家的普通民众也可以享有“帝国式生活方式”；而在 20 世纪 80 年代之后，随着资本主义经济全球化的深入发展，“帝国式生活方式”又在南方国家逐渐盛行起来。在不合理的国际政治经济秩序之下，“帝国式生活方式”的社会成本和生态成本最终是由南方国家来承受的，正如布兰德所描述的那样：“‘肮脏的工业’被重新安置到其他国家，废物被运往东欧和非洲，全球北方国家的二氧化碳被南方国家的热带雨林所吸收，廉价和被过度剥削的工资劳动者使资本主义中心和南方国家的中上阶层的物质福祉得以实现。”① 南方国家的生态环境不堪重负，很多生态问题早已演变成了全球性的生态危机，但是布兰德指出，北方国家仍旧可以在坚持“帝国式生活方式”的基础上通过各种各样的规制（调节）方式有效地管控社会的自然关系，有选择性地发展绿色经济来追求形成一种新的资本主义社会形态（即“绿色资本主义”），同时继续进行对南方国家的生态剥削——在布兰德看来，“生态危机本身并不能成为对资本主义的基本结构和发展动力的质疑”②。

当然，布兰德也承认发展绿色经济以及在绿色经济基础上形成的“绿色资本主义”并不能彻底解决资本主义的根本矛盾，所以他呼吁人们在日常生活中逐渐改变现行的生产、分配与消费方式，改变在此基础上所建立的各种社会关系，使得自己的生活不再依赖于对劳动力的剥削压迫和对生态的掠夺破坏，从而摈弃“帝国式生活方式”、形成一种生态可持续的“团结的生活方式”，最终实现社会生态转型。至于具体的实践措施，布兰德认为人们可以从身边小事做起，例如创建社区花园、成立互换小组、实行汽车共享以及制定回收再利用计划等，在一点一滴中创造自己对“帝国式生活方式”的替代性方案。

布兰德论述了“帝国式生活方式”理论的价值，认为这一理论揭示了生活方式对全球生态危机的深刻影响，可以解释为什么人们日渐高涨的生态危机意识并没有转化为社会变革的实际行动，并且有助于人们理解右翼

---

① ［德］乌尔里希·布兰德、马尔库斯·威森：《资本主义自然的限度：帝国式生活方式的理论阐释及其超越》，郇庆治等编译，中国环境出版集团 2019 年版，第 51 页。

② ［德］乌尔里希·布兰德：《生态马克思主义及其超越：对霸权性资本主义社会自然关系的批判》，徐越译，《南京工业大学学报》（社会科学版）2016 年第 1 期。

势力与威权主义在国际政治中的崛起。[1] 总的来说，布兰德的“帝国式生活方式”理论探析了全球生态危机的日常生活根源，提出了在日常生活中改变“帝国式生活方式”、应对全球生态危机的具体措施，对我国的生态文明理论研究与生态文明建设实践具有启示意义。但是，布兰德对“帝国式生活方式”的强调淡化了对资本主义的分析批判[2]（如前所述，他认为生态危机并不能构成对资本主义的根本性批判），由此而造成了一定的缺陷和问题：第一，布兰德指出“帝国式生活方式”是由资本主义通过各种规制（调节）方式所塑造的，但是在论述改变“帝国式生活方式”的具体措施时，他却并未探讨应当如何推翻资本主义；第二，布兰德论述了“帝国式生活方式”全球扩张的历史过程，但却并未考察资本主义全球扩张引发全球生态危机的历史过程——例如，布兰德认为在20世纪之前“帝国式生活方式”只存在于北方国家的上层阶级之中，对全球生态环境的影响很小，但实际上这一时期资本主义列强已经制造了很多具有全球性影响的生态问题，布兰德却并未对此展开分析批判；第三，布兰德认为“帝国式生活方式”已经在中国、印度、巴西等南方国家盛行起来，但却并未注意到中国等社会主义国家与发达资本主义国家社会性质的根本差异，并未注意到中国在社会主义社会制度基础上所取得的生态文明建设成效及其为应对全球生态危机所做出的巨大贡献，反而指责我国与发达资本主义国家一起加剧了全球生态危机。

三 走向“资本主义国际生态秩序批判”

综合生态帝国主义批判思想与“帝国式生活方式”理论的具体内容，可以看到，资本主义全球扩张对全球生态环境的破坏关涉个人、社会、国家以及国际社会等各个层面：资本主义在个人生活中所塑造的“帝国式生活方式”依赖于对生态环境的破坏，而“帝国式生活方式”已经在发达资本主义国家的社会中占据主导地位，使得发达资本主义国家长期稳定地对广大发展中国家进行生态剥削，进而引发了全球生态危机。总之，个人生

---

① ［德］乌尔里希·布兰德、马尔库斯·威森：《资本主义自然的限度：帝国式生活方式的理论阐释及其超越》，郇庆治等编译，中国环境出版集团2019年版，第20—21页；［德］乌尔里希·布兰德、马库斯·维森：《作为可持续政治主要障碍的帝国式生活方式》，曹得宝译，《国外理论动态》2019年第9期。

② 郇庆治：《布兰德批判性政治生态理论述评》，《国外社会科学》2015年第4期。

活中的“帝国式生活方式”对生态环境的破坏最终演变成了发达资本主义国家的“生态帝国主义”霸权行径。有鉴于此，为了更好地分析与应对资本主义所引发的全球生态危机，我们需要吸收借鉴生态帝国主义批判思想和“帝国式生活方式”理论的有益启示，并且克服这两种理论的不足之处，明确以资本主义为批判对象，深入细致、系统全面地考察发达资本主义国家对广大发展中国家进行生态剥削进而引发全球生态危机的历史过程，展开“资本主义国际生态秩序批判”。

从国际社会的宏观层面来看，发达资本主义国家对广大发展中国家进行生态剥削的世界历史现象表明在发达资本主义国家与广大发展中国家之间存在着不合理的等级秩序，全球生态危机正是以这种不合理的国际秩序为基础而发生的。具体来说，正如生态帝国主义批判思想和“帝国式生活方式”理论所论述的那样，在资本主义全球扩张的历史过程中，发达资本主义国家塑造了不合理的国际政治经济秩序，其中发达资本主义国家占据支配地位，而广大发展中国家只能处于被支配地位；同样地，在资本主义全球扩张的历史过程中，发达资本主义国家为了实现本国的资本增殖而利用自己的政治经济支配地位在全球范围内优先攫取自然资源，向其他国家和地区输出污染并且肆意使用全球“污水池”，而广大发展中国家则面临着资源被掠夺、生态被破坏等各种问题。由此可见，几百年以来资本主义的全球扩张推动形成了世界各国在全球生态环境开发利用过程中的等级秩序，其中发达资本主义国家处于有利的优先地位，而广大发展中国家则处于不利的落后地位，也就是说，发达资本主义国家在塑造不合理的国际政治经济秩序的同时也塑造了不合理的国际生态秩序——这种不合理的国际生态秩序服务于发达资本主义国家的资本增殖，为了实现资本增殖而允许发达资本主义国家肆意制造生态问题、对其他国家和地区进行生态剥削，具有资本主义的本质属性、具有破坏生态环境的必然性，并且已经随着资本主义的全球扩张而在世界各国之间具有了广泛而深刻的影响力量，引发了全球生态危机，我们可以将其称为“资本主义国际生态秩序”。

由于资本主义的全球扩张总是伴随着对全球生态环境的开发利用，所以说，资本主义全球扩张的历史过程同时也是资本主义国际生态秩序形成发展的历史过程。而在资本主义国际生态秩序的统摄之下，发达资本主义国家进行着对广大发展中国家的生态剥削，并且引发了全球生态危机，因此我们需要展开对资本主义国际生态秩序的分析批判，即“资本主义国际生态秩序批判”。总的来说，“资本主义国际生态秩序批判”明确将全球生态危机的社会历史根源指向资本主义不合理的社会制度，致力于考察资本主义全球扩张的历史过程，考察资本主义国际生态秩序形成发展的历史过程，在此基础上厘清发达资本主义国家对广大发展中国家进行生态剥削进而引发全球生态危机的社会历史现实情况，探析资本主义全球扩张引发全球生态危机的发生机理与影响机制，从而努力为应对全球生态危机提出切实可行的具体措施。

一方面，“资本主义国际生态秩序批判”并非无源之水，如前所述，生态帝国主义批判思想和“帝国式生活方式”理论很多正确的思想观点都为“资本主义国际生态秩序批判”的展开提供了理论支持——实际上，哲学家、思想家以及专家学者们已经意识到了资本主义国际生态秩序的存在，并且已经运用各自的理论话语展开了“资本主义国际生态秩序批判”的实质性工作。具体来说，布兰德在《作为可持续政治主要障碍的帝国式生活方式》一文中指出，他在“帝国式生活方式”理论中“特别关注的是帝国主义世界秩序的生态维度，这一秩序包含着（和掩盖了）世界范围内对社会—生态环境破坏的成本与收益的不平等分配”①，其中“帝国主义世界秩序的生态维度”一语所指涉的正是资本主义全球扩张在世界各国开发利用全球生态环境的过程中所塑造的等级秩序，也就是资本主义国际生态秩序。而在对福斯特生态帝国主义批判思想的研究过程中，我国学者李娟②、蒋谨慎③、司会敏④等人已经认识到了全球生态危机与发达资本主义国家所塑造的国际政治经济秩序密切相关，郇庆治更是深入分析了世界各国为应对气候变化问题而进行的国际博弈，揭示并批判了当前资本主义国际生态秩序错综复杂的现实情况。在《“碳政治”的生态帝国主义逻辑批判及其超越》一文中，郇庆治指出，2009 年的哥本哈根世界气候大会未能取得预期成果，“问题的关键不仅在于由西方国家主导的全球气候变化应对或环境治理秩序的等级制或帝国主义性质，更在于西方国家引入或推销

① ［德］乌尔里希·布兰德、马库斯·维森：《作为可持续政治主要障碍的帝国式生活方式》，曹得宝译，《国外理论动态》2019 年第 9 期。

② 李娟：《生态学马克思主义的生态帝国主义批判与当代启示》，《当代世界与社会主义》2014 年第 1 期。

③ 蒋谨慎：《论生态帝国主义与全球发展公正性》，《理论导刊》2017 年第 10 期。

④ 司会敏、张荣华：《生态帝国主义批判及其应对》，《理论月刊》2017 年第 9 期。

这一体制时不择手段、言而无信的帝国式傲慢与做法"[①]，其中"由西方国家主导的全球气候变化应对或环境治理秩序"所指的也就是资本主义国际生态秩序。

另一方面，"资本主义国际生态秩序批判"可以克服生态帝国主义批判思想和"帝国式生活方式"理论的不足之处，具有重要的理论意义和现实意义。如前所述，生态帝国主义批判思想和"帝国式生活方式"理论都没有深入细致、系统全面地考察资本主义全球扩张引发全球生态危机的历史过程，"帝国式生活方式"理论甚至淡化了对资本主义的批判——更为重要的是，根据列宁的帝国主义理论，"帝国主义是资本主义的垄断阶段"[②]，但是资本主义在19世纪末20世纪初才正式进入垄断资本主义阶段，所以严格地说"帝国主义"概念并不能指涉20世纪之前几百年的时间里资本主义所经历的发展阶段；而根据布兰德的论述，在20世纪之前"帝国式生活方式"尚未普及、对全球生态环境的影响很小，所以"帝国式生活方式"概念也不能被用来分析批判20世纪之前资本主义列强引发全球性生态问题的世界历史现象。相比之下，"资本主义国际生态秩序"概念可以避免"帝国主义"概念和"帝国式生活方式"概念所面临的时间局限问题，使得"资本主义国际生态秩序批判"可以明确以资本主义为批判对象，考察自14世纪晚期资本主义萌发兴起至今资本主义引发全球生态危机的整个历史过程——在此基础上，"资本主义国际生态秩序批判"一方面可以呈现资本主义在自身不同的发展阶段对全球生态环境的不同影响，厘清资本主义全球扩张引发全球生态危机的发生机理与影响机制，有助于我们深化对资本主义与全球生态危机相互关系的认识；另一方面可以在对社会历史现实情况的考察中呈现我国生态文明建设抵制资本主义国际生态秩序的侵扰进而改变资本主义国际生态秩序的努力，从而正确地评价我国生态文明建设的世界历史意义，有助于我们提出破解资本主义国际生态秩序、应对全球生态危机的切实可行的具体措施。

---

① 郇庆治：《"碳政治"的生态帝国主义逻辑批判及其超越》，《中国社会科学》2016年第3期。

② 《列宁全集》第27卷，人民出版社2017年版，第401页。

论空间正义的生态之维*

张　佳**

伴随着传统社会向现代都市社会的转型，传统正义理论在面对空间生产和空间规划所造成的诸多正义问题时逐渐失去了理论效力。现实空间矛盾的凸显以及社会理论的空间转向共同开拓了正义理论的空间视域。空间正义范式的提出旨在调整和规范人们在空间资源的占有和分配、空间权益的获得和享有上的不平等关系。可见，空间正义仍然关注的是社会领域中的不平等、不公正问题，是社会正义原则在空间场域中的展现。因此，我国学术界在探讨空间正义问题时，主要着眼于分析和解决城市空间生产所导致的人与人之间的空间冲突和矛盾。实际上，空间生产和空间规划还会带来环境污染、生态匮乏等环境问题，并进一步引发环境风险、环境危险物的不公正分配问题。由于空间是社会空间和自然空间的复合统一体，空间资源既是社会资源，也是生态环境资源，因此空间正义不仅要保障人们平等享有工作、居住、生活空间的权益，也要关注人们居住、生活的空间是否健康安全。基于此，本文试图阐发空间正义所内含的生态维度，从而在空间和生态的双重视域中寻求正义，实现人与自然的和谐共生，人和社会的公平公正。

一　空间正义蕴含的生态价值诉求

空间正义理论兴起的社会背景是20世纪60年代城市危机在资本主义

---

* 本文系国家社科基金重点项目“党的十八大以来党领导生态文明建设的理论创新与实践经验与研究”、教育部人文社科研究一般项目“习近平生态文明思想对人类生态文明思想的革命及其当代价值”、中南财经政法大学交叉学科创新研究项目中南财经政法大学青年教师科研创新项目（31511910102）阶段性成果。

** 张佳，中南财经政法大学哲学院副教授。

国家的蔓延。城市危机根源于空间资本化，代表资本的精英阶层运用其政治经济权力占有空间，通过空间重组、空间规划等手段对弱势群体进行空间剥夺，造成整个社会在空间上的分异与隔离，加剧了社会资源占有与配置的不公正。传统正义理论已无法应对和解释城市空间生产所产生的深层异化与不平等问题，建立正义理论新的分析框架尤为必要，于是，一批学者试图从空间视角来重构正义理论。列斐伏尔、哈维、苏贾等人不再把城市空间简单理解为滋生不公正不平等的场所，而是深刻认识到城市空间是以资本逻辑为主导的空间生产和社会权力运作的产物，其本身就是一种社会资源和权益。因此，空间的生产、占有、分配、消费必须用正义的价值理念来进行规范。基于空间生产理论，空间正义作为一个独立的理论范畴和一种全新的价值规范得以成立。

空间正义理论试图超越传统正义理论对绝对正义理念的抽象论证，它不是从空间视角赋予绝对正义理念以新的内涵，而是为了指明非正义如何以及为何以空间形式表现出来。因此，空间正义理论具有深刻的现实批判指向，从空间维度聚焦资本批判，揭露资本主义空间生产的非正义性。这一研究路径的转变是对马克思主义正义理论基本立场的坚持和发展。在空间生产的语境中，“空间”成了产品和资源，空间产品和空间资源的独特性决定了其与土地以及建基于土地之上的各种自然空间形态密切相关，这就决定了空间正义不仅要处理人与人之间的社会空间关系，而且还要协调人与自然空间之间的关系。因此，空间正义的价值指向与生态正义的价值指向是一致的，两者之间有着深刻的内在逻辑关联。我们可以从空间生产正义、空间分配正义和空间消费正义三个层面来具体阐释空间正义蕴含的生态价值诉求。

第一，空间生产正义的生态意蕴。空间生产概念虽然是晚近才提出来的，但人类实际上一直在进行着空间生产，因为物质资料的生产过程同时也是生产、创造这些物质资料的空间形式的过程。之所以把空间生产同一般的物质生产区别开来，是因为空间生产的主要指向是生产物质产品的空间形式或空间属性，具体而言，简单的空间生产如果是住宅房屋的建造，复杂的空间生产则是城市的规划与构建。正如列斐伏尔所说：“空间的生产，在概念上与实际上是最近才出现的，主要是表现在具有一定历史性的城市的急速扩张、社会的普遍都市化以及空间性组织的问题等各方面。"① 无论何种空间生产，其前提和基础都是自然地理空间，人类通过对自然地理空间的开发利用生产出满足人类需要的新的空间形式和空间产品。自然空间（山林、平原、河流、湖泊等）生态环境条件的优劣是影响空间生产水平和质量的重要因素，城市繁荣发展的程度与自然生态环境密切相关，大城市和特大城市密集的地区往往是水文资源丰富、生态环境条件好的地区。可见，空间生产水平越高，创造出来的空间资源和空间产品就越丰富，空间正义的实现就越有物质保障，因此，自然生态空间是实现空间正义的前提和基础。正义的空间生产应该是对自然生态空间的合理开发利用，从而保障空间生产持续良性进行以满足人们不断增长和提升的空间需求。

第二，空间分配正义的生态维度。由于空间产品和空间资源兼具社会属性和生态属性，因此空间分配正义既涉及住房、交通、教育、医疗等空间设施的公平配置，也涉及绿地、公园、湖泊等生态空间资源的合理分配。空间分配是否正义不仅取决于人们所占有的空间资源、空间产品在数量和规模上的差异，也要衡量人们所占有的空间在环境和质量上的差别。20 世纪 60 年代西方资本主义国家掀起的城市社会运动和环境正义运动正是对空间分配正义这两方面诉求的现实写照。城市社会运动是城市中的弱势群体为争取实现住房、学校、医疗保健、交通等城市资源的公正分配而展开的斗争，而环境正义运动则把斗争的矛头指向了城市弱势群体所遭受的不公正的环境待遇。环境正义运动和西方主流生态运动在对"环境"的界定上具有本质区别。西方绿色思潮从笼统、抽象的人类整体利益出发呼吁关注自然命运，热衷于保护原生态环境和濒危动植物，而对人类自身生存环境漠不关心。环境正义则是立足人的现实生存境况，揭露了在城市环境资源的分配中，富人凭借财富和特权来获取良好的生态环境，而城市发展所付出的环境代价则都由穷人来承担，他们平等享有适宜生活空间和生态空间的权利被无情剥夺了。因此，环境正义对人们所居住的生活环境及工作场所的健康安全给予了充分的关注。"环境不只是森林和湿地，环境也是所居住的地方。因而住房危机也应该被看作是一个环境问题。"② 由此看来，环境正义所诉求的是清洁安全的城市环境，是城市弱势群体在环境

① 包亚明主编：《现代性与空间的生产》，上海教育出版社 2003 年版，第 47 页。

② Laura Pulido, *Environmentalism and Economic Justice: Two Chicano Struggles in the Southwest*, Tucson: The University of Arizona Press, 1996, P. 14.

风险、环境危险物的分担和环境好处的分配上的平等权利。因此，环境正义与城市空间生产有着不可分割的关联，生态环境空间的公平配置是空间分配正义不可忽视的重要维度。在生态环境日益恶化的今天，空间正义更应致力于消除不同群体在空间环境和质量享有上的不平等，着力解决城市空间内部、城市与乡村空间之间、全球空间等不同空间层次中的生态环境资源分配失衡和生态利益冲突问题。

第三，空间消费正义的生态理念。空间成了产品，也就意味着它成了人们消费的对象。正如列斐伏尔所说："空间像其他商品一样既能被生产，也能被消费，空间也成了消费对象。如同工厂或工场里的机器、原料和劳动力一样，作为一个整体的空间在生产中被消费。当我们到山上或海边时，我们消费了空间。当工业欧洲的居民南下，到成为他们的休闲空间的地中海地区时，他们正是由空间的生产转移到空间的消费中。"[①] 随着生产力的发展和物质生活水平的提高，空间消费需求不断扩张，当前房地产业、旅游业和休闲产业的蓬勃发展意味着空间消费已成为大众消费的重要内容。空间消费品的特殊性决定了它尤为依赖自然生态空间，对自然景观和生态空间的消费必然会在一定程度上破坏自然生态环境。如果一味满足人的无限的空间消费欲望，任由自然生态空间资源被提前消费、过度消费，那么人类必将吞下自己所酿成的环境恶果。空间消费正义主张以公正、合理、适度的价值原则规范人们的空间消费行为和活动，变革人们的消费理念，实现空间消费与人自身、自然环境以及他人与社会的和谐发展。因此，如何处理人们不断增长的空间消费需求与有限的自然生态空间资源之间的矛盾是空间消费正义的重要主题。

总之，随着城市化进程的不断推进，都市社会的来临，空间生产在社会生产中的地位和作用日益加强，空间生产与生态的关系随之日益密切。空间正义作为调节空间生产、空间分配和空间消费过程中各种利益冲突和矛盾关系的价值准则，不仅要关注空间分异、空间隔离、空间剥夺等非正义现象，也要重视由空间非正义所导致的环境非正义的加剧和恶化。对空间正义的生态价值诉求的揭示将为解决生态环境危机、环境和自然利益分配等问题提供新的理论视角。

---

① 季松：《消费时代城市空间的生产与消费》，《城市规划》2010年第7期。

二 植根于资本主义空间生产的环境非正义

生产资料资本主义私人占有的生产方式决定了资本主义空间生产的非正义性。为实现资本增殖和榨取剩余价值，资本主义空间生产逐渐确立了个人主义、功利主义的价值取向。在这一价值取向的指引下，空间生产呈现出非生态化的倾向，日益背离生态价值理念。一方面，个人主义原则导致空间生产不断突破和挑战自然极限。私人资本为追求个人利益最大化不断扩大生产，消耗各种空间资源和生态环境资源，这种"过度生产"远远超出了人的发展的"必需"程度。另一方面，功利主义原则将自然空间变为资本增殖的工具。自然空间仅仅作为资源和实现利益的工具手段而存在，对自然空间可以进行任意开发改造，而无视生态自然系统的内在规律。"自然在没有任何'第二自然'生产的情况下，没有任何非人的土地上，被遗忘了。"[①] 总之，资本主义空间生产对空间资源的过度消耗，对自然空间的肆意破坏导致了资源枯竭、生态系统失衡、环境污染等一系列生态危机，严重威胁着人类未来的生存和发展。

空间生产的非正义性不仅产生和制造了各种环境恶果，而且还进一步引发了环境非正义。对此哈维指出，资本主义空间生产是服务于资本积累要求的，为有效规避环境问题所带来的不利影响，资产阶级不惜牺牲穷人和下层人民的利益，将生态危机的恶果转嫁给他们。资本主义主要通过以下几种手段来维护和保障自身的环境权益。

第一，生态危机的空间转移造成环境享有上的不平等。生态环境的优劣对资本积累来说至关重要。假如生产活动地点周围是有毒有害、污染严重的环境，财产就会贬值，生产成本就会增加，反之，良好的生态环境则有助于吸引投资，扩大资本积累。而且居住环境的良好与否是衡量生活质量高低的重要标准。因此"富人不大可能'不惜一切代价'放弃怡人的环境，反之，根本没有能力承受损失的穷人则很有可能为了一笔微不足道的钱而牺牲它"[②]。这也是为什么资产阶级可以轻易地将各种污染企业进行空间转移的原因所在。即使在转嫁生态危机的过程中遇到了抵抗和阻碍，大

---

① Henri Lefebvre, *The Production of Space*, Oxford UK&Cambridge USA: Basil Blackwell Ltd, 1991, p. 376.

② ［美］戴维·哈维：《正义、自然和差异地理学》，胡大平译，上海人民出版社 2010 年版，第 424 页。

量的就业机会和补偿款也会让低收入人群屈从和接受。富人本是破坏生态环境的始作俑者，他们应该承担首要的责任，但他们却凭借资本霸权将容易产生污染和有毒有害物质的工业产业向贫困和低收入人群聚集区进行空间转移，使他们不公平地遭受环境危害的影响，进一步恶化了其本就恶劣的工作和生活环境。与此形成鲜明对比的是，富人占有和享受着清新的空气、洁净的水质和优美的风景。

第二，自然资源的私有化造成自然空间资源分配上的不公平。水、森林、石油、矿产等是人类进行生产和生活的重要自然资源，本应属于资源所在地人们共有和共享。但新自由主义所推行的私有化确认了在自然资源上私有财产权的合法化。于是，资产阶级将空间生产扩展至全球，通过在全世界范围内的空间布展和空间重组，塑造了等级化的全球空间秩序，从而不断在国内外获取自然资源的所有权和开采权，大量侵占发展中国家和弱势群体的自然资源，地球上自然资源丰富的地区基本都被富人所占有和控制。不仅如此，他们还为自己的掠夺行为进行辩护，认为只有实现自然资源私有化才可能真正有动力去保养和维持自然资源的生态条件，宣称"出于环境理由无偿地剥夺私有财产权是不公正的，确保土地恰当利用的最明智的和最好的组织形式是高度分散的财产所有民主制"[①]。对此，哈维批判道："财产所有权的模式在生态上是混乱的，在社会上是不平衡的。"[②]土地开发商、资源开采者对自然资源的占有造成了资源分配上的两极分化，严重威胁到穷人和边缘人的生存和发展，而且他们也不可能比集体更有远见和智慧来科学合理地开发自然界，私有权的存在也增加了建立任何关于全球环境治理协议的困难，因此自然资源的私有化只会使环境朝着非正义的方向发展。

第三，强加于环境利用之上的短期合同逻辑严重破坏了贫穷落后国家的生态环境。新自由主义资本积累模式是以灵活性和流动性为特征的，短期合同成为推动资本和劳动力在全球自由流动的有效手段。被纳入资本和市场轨道的自然空间生产同样也青睐于短期合同，在对自然资源的开采上，"对短期合同关系的偏爱给所有生产者造成压力，他们要在合同期内尽可能地攫取一切"[③]。为了在短期内高效地开采资源，同时受到高度耗费

① ［美］戴维·哈维：《正义、自然和差异地理学》，上海人民出版社2010年版，第441页。
② ［美］戴维·哈维：《正义、自然和差异地理学》，上海人民出版社2010年版，第442页。
③ ［美］大卫·哈维：《新自由主义简史》，王钦译，上海译文出版社2010年版，第201页。

能源的消费主义的鼓吹，自然资源和生态环境面临着过度开采和开发的巨大压力。而这一压力被资本主义传导给了那些贫穷但拥有大量自然资源的国家和地区，在获取外汇的诱惑之下，这些国家被迫允许大规模短期采伐，从而使自身的自然资源和生态环境被肆意破坏。

综上所述，在新自由主义所主导的全球化的推动下，资本主义空间生产从城市扩展至全球，空间剥削的对象也随之从资本主义城市内部的弱势群体遍及所有落后国家和地区的人民；空间剥削的形式也随之从对人们生产、生活空间的掠夺扩张至对生态空间的破坏。空间非正义现象的日益蔓延和恶化对空间正义理论提出了新的要求：一方面，空间正义的论域应从城市空间正义扩展至全球空间正义。既要探讨城市居住空间差异化、等级化等城市空间资源分配不公正的议题，也要关注发达国家对发展中国家空间资源的剥削掠夺以及空间危机和生态危机的转嫁。另一方面，空间正义应兼具空间视角和生态视角。空间非正义所指向的生产、生活空间占有和分配上的不平等，不仅包括人们所占有的空间资源、空间产品在数量和规模上的差异，也包括所占有空间在环境和质量上的差别。因此，空间正义的实现不仅要着力解决住房、交通、教育、医疗、贫困等传统城市问题，还必须诉诸生态环境资源的公正合理分配以及保障人们工作、生活、居住空间的健康安全。显然，以资本逻辑为主导的空间生产是不可能实现人与自然和谐共处的，也不可能实现空间资源的公平配置，保障所有人的空间权益不受损害。只有将资本主义空间生产变革为社会主义空间生产，才能真正实现空间正义。

三　社会主义空间正义的双重价值诉求

西方空间生产和空间正义理论对于我们开展社会主义空间生产实践，追求社会主义空间正义具有积极的借鉴和启示意义。社会主义空间生产的本质不是服务于私人资本，而是以满足人民群众的空间需求，促进人的自由全面发展为出发点和归属。因此，社会主义空间正义就是要建立起公平正义的空间分配结构以保障人们平等享有生产、生活和生态空间。这一价值诉求要求社会主义空间生产应实现经济效益、社会效益和生态效益的统一。在空间产品的供给方面，以绿色、高效、安全的方式对国土空间资源进行开发利用，为人们提供丰富优质的空间产品和生态环境。在空间产品的分配上，既要立足社会正义保障不同社会群体在空间资源和产品分配上的公正，又要立足环境正义实现不同社会群体在空间利益获得和环境代价与风险承担上的权利义务对等。可见，社会主义空间正义是试图在空间生产过程中建构起一种规范人与人、人与自然之间新型空间关系的价值准则，其价值诉求体现在以下三方面。

第一，社会主义空间正义旨在实现空间公正和生态正义的统一。社会主义空间正义指向的是社会主义空间生产实践中的公平和公正，空间公正是其本质内涵。实现空间公正就是要保障所有公民作为居民不分贫富、种族、性别、年龄等都享有基本的空间权益。所谓“空间权益”是指“公民在居住、作业、交通、环境等公共空间领域对空间产品和空间资源的生产、占有、利用、交换和消费等方面的权益”①。基于此，以往我们在对空间公正的探讨中，重点关注的是我国城市化进程中所导致的城市底层群体生存空间被侵占排挤、空间权益被剥夺的非正义现象，着力协调化解的是人与人之间的空间矛盾和冲突。殊不知，空间既具有自然属性，又具有社会属性，既是自然资源，也是社会资源。人类的生存发展、社会的公正进步既有赖于城市空间资源的生产和配置，也维系于自然生态环境的改善。因此，社会主义空间正义必须实现空间公正和生态正义的双重目标。在空间正义的视域中追求生态正义主要涉及两个层面：其一，社会主义空间生产实践不能以破坏自然空间环境为代价。空间生产所提供的空间产品和空间资源是实现空间正义的现实基础。空间生产效率越高，生产力越发达，创造的物质财富就越丰富，人们享有空间产品和空间资源的机会就越多。可以说，没有效率，公平正义就丧失了赖以实现自身的物质基础。对于城市空间生产来说，如果将高效率狭隘理解为城市规模和速度的扩张，那么，城市空间的急剧膨胀就会破坏生态自然条件，消耗大量的土地和能源资源，各种污染物排放量激增，造成大气污染、交通拥堵、垃圾围城、水资源短缺等生态环境问题。以巨大环境成本为代价的城市空间生产显然背离了社会主义空间正义的初衷，城市居民的基本生存空间都陷入了生态危机，谈何公正平等的分配？因此，社会主义空间正义理应包含着可持续发展的生态诉求，公正高效的空间生产应是通过有效率地协调人与自然、人与人的关系，减少或消除空间生产活动中的各种矛盾和冲突，从而更有效

① 任平：《空间的正义——当代中国可持续城市化的基本走向》，《城市发展研究》2006 年第 5 期。

地推动城市可持续发展。其二，社会主义空间正义要实现人们在生态空间资源分配和环境风险分担上的公平公正。如果说前一层次是强调实现人类与自然之间的正义，关注自然环境对空间生产的制约作用会妨碍空间正义的实现。那么，后一层次则是强调在生态空间资源分配问题上实现人与人之间的正义。环境问题和生态危机不只是人与自然之间矛盾和冲突的结果，它实际表征的是以自然为中介的人与人之间的利益冲突。寻求生态正义就不能只关注自然界的命运，而不关注人类自身的命运，西方生态主义的局限性就在于谋求的是抽象的人类与抽象的自然之间的抽象的正义。社会主义空间正义谋求的是空间生产中的正义，因而城市环境就成了生态正义考量的首要问题。大自然和城市环境都是人类生存和发展的前提和基础，但相对于自然界这个“大环境”，健康安全的工作、居住、生活空间与人们的生活息息相关，更具有直接现实性。因此，环境利益是空间权益的一项重要内容，社会主义空间正义不仅要保护自然生态环境，更要保障所有人都平等享有健康安全的工作生活空间，防止和避免社会弱势群体成为环境风险和代价的承受者，受到不公正的环境待遇。

第二，社会主义空间正义旨在实现代内空间正义和代际空间正义的统一。以生态思维方式来看待空间生产，就会认识到生态空间资源不是无限的，大多数都是不可再生和不可移动的，空间资源的生产和分配就不能只考虑当代人的需求和利益，还应充分考虑到如何保证当代人与后代人之间的代际公平。就代内空间正义而言，是指保障同时代的所有人，不分地域、民族、性别、阶层、年龄等差异都能平等地享有生产和生活空间资源、空间产品的权益。构建起公平正义的空间分配结构，使空间资源在城市与农村之间、发达地区与落后地区之间进行合理布局和配置，从而促进区域空间、城乡空间的协调发展和可持续发展。就代际空间正义而言，指涉的是当代人与后代人公正分配空间资源的问题，是可持续发展理念在空间正义问题上的集中反映，强调空间资源的开发利用不能损害后代人所应享有的发展权。由于国土资源是有限的，当代人如果无限制地进行空间扩张和空间生产必然会造成下代人国土空间资源可用数量的减少甚至枯竭；当代人如果对国土资源进行破坏式开发，必然造成国土资源质量下降，生态环境脆弱，工作生活空间条件恶劣，影响下一代人的健康持续发展。因此，社会主义空间生产“既要支撑当代人过上幸福生活，也要为子孙后代留下生存根基”①。

第三，社会主义空间正义旨在实现国内空间正义和国际空间正义的统一。以空间视野来看待空间生产，就会认识到生态空间资源分配不公和环境风险分担不对等等问题不仅存在于城市空间，而且伴随着空间生产的全球化而扩张至全球空间。资本全球化塑造了中心—边缘的全球空间生产等级格局、不平等的空间分工以及非对称性空间交换关系。发达资本主义国家凭借这一不平等的全球空间结构，一方面剥削和掠夺发展中国家的空间资源，破坏其生态环境；另一方面将生态危机进行空间转嫁，把容易造成污染的企业大量转移到发展中国家，使发展中国家为发达国家承担环境风险的代价。面对全球空间生产，社会主义空间生产既要顺应时代潮流，又要努力颠覆和超越资本逻辑，社会主义空间正义的价值原则要求我们不能只仅仅着眼于处理好国内空间生产过程中不同地区、不同人群在环境利益享有和环境风险承担上的不匹配不公正，也要致力于打破不公正的全球空间格局，实现发达国家与发展中国家在空间资源、生态资源上的平等分配，发达国家与发展中国家在空间治理、环境治理中所担当的责任义务的平等公正。

四 基于空间公正和生态正义的国土空间规划

公正合理的国土空间规划对于社会主义空间正义价值目标的实现具有关键意义。这是因为，国土空间兼具空间属性和生态属性，国土空间既是空间生产又是生态文明建设的物质载体，其空间结构和空间布局是否公正合理不仅对空间资源的公平配置也对生态环境产生深远影响。因此，未来我国的国土空间规划必须确立以生态为基础的整体性、长远性规划，在不同空间尺度上公正合理调配空间资源，统筹协调人与自然、人与人、经济与社会的平衡发展。

自改革开放以来，尽管我国国土空间规划不断成熟完善，越来越关注公平、公正和生态环境问题，但离社会主义空间正义的价值目标尚有很大差距。当前我国国土资源开发利用中普遍存在着严重的区域剥夺行为，“这种行为主要是指强势群体和强势区域基于区域与区域之间的空间位置关系，借助政策空洞和行政强制手段掠夺弱势群体和弱势区域的资源、资

---

① 习近平：《习近平谈治国理政》第2卷，外文出版社2017年版，第396页。

金、技术、人才、项目、政策偏好、生态、环境容量，转嫁各种污染等的一系列不公平、非合理的经济社会活动行为”①。这种行为既破坏了自然环境，又导致了空间资源的不公正分配。具体表现为：第一，不同地域空间中人们享有的空间权利的不平等。大城市对中小城市的剥夺、城市对农村的剥夺、发达地区对落后地区的剥夺使优质空间资源和生态资源都流向了强势地区，这些地域空间中的居民无论是在享有空间产品和生态资源的数量还是质量上都远远超过了弱势地区中的群体。第二，同一地域空间内部居民空间权利的不平等。在城市扩张和更新改造进程中，房价不断被拉高，同时大量的城中村、棚户区、简易房被拆除，城市中的农民工、低收入者和弱势群体的居住空间被不断剥夺和丧失，由此造成了城市高收入阶层和低收入阶层在居住空间权利上的严重不平等。第三，不同地域空间、不同群体在空间环境和质量享有上的不平等。国土资源的开发利用中，生产空间对生活空间、生态空间的挤占致使耕地面积锐减，生态系统脆弱，环境污染严重，城市发展完全超出了资源环境的承载能力。国土空间开发的环境风险和生态代价则都由弱势地区和弱势群体来承担。总之，愈演愈烈的空间剥夺不断加剧着国土空间开发的失调和国土资源配置的失衡，进一步强化了强势群体和弱势群体在空间上的对立，结果是社会矛盾和生态环境矛盾日益突出。

因此，未来我国国土空间规划的任务主要是协调各种空间关系，解决空间矛盾和生态利益冲突，维护社会公正。为此必须把平等原则、效率原则和补偿原则贯彻到空间生产和空间分配领域。具体来说：第一，国土空间规划在对空间资源进行布局时应大力扶持落后地区，关照弱势群体利益，从而保障区域之间、城乡之间、不同人群之间在占有和消费空间资源上的平等权利。为此，要通过加快推进公益性基础设施、公共空间建设和环境保护设施建设，改善弱势群体的生活空间质量。第二，必须坚持有效率的公正和有公正的效率，“要把提高‘效率’与增进‘正义’放在总体上、平等一致的地位上来考虑”②。要实现空间利用效率和效益的最优化，必须以经济、社会和生态效益为指标进行综合考量和评估。以适度集聚开发作为国土空间开发的主导方式，节约集约利用国土空间资源。通过集聚

---

① 方创琳、刘海燕：《中国快速城市化进程中的区域剥夺行为与调控路径》，《地理学报》2007 年第 8 期。

② ［美］阿瑟·奥肯：《平等与效率》，王忠民、黄清译，华夏出版社 1999 年版，第 86 页。

产生出巨大的规模经济效应，从而节约能源资源耗费，提高资源配置和运行效率，减轻生态破坏与环境污染。第三，补偿原则。国土空间的开发利用过程并不是一个利益均沾的过程，某些地区和人群在享受空间规划所带来的益处的同时，另一部分地区和人群则承担了生态环境代价。为保障利益受损区域中人们的生态权益，必须建立健全以“谁开发、谁保护，谁破坏、谁恢复，谁受益、谁补偿，谁污染、谁付费”为原则的生态补偿机制。通过建立健全转移支付、生态补偿等制度对空间资源输出和生态环境受损地区给予公平合理的补偿。

综上，空间资源作为自然空间和社会空间的复合统一体，其生产、规划、配置是否公平合理对于实现空间公正和生态正义都会产生深刻影响。正是基于对空间正义和生态文明内在逻辑关联认识的不断深化，自党的十八大以来，我国一直致力于构建人与自然、人与人之间公正和谐的空间关系，确保人民共享空间发展成果，满足多元化的空间发展需求，实现美丽中国的理想空间格局。

约翰·贝拉美·福斯特论资本、技术与生态的关系

郭剑仁*

资本、技术与生态的关系是当前社会主义生态文明实践难以回避的理论问题，也是全球生态治理行动无法绕开的问题。从生态角度看资本和从资本角度看生态是有区别的。这种区别在于倾向不同，前者主要立足于生态来批判资本，后者主要立足于运用资本市场来解决生态问题。在这两种倾向中，技术都被赋予重任，由此资本、技术和生态之间必然产生复杂的相互作用机制。福斯特的倾向是立足生态批判资本。福斯特指出，资本整体上是反生态的，资本主义生产方式及其资本逻辑是导致全球环境和生态问题的根本原因。为了更深入地揭示资本主义与生态之间的冲突，福斯特对从资本主义立场来解决生态问题这一种倾向作出了深刻分析和批判。本文即简介福斯特对立足资本解决生态问题的分析和反驳，期望能为深入探讨资本、技术和生态的关系提供一点启示。在福斯特看来，站在资本主义立场上，解决环境问题的途径主要有两种：自然资本化和良性技术改良。福斯特揭示了自然资本化的悖论和技术的资本主义使用的谎言。

一　自然资本化的悖论

自然资本化是环境经济学开出的治疗全球环境问题的药方。在福斯特看来，环境经济学起源于环境保护论者对经济学的批判。环境保护论者指责经济学没有把自然界价值化。经济学对此的回应就是赋予自然以经济价值并且充分地把环境整合进市场体系，环境经济学由此而生。然而，除少数极特殊的例外，环境经济学领域中绝大多数的工作是建立在正统的或新

* 郭剑仁，中南财经政法大学哲学院副教授。

古典的经济学框架内。[1] 对正统的经济学家们来说，生态退化是市场的失职，因为市场没有把环境当作一个要素纳入市场自我调节的体系中，因而，就不能通过供求关系来引导工厂有效地使用环境资产。由此环境经济学家的首要任务就是把生态资产转变成市场商品。[2]

然而，环境毕竟不是商品，如地球生物圈和各级各类生态系统，因为，自然环境及其资源不可能按照市场规则再生产。那么，新古典的环境经济学家们是怎样做到把环境转变成诸如在市场上可自由买卖的商品的呢？福斯特根据他们的理论和行为，概括出了三步骤。

第一步，环境经济学家们把一些环境组分从生物圈甚至从特定的生态系统中分离出来，把它们降格为特定的商品和服务。如某一森林中可利用的木材，给定的河流中的水质，野生生物保护区中的某些物种，甚至在几十年期间全球气温的恒定期望等。第二步，借助供求曲线给予这些商品和服务一个价格，这个价格还必须保证经济学家们能确定最优的环境保护方案。第三步，以所期望的环境保护水平为准，制定市场机制和政策来调整现有市场中的价格或开拓出新的市场。[3]

对环境经济学家们来说，最难的是对于环境商品和服务的需求曲线的确定。需求曲线是由消费者支付意愿决定的，然而，绝大部分环境商品和服务的真实市场是不存在的，因为有些是不能真实地被购买的。因此，环境经济学家们发展出两种计价方式。

第一种方法可以被称为快乐计价法（hedonic pricing）。依据这种方法，据说消费者偏好可以借助于与某一给定的环境产品密切相关的环境商品和服务需求来获得，从而建立需求曲线。这种与环境商品和服务密切相关的被给予的环境产品是存在于真实的市场中的；以一定的方式，它们或被看作是讨论中的环境产品，或者为上述二者的计算比较提供基础。[4] 例如，消费者对安静的邻居的支付意愿可以这样来计算，即通过比较机场附近的家与更安静的定居点里的家的市场价格来完成。而人们保护一个娱乐场所的意愿可以归化为他们是否愿意花交通费去造访这个娱乐场所。福斯特列举了美国政府运用这种快乐计价法的具体例子。一个是通过层层还原用大

---

① J. B. Foster, *the Vulnerable Planet Monthly*, Review Press, 1999, p. 26.
② J. B. Foster, *the Vulnerable Planet Monthly*, Review Press, 1999, p. 27.
③ J. B. Foster, *the Vulnerable Planet Monthly*, Review Press, 1999, p. 27.
④ J. B. Foster, *the Vulnerable Planet Monthly*, Review Press, 1999, p. 28.

坝修筑成功后能提供的钓鱼和水上运动的市场效用来评估因修筑大坝而必须支付的环境代价。在里根政府执政时期，预算管理办公室（OMB）运用这些方法和结果得出结论说，某些形式的污染减少是可以归化为成本效益的，当然，有些却不能。根据里根总统的第 12291 号令，“选用适当的调节措施，是可以从环境中获得最大的社会净利益的”①。

第二种确定消费者偏好的方法被称为或有计价法（contingent Valuation method）。这是通过社会调查实现的。先假想有一个市场，然后要求消费者明示他们的消费偏向。在这样的调查中，被选作抽样的代表要回答他们愿意为既定水准的既定的环境商品保护支付多少，同时回答，失去了它后，他们认为应该给予的补偿又是多少。然而，福斯特指出，这种理论上的理想状态在实际上很难达到。经济学家往往会为了做出需求曲线夸大调查结果。

运用快乐计价法和或有计价法，新古典经济学家就可以确定环境保护的最优方案。以此为基础，他们就进入了前述已说明的第二步。福斯特特别指出在这以后的具体操作中，对真正的环境保护来说，最具讽刺意味，然而对环境经济学家来说也是最司空见惯的事是可交易的污染许可证（tradable pollution permits）的运用。即污染许可证可以像真正的商品一样在买卖中流通。福斯特特地指出这个事例是为了说明在资本主义市场制度下环境的可悲及环境保护措施的可笑。

然而，这正体现了环境经济学家处理环境问题的立场和方法。他们的目的就在于把环境变成一系列的商品。通过为环境产品建立替代性的市场来克服所谓的在环境方面的市场缺陷。以此作为看待环境问题的立足点，经济学家认为，如果出现了环境退化和污染的迹象，原因就在于环境没有被充分地纳入市场经济中，并且没有依据经济供求关系来操作。

这就是资本主义国家主流的同时又是正统的经济学家解决由人类活动引起的“我们的生态危机”的经济学办法：自然或环境资本化。这种解决办法的前提是：环境能够并且应该被转变成自我调节的市场体系的一部分。

福斯特批判了经济学家解决环境问题的前提和方法。他指出，自然不可能是被生产出来依据经济供求律在市场上销售的商品，也不可能依据个

---

① J. B. Foster, *the Vulnerable Planet Monthly*, Review Press, 1999, p. 29.

体消费偏好规律来组织这样的一个市场。绝大部分自然是不可能被私人拥有的。[①] 他说："环境可以被合理地构想为经济的生产条件。但是，它却不能被完全纳入商品经济的流通中。"[②] 正如卡尔·波兰尼（karl Polanyi）在《大变革》中以人与土地关系为例所说的那样，我们所说的土地是同人类制度神秘地交织在一起的自然中的一部分。然而把它从自然中独立出来并形成一个市场可能是我们的祖先做过的最荒谬的事。经济功能只是土地许多重要功能中的一项。它给予我们平稳的定居点；它是人类身体安全的保证；它是景观并反映季节。没有土地，我们很难想象人类的出现，就像没有手和脚就无法想象生命一样。把土地同人和有组织的社会分离开去满足地产市场的需要，这是市场经济中最乌托邦式的观念。[③] 整体环境与人的关系更是如此：环境不可能仅作为商品存在。

福斯特指出，生态持续性遭受破坏的根本原因不是经济没有考虑环境成本，即使把全部环境纳入经济体系也不可能解决环境生态条件的破坏问题。而是由如前引述的波兰尼的话中所暗示的社会经济制度的本质造成的。因为无论是自然商品化，还是自然资本化，其本质在于它们都还原主义地看待自然这一错误的认识和方法，即按照市场—商品主线来重构整个人类社会及其整个生态背景。在福斯特看来，这种还原自然和人类社会的方法有三个相互交织的矛盾。第一个矛盾是：以前的人类历史在资本主义社会戛然而止，在资本主义社会，人与自然的关系实质上已被还原为一系列以市场为基础的功用关系，这种关系建立在以自我为中心的个人偏好基础上。马克思曾这样描述资本主义社会，他说在资本主义里第一次地自然变成为人类的纯粹的客体，纯粹的利用物，自然停止了从自身来认识自身，从理论上发现它的自然律也只是为了让自然服从人的需要，或者作为消费的对象，或者作为生产的手段。[④] 马克思揭示的在资本主义社会下人与自然关系的本质正是资本主义采用了还原主义的结果。结果就是，在人与自然的关系上，资本主义代表的不是人的需要和力量的充分发展，而是自然同社会的异化。可见环境经济学的自然资本化药方本质上只是以前资本主义对待自然方式的继续，它并不是新东西。

---

① J. B. Foster, *Ecology against Capitalism*, Monthly Review press, 2002, p. 30.

② J. B. Foster, *Ecology against Capitalism*, Monthly Review press, 2002, p. 30.

③ J. B. Foster, *Ecology against Capitalism*, Monthly Review press, 2002, p. 31.

④ J. B. Foster, *Ecology against Capitalism*, Monthly Review press, 2002, p. 31.

在福斯特看来，经济还原主义应用于自然产生的第二个矛盾是市场价值主导一切，从而替代了真正的价值。福斯特引证康德对市场价格和内在价值的区分，指出内在价值不能被还原成市场价值，也不可能被囊括于成本—效益的分析之中。以市场价值分析来涵盖一般的价值，正是经济学失败的地方。“对绝大多数人来说，以个体消费偏好而不是信念、责任、审美判断等来看待自然是一种‘范畴错误’。”[①] 量度不可量度的东西，这是一个荒谬的想法。自然中，不是每件东西都可以被标出价格，金钱并不是最高价值。

在福斯特看来，经济还原主义应用于环境的第三个矛盾是环境市场化的物质后果与资本主义的纯粹的动力间的矛盾。把环境纳入经济体系尽管在短期内能缓解问题，但却破坏了生活条件和生产条件。之所以这样说的原因是，资本主义商品经济的巨大活力本质上不接受任何外在的束缚，并且时刻寻求扩大它的势力而不顾对生物圈的影响。[②] 环境问题的根源不是没有把自然的大部分内化进经济，而是越来越多的自然在实质上已被还原为现金关系，而没有从更宽、更生态的角度来对待它。资本主义制度在本质上是与自然相冲突的。

福斯特进一步以鸣禽类和森林生态系统为例说明经济学家主张的自然资本化错误的本质。按照新古典经济学家的理解，鸣禽类会由于它们的相对价格太低而面临灭绝。解决办法就是为它们创立一个市场抬高它们的价格。然而，这能真正地能挽救鸣禽类吗？如果随着当代大农业整个系统的不断扩张，人们在整体上给这些鸟类赖以生存的定居点带来灾难性影响的话，鸣禽还能幸免于灭绝吗？经济学家们能把整个大农业系统对人类生物圈的环境影响纳入资本主义的商品市场吗？这不是仅经济学能解决得了的。

相对鸣禽类而言，森林生态系统一直以来就是以市场原则进行管理的。但是，在绝大多数情况下，森林同样一直在减少。这是因为在市场价值体系的积累规则支配下，天然森林生态系统中生长速度不是很快因而不能很快见效益的树木会被生长速度快、见效快的经济林所代替，而经济林较单一的种植不再支撑森林中动植物物种的多样性。福斯特引证达尔文的

---

① J. B. Foster, *Ecology against Capitalism*, Monthly Review press, 2002, p. 32.

② J. B. Foster, *Ecology against Capitalism*, Monthly Review press, 2002, p. 32.

差异律（Law of divergence）后指出，既定区域的生命越具多样性，这个区域越获得自身支持。森林商品化只会带来森林中物种多样性的减少，森林生态系统受到威胁，森林生态系统自身功能受损。另外，在利润高于一切的资本主义社会里，当森林保护与经济发展冲突时，牺牲的只能是森林，以森林挽救经济。总之，市场背后的追求利润和资本积累的狭隘目的并不能真正通过森林市场化保护环境和生态。

福斯特分析了环境经济学解决环境问题的方法及其前提后揭示的资本主义的本质特征表明资本主义自身是解决不了环境问题的。自然资本化的市场—乌托邦理念忽视了资本主义的主要特征，即它是一种自我扩张价值的制度，实现经济剩余价值的积累是其根本目的，这种积累以剥削为前提并由竞争规律推动，并且要求不断地扩大规模。同时，它尤其把所有存在的质的关系瓦解为量的关系。[①] 福斯特指出，其实马克思的 M—C—M 公式早已揭示出资本主义最主要的目的是实现货币价值的扩张，而不是人类需要的满足，商品生产仅是达到最主要目的的手段，无休止的扩张才是资本主义制度的明显特征。而经济学家却没有看到这一点或不愿看到这一点。因此，尽管环境经济学家看到了商品经济对自然的影响，却很少考虑由无休止的经济增长带来的不断扩大的经济规模对环境的影响问题。绝大多数经济学家把经济看成是建在空中的楼阁，忘了它是比它有更大规模的生物圈的子系统。地球在无垠的宇宙中只是一个质点，它的有限性是显而易见的。相对于当前的人类活动来说也是如此。地球上的大气层和地表的有机体和无机物及地下的浅表层组成的生物圈是一个由物理、化学、生物规律支配的有限的整体。如果引入福斯特曾经特别引用和指出的“历史进程的加速”现象，再结合资本主义不断扩张以追逐利润的巨大动力，那么，在全球化同时意味着资本化的今天，资本主义制度下的生产的无限扩张同有限的生物圈之间的冲突不是不证自明的吗？建立在资本主义根本目的基础上，并为之服务的正统的或主流的经济学以及这个框架内建构起来的环境经济学能真正地解决生态环境问题吗？不用说，福斯特的答案都是“否”。他说，“在（资本主义）制度内的生态改革像其他的改革一样是有限的，因为一旦开始讨论这个制度自身的根本性质时，这些讨论马上就会被既得

---

① J. B. Foster, *Ecology against Capitalism*, Monthly Review press, 2002, p. 36.

利益者打断”[1]。因此，资本主义制度寄希望于自然资本化来解决环境问题的办法是不彻底的，因而，是不可能实现的，是行不通的。环境问题的真正根源在于资本主义的社会经济制度自身。

在《不是地球的主人：资本主义和环境破坏》访谈中，福斯特指出“当今的许多改革医治的是病症而不是疾病本身——资本主义自身才是疾病”[2]。因此，环境保护最终要求突破“盈亏结算专制”（tyranny of the bottom line），并要求一次长期的环境革命。

二　技术之资本主义使用的谎言

在发达的资本主义经济中，沿着良性方向改进技术被认为是解决环境问题的标准答案之一，例如，借助技术实现更高的能效生产，用太阳能替代燃料、实现资源的循环利用等。“技术的魔弹”大受欢迎，在“资本主义机器”平缓的运作中，技术似乎能为以较少的努力改善环境问题提供可能。而 1997 年的《京都协定书》更是鼓励了这种认识，激发了许多美国的环境保护论者提倡能效方面的技术改进，并将其作为避免环境麻烦的主要手段。福斯特指出，在过去，环境保护论者普遍采用著名的环境影响力或“PAT”标准（人口×富裕×技术=环境影响）来比较“三类世界”的环境问题。依据主流看法，根据这个标准，第三世界的环境问题产生的最重要原因在于人口增长而不是技术和富裕，因为它们的工业化水平较低。作为第二世界代表的苏联国家的问题主要是源于稍逊一级的技术，这类技术的每单位产生对物质和能量的利用率较低并且产出较多的有毒物质。相比较而言，西方的主要环境问题既不是源于人口增长又不是它们所用的技术而是它们强加到环境上的富裕及不断增加的负荷。对西方富有的资本主义国家来说，非凡的技术是他们应急的法宝，它们既能促进环境改善又能增强他们的富裕。因此，当环境问题出现时，药方就是改进技术。

然而，新的或新采用的技术在扩充经济的同时又能阻止环境退化这种可能性到底有多大呢？福斯特认为这个问题的答案是“否”，造成环境破坏及治疗环境问题的原因不在技术本身，而在于技术的资本主义使用。

福斯特在介绍“杰文斯悖论”（the Jevons paradox）后，通过分析技术

---

① J. B. Foster, *Ecology against Capitalism*, Monthly Review press, 2002, p. 40.

② Skip Barry, “*Not the Owners of the Earth: Capitalism and Environmental Destruction*”, Dollars & Sense, 2003, No. 246, p. 34.

和积累的关系，生产和消费的社会结构，并以《京都协议书》的相关内容为例回答了技术的资本主义使用在拯救环境方面的不可能性。

“杰文斯悖论”是以威廉·斯坦利·杰文斯（William Stanley Jevons）的名字命名的。他是19世纪著名的英国经济学家。他是创立当代新古典经济分析学派的先锋之一。他因1865年出版的《煤碳问题》名声大噪。正是在这本书中他提出一个命题，并被现代的生态经济学家们称为“杰文斯悖论”，即在使用自然资源诸如煤时，效率的提高仅导致对这种资源需求的增加，而不是需求的减少。这主要是因为效率上的改进导致了生产规模的扩大。之所以说是悖论是因为人们惯常认为，效率的提高，会减少消费量。杰文斯以煤为例在仔细地分析了煤的利用效率与煤的消费量之间的内在联系后指出惯常的观点是错误的，“认为煤的合算的使用就等于消费的减少是错误观念，相反的观点才是正确的”①。

杰文斯悖论可以在现今美国的汽车行业中体现出来。在20世纪70年代，更高能效汽车的生产并没有减少对燃料的需求，因为开车的人多了并且在马路上奔跑的汽车数量不久也翻了番。这种现象也发生在冰箱行业中。② 为什么会这样呢？福斯特从《京都协定书》入手，通过层层分析揭示出了技术的资本主义使用本质。产生于1997年的《京都协定书》的主要目的在于阻止二氧化碳和其他的温室气体排放以几何级数速率增长。然而，这份协定书遭到许多国家的抵抗，美国政府更是拒签。不少国家特别是美国政府，认为二氧化碳排放问题只是一个技术问题。而技术问题是可以一国解决的。

然而，福斯特指出，“把二氧化碳排放问题看成仅是一个技术问题或燃料效率问题，这是错误的，因为能让我们避免把二氧化碳以如此增长的速度排到大气中的技术早已存在。例如，如果我们出门的话，一直以来有许多交通工具，特别是公共交通，同建立在私人汽车基础上的交通系统相比，公共交通可以大大减少二氧化碳的排放量，并且实际上让人们更自由和快速地活动。然而，积累资本的冲动推着发达的资本主义国家沿着最大限度地发展汽车这条路走下去，把它作为生产利润的最有效的方式。”③ 而这种“汽车—工业复合体”的增长就构成了20世纪资本主义积累得以实

① 转引自 J. B. Foster, *Ecology against Capitalism*, Monthly Review press, 2002, p. 94。
② J. B. Foster, *Ecology against Capitalism*, Monthly Review press, 2002, p. 95.
③ J. B. Foster, *Ecology against Capitalism*, Monthly Review press, 2002, p. 98.

现的轴心。这种“复合体”包括的不仅只是汽车本身，还有玻璃、橡胶、钢铁工业、汽油工业、高速公路的使用者和建造者以及同城乡结构紧密相关的房地产等经济实体和经济活动。今天，汽油是整个汽车—工业复合体的心脏，而这也产生了二氧化碳排放量中最大的一部分。福斯特指出，无怪乎在同伊拉克打仗的海湾战争期间，布什总统告诉美国民众，战争的目的是为了捍卫“我们的生活方式”。战争的目的在于掠夺汽油，汽油意味着美国的生活方式。也难怪美国不肯在《京都协定书》上签字，如果美国签了协定书，那么为了达到协定书上的目标，美国到2010年为止，必须减少排放量30%，这意味着让美国经济心脏跳动得缓慢些。美国的既得利益者们是不会答应的。可见，减少排放量不单纯是技术问题。

美国政府没有说出的是用技术来降低温室气体的排放量是有前提的，即不缩小生产的规模或不减少他们的利润和资本的积累。技术的改进只能在资本的许可范围之内进行。福斯特举了这样的一个例子。在能源技术改进中，资本家们和他们的帮手阻止一些可供选择的太阳能技术的实施，尽管其中有部分技术完全可以在现阶段实行。然而公司却又积极地接管来自群众中的太阳能技术，因为他们的目的不是为了进一步改进它，而是要把它搁置起来。在资本主义制度下，能获得改进机会的是那些能为资本带来最大利润的能源技术，而不是为人类和地球带来最大利益的能源技术，太阳能技术属于后者而不是前者。当太阳能技术中的某些部分妨碍了利润的积累时，这些技术将被隐藏起来。

“资本主义与其他社会制度相区别的特征是它一心一意顽固地积累资本的念头。”[①] 为了积累资本，资本主义是不可能停止下来的，它必须不停地扩张。有利于资本扩张的技术会得到支持，而有损资本扩张的技术就会被排斥。结果是，“资本主义呈几何级数的增长及与之相伴随的对稀有资源能源的不断增长的消耗招致了快速的复杂化了的环境问题。”[②] 可是，地球满足快速增长需求的能力是有限的，那么解决环境问题的办法就只有减少需求，从而减少对环境资源的利用、破坏和浪费。资本主义既得利益者寄希望于自然资本化、技术改良和人口控制来解决上述矛盾。在福斯特看来，一般地讲，减少需求的方法通常有三：世界人口的稳定和减少；技术

① J. B. Foster, *Ecology against Capitalism*, Monthly Review press, 2002, p. 96.

② J. B. Foster, *Ecology against Capitalism*, Monthly Review press, 2002, p. 96.

的改进；更深远的社会经济改革。然而，人口学家已从他们的科学研究出发否定了第一种方法。而技术的资本主义使用悖论又否定了第二种办法，因此福斯特认为，剩下的就只有第三种办法了。得出这个结论并不仅仅是通过做减法 3 - 2 得出的。事实上，从福斯特对技术的资本主义使用批判分析中可以逻辑地得到这个结论：由于资本主义使用技术而造成的环境问题不可能在资本主义制度范围内通过技术来解决。造成环境问题的原因不是技术本身而是技术的资本主义使用，是促成技术的资本主义使用的资本主义的社会经济制度，是这种以追求利润为目的不断地自我扩张价值的资本主义制度。正如巴兰和斯威齐所说："目的的不合理性，否定了手段的一切进步。合理性本身变成了不合理的。我们已经达到了这个地步：唯一真正的合理性在于采取行动，去推翻这个已经变成了绝对不合理的制度。"①这也是福斯特的分析所必然得出的结论。对解决环境问题方法的分析表明必须推翻资本主义制度。

三 资本主义的反生态的四条法则

从生态的立场出发，参照巴里·康芒纳的四条生态法则，福斯特概括出资本主义经济生产的四条反生态法则。为方便起见，这里简单介绍康芒纳的四条生态法则：（1）每一种事物都与别的事物相关；（2）一切事物都必然要有其去向；（3）自然界所懂得的是最好的；（4）没有免费的午餐。相应地，福斯特提出的资本主义经济生产的四条反生态法则是：（1）事物之间仅有的永恒关系是金钱关系；（2）只要不重新进入资本循环，事物去哪里是无关紧要的；（3）自我调节的市场懂得的是最好的；（4）自然的施予是财产所有者的免费礼物。这四条经济生产法则正是对资本主义社会经济制度本质的最好揭示。

第一条的反生态性在于表达了这样的事实：在资本主义条件下，人与人的所有社会关系和人与自然的所有关系都被简约为金钱关系。资本主义发展的固有倾向就是割断自然过程中事物间的彼此联系并把它们简化。金钱关系成为衡量一切的标准。金钱关系异化了自然界中事物之间固有的关系，使自然碎片化。

第二条的反生态性在于，当代资本主义条件下的经济生产不是一个循

---

① ［美］保罗·巴兰、保罗·斯威齐：《垄断资本》，商务印书馆 1977 年版，第 342 页。

环系统，而是一条直线：从资源地到废物堆。在前资本主义社会，由农业生产产生的许多废物能按照生态律进入循环利用之中。在资本主义社会中却不是如此，由于自然被划分和分配不合理及技术的高度发达，当许多产品被人合乎某些需要地使用成为废物后，由于空间的阻隔或产品性质的非自然性其很难进入循环利用之中。在资源—生产—废物这个链条中，资本主义经济只注意到生产能否带来利润，生产是大写的：资源—生产—废物。对生态来说，三个环节都应该大写，只有三个环节都受到重视才是一个循环系统，如生态法则（2）所指示的那样。

第三条的反生态性在于用市场规则统率一切社会的和自然的规律。自然是社会生存和发展的基础，自然和社会各有各自层次的规律，在这里，这些都被手段化。如食物对人而言，它的作用在于食物能为人提供营养以供其生存。这是自然界长期进化的结果，也是人类适应居住的自然环境的结果。可是，在资本主义社会里，市场规则成了主宰，食物成了赚取利润的手段，食物的包装、运输、贮藏优先于食物的营养价值，在市场买卖中，前者比后者更能实现利润。所有的价值包括自然本身的价值都被作为实现市场价值的手段。利润成为最高目的，自然和社会本身都是手段。

第四条的反生态性在于，资本主义在占用自然的资源和能源时没有把“生态成本”列作“经济计算”中的因素。

正因为如此，资本主义就尽可能让稀有物资和能量在生产中的吞吐量达到最大化，这种流量越大，获得利润的机会就越多。“没有免费的午餐”被康芒纳列为第四条生态法则。据他说这是他从经济学中借用来的。① 在经济学中，这句话的意思是告诫人们，每一次获得都要有付出。然而，正如前面曾指出的，经济学恰恰忘了在对待自然时要执行这条格言。对整个资本主义经济系统来说，自然的物质和能量资源就是它的免费的午餐。然而，更高级的“经理”——自然，却没有忘记这一点。吃免费午餐的代价就是环境和生态的“恶化”。

综上所述，福斯特认为当代环境问题的产生根源是资本主义经济制度。正因如此，自然资本化和资本主义条件下的技术改进都不能从根本上解决环境问题。福斯特对生态问题与资本主义之间关系的分析和批判决定了解决生态问题的根本出路——扬弃资本主义生产方式、扬弃资本逻辑。

---

① ［美］巴里·康芒纳：《封闭的循环》，吉林人民出版社 1997 年版，第 35 页。

在社会主义生态文明建设进程中，单纯的进行自然资源商品化、资本化和市场化是我们需要警惕和避免的，也不能盲目相信技术绿色创新一定能够有助于改进社会与自然的关系。在社会主义市场经济体系中，必须建立起经济制度、技术创新和资本运行之间的良性机制，真正地为社会主义生态文明建设提供持久的内在动力。

作为一种政治哲学的社会生态转型*

李雪姣**

社会生态转型理论在资本主义不断升级的“绿色议程”及其全球环境治理失效的背景下应运而生，并在其理论思潮的全球扩展中形成了不同的转型版本。比之先前的转型话语，社会生态转型理论不仅是一种全面否定资本主义发展逻辑的绿色左翼政治的前沿性表达，更是突破现代性规制、融合客观现实情境、转向绿色生产生活方式等整体性社会变革的新型方法论工具。全面系统地分析研究社会生态转型，有助于我们更客观地认识当下全球绿色左翼政治的基本生态现实。但是，这一研判能否成立，在很大程度上取决于对该理论在政治哲学意义上的深入阐发，这也构成了本文主题。因此，围绕这一主题笔者将就三个密切相关的问题进行讨论，即社会生态转型的政治哲学意蕴、社会生态转型的全球扩展及其多元版本、社会生态转型作为一种政治哲学可能遭遇的挑战与未来前瞻。

一　社会生态转型理论的阶段性演化及其政治哲学意蕴

政治哲学几乎是自人类社会活动以来最具影响力、也流传最为久远的学术支脉之一。作为一种开放性的学问，理论界对政治哲学的研究主要从“一种学术传统”“一种现代学科”及“第一哲学”等三个基本层面展开。具体而言，作为一种学术传统的政治哲学，“以人们之间的政治联系和由这种联系产生的政治行为、政治制度、政治组织等内容为研究对象”①，因此从这

---

* 本文系国家社科基金青年项目“习近平生态文明思想的世界意蕴与世界影响研究”（19CKS032）阶段性成果。

** 李雪姣，北京航空航天大学马克思主义学院助理教授。

① 王新生：《什么是政治哲学》，《哲学研究》2014 年第 6 期。

一角度讲它"是对政治问题进行的'受过规训'的探究"[①]。而作为一种现代学科，它主要体现为对政治事务的哲学考察方式，即不仅需要回答经验层面的"是什么"的认知性问题，还需要从价值及道德层面回答"应该是什么"的规范性问题。除此之外，作为"第一哲学"，政治哲学能够掌握关于正义与公共善的真理。因此，除了实然认知和应然规范之外，政治哲学还应包含对更充满活力的公共生活、更负责任的公民机构等政治模型的内在探究[②]，因此它更是一种对政治问题及人类生活目标的伦理本质追问。依此而言，可以将政治哲学视为根据侧重点不同而呈现为"作为哲学的政治哲学"和"作为政治学的政治哲学"两种基本形式[③]。本文关于社会生态转型理论的政治哲学考察是从作为"第一哲学"层面上来理解和界定的。因此，作为一种政治哲学的社会生态转型意指一种特定取向或样态的政治实践或认知的哲学世界观及其价值基础，或者说是关于为何以某种方式践行或阐释某种形式的政治哲学理论依据。[④]

社会生态转型理论有其重要的思想资源和阶段性演化历程。我们可以从波兰尼的《大转型：我们时代的政治与经济起源》一书中追溯到该理论的思想资源。书中提到社会力量对市场脱嵌行为的反制行动，即以金本位为发展源头的西方文明会在市场脱嵌于社会时激发起整个社会力量的反制行动。[⑤]"大转型"对市场自由主义的强有力批判为构建一种超越现代性规制和资本主义体制的结构性转型开了先河。[⑥] 以此为基，加之资本主义制度及其绿化越发难以应对当下系统性危机，以突破现代性规制进步与发展理念的"第二次大转型"（secondgreattransformation）逐步形成。这一转型从认识论层面、范式性层面及政策性层面将社会各领域纳入社会综合性变革进程中[⑦]，这更是成为社会生态转型理论的基本变革框架。

社会生态学界将社会生态转型视为"政治、经济、公民社会团体和其

---

① ［美］萨拜因著：《政治学说史》，邓正来译，上海人民出版社2010年版，第5页。

② ［美］约翰·罗尔斯：《政治哲学史讲义》，杨通进、李丽丽译，中国社会科学出版社2011年版，第3—4页。

③ 白刚：《作为"哲学"的政治哲学》，《光明日报》2015年7月31日第14版。

④ 郇庆治：《作为一种政治哲学的生态马克思主义》，《北京行政学院学报》2017年第4期。

⑤ Bruckmeier, Karl, *Social - Ecological Transformation*, Palgrave Macmillan UK, 2016, p. 10.

⑥ 王绍光：《波兰尼〈大转型〉与中国的大转型》，生活·读书·新知三联书店2012年版。

⑦ 关于当代"第二次大转型"的理论基础，参见 Rolf Reißig, *Gesellschafts - Transformation im 21 Jahrhundert: Ein neues Konzept sozialen Wandels*, pp. 39 - 50。

他角色规制社会生态难题时出现的社会自然关系的结构性变化”[1]。政治生态学界认为社会生态转型是对冲现行资本主义技术与市场结构、资本主义生产和消费基础模式的根本性批判方式[2]，同时也是大多数智库与国际机构应对生态危机的根本性变革理论及具体应对措施。作为一种全球绿色左翼思潮的前沿性表达，社会生态转型理论更强调在积极地推进“去增长”价值[3]中，从根本上对资本主义体制、其负载非合理性社会关系和社会自然关系的整体性变革。而我们要想进一步挖掘社会生态转型的政治哲学意涵，势必要从政治哲学的三个必要构件进行展开，即对当下主导政治的批判性分析、对替代性未来的创造性构想及整体性变革的路径选择。[4]

第一，社会生态转型理论是一种对资本主义生产生活方式的整体性批判。法兰克福学派的批判理论认为，资本主义条件下经济增长与其独特的社会统治、社会结构构成的再生产密不可分。而社会统治作为一种统治性的社会自然关系的基础，它会沿着阶级、性别、种族、代际和区域等领域形成一种黏合了政治、经济、文化等维度的复合型再生产方式。[5] 因而，基于这一霸权性社会结构系统，自然被占有的方式不能由自然的自在生物或物理特定，以及其内在价值决定，而是由基于某种特定经济形式、制度形式以及文化形式的内在社会发展逻辑所决定的。在新自由主义条件下，自然被占有的方式主要取决于资本主义统治结构下的政治制度形式、经济运行模式及文化运作形式。服务于资本所有者及其积累逻辑的资本主义社会经济关系及上层建筑，决定了它在社会关系及社会自然关系领域中的社会剥夺性和非可持续性特征。因此，“转型”理论认为，想要改变当下非

---

① Egon Becker et al., “Sozial - ökologische Forschung. Rahmenkonzept für einen neuen Förderschwerpunkt”, 1999, p.4.

② 郇庆治：《布兰德批判性政治生态学理论述评》，《国外社会科学》2015 年第 4 期。

③ Matthias Schmelzer, “Spielarten der wachstumskritik, degrowth, klimagerechtigkeit, subsistenz eine einführung in die begriff und ansätze der postwachstumsbewegung”, in Barbara Bauer (ed.), *Atlas der Globalisierung: Wenigerwird mehh*, Berlin, Le Monde diplomatique, 2015, p.116; Egon Becker, “Soziale ökologie: Konturen und konzepte einer neuen wissenschaft”, in Gunda Matschonat and Alexander Gerber (eds.), *Wissenschaftstheoretische Perspektiven für die Umweltwissenschaften*, Weikersheim, Margraf Publishers, 2012, p.26.

④ 安德鲁·多布森在《绿色政治思想》中提出了对绿色政治思想进行分析的政治哲学理论框架，参见［英］安德鲁·多布森《绿色政治思想》，郇庆治译，山东大学出版社 2005 年版。

⑤ ［德］乌尔里希·布兰德、马尔库斯·威森：《资本主义自然的限度：帝国式生活方式的理论阐释及其超越》，中国环境出版社 2019 年版，序言。

可持续的生态困境，就要致力于解决与资本主义统治相关的社会经济基础及其相关上层建筑中本身存在的非可持续困境。

具体而言，资本主义等级制关系中内在包含着不平等的劳资关系（经济）、非均质的民主形式（政治）和帝国式的生活方式（文化），而这种压迫性社会关系将会在社会自然关系领域进一步投射出更具有压迫性的等级制关系。在经济领域，生产关系的非正义性会直接表征为对物质财富总量分配的非正义性。这不仅体现为全球产业链分工存在顶层与底层的差异性，还体现为由差异性分工导致成果分配的差异性和非合理性。全球分工和分配的差异性不仅取决于一国在全球经济市场中的体量、所占份额，还取决于其在全球政治格局中的级别。在一个资本主导的全球闭合空间内，这种逐次累积的差异性会随着不平等劳资关系的加深在一国内部继续加重两极分化，还会随着关系的蔓延而在全球空间格局中加剧北方国家对南方国家的帝国主义和殖民主义倾向。在经历了一系列工业、产业、阶级革命之后而形成的资本主义社会，在社会生产关系、消费关系及其附属的社会生活关系的不断变革中，势必会引发社会对自然占有方式的变革。因此，随着经济关系领域的逐渐金融化，社会自然关系也正在从以实体经济为主体的社会关系领域向以金融化为主体的社会关系和社会自然关系领域转变。这种对社会弱势群体（包括自然）的社会剥夺性势必会带来对自然的破坏性，这两种非正义关系也会在更隐秘且更具风险性的国际空间格局中得到进一步加强。在政治领域，在非均质国际关系格局中占优势地位的北方国家，不仅在国际贸易、国际劳动分工、自然资源获取、环境污染空间的使用方面占据整体优势地位，更通过非正义的统治结构关系的再生产、依附性假象[①]的生成，及其作为排斥性规制方式的具象化——国际产业供应链的挤占和在生产方式、发展方式上具有选择性的有限绿化，进一步加大了南北国家之前的差距。而在有限的发展空间内部，南北国家之间在整体经济、政治地位上的巨大差异会继续促进非正义等级关系的历史积累和代际承接。因而，在资本空间内部，非正义的等级制关系不仅会直接影响全球民主形式的非正义化，更会使这种非正义关系在时间和空间上得到进一步延长和扩展。在文化生活领域，异化的社会自然关系更体现为一种非可持续的帝国式生活方式。这种帝国式生活方式除迥异的生活风格之外，

① 白刚：《作为“正义论”的〈资本论〉》，《文史哲》2014年第6期。

还强调在北方国家对南方国家长期霸权关系中，前者生产、分配和消费样态对后者的入侵，并以习惯或秩序方式在人们日常生活实践中被日渐固定，最终形成一种维护资本主义制度及新自由主义发展逻辑的霸权性社会自然关系。可见，帝国式生活方式更多是作为一种软性文化功能为帝国式国际等级秩序及其内部结构的运行提供助力，同样它也是替代性发展逻辑及转向另外一种发展前景的深重阻碍。

总之，社会生态转型理论话语在政治哲学层面倾向于一种对既定社会关系及社会自然关系的根本性替代，而在现实层面则要求对占霸权地位的社会、经济、政治体制进行整体性变革。它批判了在国际分工格局、经济交换体系及国际政治秩序中，资本主义霸权性社会关系对南方国家的非正义性赋权，即在经济上通过对廉价劳动力及资本主义生成要素进行不平等逆向分配、非均质商品输出，在政治上通过武力镇压、经济封锁及殖民掠夺巩固其全球霸权地位，在文化上通过宣传“更多生产”“更多消费”等资本主义生活方式的软文化渠道来形塑和稳固资本主义价值观念。而这些行为正在将全球生态系统推向不可挽回的边缘，更阻碍了新型社会自然关系的形成。但即使资本主义社会存在以上诸多弊端，不可否认的是其内在自反性正在使一种阻碍替代性变革通向“好生活”的“绿色资本主义”成为可能。基于这一前提并在肯定当下资本主义发展现状的条件下，社会生态转型理论进一步批判了资本主义内源性绿色变革的暂时性及局部性，论证了在资本主义发展逻辑之外构建超越或替代性发展模式的可能性。这就意味着，社会生态转型理论的可贵之处还在于，它对资本主义的批判并非简单地断言资本主义社会内部生态矛盾已经构成了影响其未来可持续性的历史拐点，而是从当下现实背景出发，试图在资本主义非正义的社会经济结构、政治结构、文化结构及生态结构中，寻找一种通向社会公正、政治民主、文化文明及生态可持续的替代愿景。

第二，社会生态转型关涉一种指向相对明确的替代性社会构想。它坚持社会关系、社会自然关系的改善，致力于追求为了大多数人利益的“好生活”愿景，倾向于“使人们能够运用自身的理智，选择符合人之本性及其发展的目标”[①]。这就决定了社会生态转型不仅是一种关于未来社会的“红绿”理念或构想，还应该是一种同时兼顾社会公正与生态可持续逻辑

① 苏长和：《理性主义、建构主义与世界政治研究》，《国际政治研究》2006 年第 2 期。

并正在发生的转型实践。

就前者而言，社会生态转型理论是一种与法兰克福学派、奥地利学派具有明显传承关系的“红绿”批判性政治生态学理论。目前理论界将绿色政治理论谱系划分为三个主要部分，即“深绿”“浅绿”和“红绿”。其中“深绿”关涉一种以生态中心主义为伦理指向、生态意识上的激进性变革；“浅绿”关涉一种在维持原有社会制度及其主导逻辑下，通过现代科技、市场及国家规制等工具性手段开展的渐进性变革；“红绿”则要求从根本上对非可持续的社会形态进行生态社会主义变革。[①] 而社会生态转型理论对法兰克福学派“真实需要”理论的嵌入，势必会同时否定完全拒绝一切形式的增长和无限制增长两种发展模式，进而导向一种同时满足人类社会公正和生态可持续的替代性发展空间。因此不难想象，对人类真实需求及“虚假”需求的进一步区分，对发展和财富概念的重新廓清等基础性概念的讨论，或许是构建社会生态转型理论激进性替代理论的前期准备。而在整体性变革层面，社会生态转型理论既不是基于彼岸世界对前现代或抽象“生态无政府主义”（生态主义）的回归，也不是对依靠行政管理与经济技术性改良等（生态现代化）手段的生态资本主义依附，而是通过对当下资本主义逻辑下生态危机的批判性分析，最终面向一种兼融了生态可持续和社会公正在内的红绿处方。因而，从其在政治意识形态上的表现看，社会生态转型理论明显地是一种激进的“红绿”替代性变革理论。

就后者而言，社会生态转型还是一种基于现实考量、经由连续性变革、面向可持续未来的替代性转型实践。这种现实性体现在，其激进性变革并非盲目的，而是基于当下社会发展条件及已有传统，对非合理的政治、经济、社会、文化、道德等领域进行结构性调整，对社会生产中形成的具体组织关系与社会关系进行全方位变革，为在本质上转向一种优于以往整体的社会状态而积蓄力量和变革基础。因此，这种现实性又在变革历程上体现出历史性和连续性，它正在世界各地以不同的转型版本悄然发生。在理论空间，逐步形成了布兰德（乌尔里希·布兰德，Ulrich Brand）范式下的“批判性政治生态学”理论、法意西版本的“去增长”、拉美版本的“超越发展”；而在地缘空间，社会生态转型起源于德奥的奥地利学派，后逐步扩展并形成了包括法意西、北欧、北美、拉美及亚洲等在内的

---

① 郇庆治：《作为一种政治哲学的生态马克思主义》，《北京行政学院学报》2017年第4期。

遍布全球领域的一系列“绿色转型”思潮（包括组织、理论及运动等）。诸多转型版本的流行也从侧面证明了，关于社会生态转型的未来愿景仍旧是一个开放性的话题。当然，社会生态转型本身也并非要追求一种具有统一规定性的未来图景（既不科学也不现实），但这并非说关于未来社会的转型目标就是一个混杂无序的状态。未来社会的发展样态在很大程度上取决于我们当下为转向“好生活”而做的努力，以及统摄转型的内在逻辑是否坚持一种基于广泛民主及生态可持续的“红绿”形态。

第三，社会生态转型理论还包含一种分层次、有步骤的具体转型路径。“好生活”图景的构建既包括经济结构的持续变动、社会结构的深刻变迁，也包括政治体制及人与自然关系的结构性变革。其主要解决的问题是“如何将那些想象中的未来与当前社会现状结合起来”①，即更好地解决战略性的历时维度——将微观、中观和宏观转型视野融合进短期、中期、长期战略阶段中去。② 比如，在短期目标中强调生态消费、生态出行、循环使用生活资料，构建代表“共同体福利”③ 的“集体意识”（collectivewill）；在中期目标中推进能源转型、经济转型、技术转型；在长远目标中构建具有解放意义的“好生活”愿景。而这种空间结构目标与历时性目标结合而成伞状结构，将会包罗万象地带领着社会进行整体性变革。需要注意的是，空间结构目标与历时性目标之间并非严格一一对应，一个微观转型目标可能会是一个需要长期转变的项目，比如学习实践，这需要将生态可持续及社会公正的意识长期引入才能推进项目的持续进展；而有些中观项目却是短期和暂时的，它可能只是为了满足当下的时代要求而必须要做的基本动作，比如一些具有时代特征的技术转型。而这就更加要求有一种强有力的转型主体及统领性的转型纲领将规模转型与阶段转型结合，最终形成一个内部稳健的社会生态网络。

依此而言，我们大体可以知道社会生态转型理论是一种“通过调整社会关系、社会自然关系及其组织形式和价值观念框架，转向可以为多数群

---

① ［奥］乌尔里希·布兰德：《超越绿色资本主义——社会生态转型理论和全球绿色左翼视点》，王聪聪译，《探索》2016 年第 1 期。

② KevinAnderson2019 年 1 月 24 日在牛津大学气候变化发展中心的演讲中提到，可以将社会生态转型理论的规划分为“短、中、长”三个发展阶段，每个阶段都与其他阶段互相融入并紧密相连。

③ ［德］阿克塞尔·霍耐特：《为承认而斗争》，胡继华译，上海世纪出版社 2005 年版，第 95 页。

体提供自内而外解放空间的绿色政治变革目标、议程和战略或'替代愿景'"。因此，它至少包含着三个层面的意涵：在政治意识形态上，社会生态转型是一种有别于当今世界资本主义主导范式的"绿色左翼"替代性话语；在哲学基础上，社会生态转型是一种嵌入人类尺度并尊重自然内在价值的、人与自然可持续发展的人类中心主义自然价值观；在发展实践上，社会生态转型又指涉了一种以合生态的方式缓增长甚至去增长，以公正的方式合理分配社会资源及成果的绿色处方。①

二 社会生态转型的多重理论形态及其全球影响

作为一种内嵌社会公正及生态可持续的转型理论，社会生态转型理论是在对前现代主义、现代主义及抽象的后现代主义价值观的反拨和超越中实现了对资本主义现代性结构的重组和变革。因而社会生态转型不仅是一种具有一般意义上的绿色左翼政治理论分析框架，更作为正在形成并不断扩展转型实践重新焕发并引领了全球绿色左翼运动的变革力量。对于前者，我们已经从对既定社会存在的批判、替代性社会构想及转型路径的三维框架中概括出社会生态转型理论的政治哲学意蕴。对于后者，为了更为准确地呈现其理论与实践的内在逻辑，我们将全面整合梳理社会生态转型在不同国家或地区的理论形态、转型方案，探讨其转型实践是否以及在何种意义上正在导向一种更加符合生态理性和规律的政治经济社会制度。

（一）"批判性政治生态学"理论

作为对法兰克福学派批判理论传统的继承和发展，布兰德"批判性政治生态学"理论是针对欧美国家"绿色经济""绿色新政"等生态现代化战略全球失效提出的批判性替代理论，代表着德奥国家的"转型"形态。其基本观点是，欧美国家的生态危机应对在本质上会导向一种弘扬非正义增长的社会发展模式，这种发展模式的诱因在于"生态帝国主义"的国际空间格局和"帝国式生活方式"发展理念的相互结合。就前者而言，在非均质化的国际空间格局下，国家作为一个为资本积累提供政治法律空间的实体，常常以霸权性方式干预着影响其利益一般化实现的竞争者。而这种霸权式运行方式的国际化，不仅会在全球利益格局中形成一种具有压制性

---

① 李雪姣：《社会生态转型理论的术语学解析——兼与布兰德"批判性政治生态学理论"比较》，《中国地质大学学报》（社会科学版）2019 年第 4 期。

的南北利益格局，更会反向形成一种转向超越当下霸权式国际空间格局的障碍。就后者而言，“帝国式生活方式”对人们日常生活全方位的入侵，严重影响了大众文化认知和社会行为态度而形成了以“消费主义”为主要特征的消费生活和消费社会模式。而这种看似自由的公民自由权利及其实现基础上的个体消费行为，背后所掩盖的恰恰是资本主义实现过程中的霸权式或垄断式社会政治意识形态。正是这种非正义的国际空间格局与蓄谋已久的软性意识形态的结合，织就了一张牢不可破的霸权式社会关系和社会自然关系网。

“批判性政治生态学”认为面对快速蔓延的非正义现代化模式，全球绿色左翼要做的是如何使正在发生的绿色变革话语及实践免遭生态帝国主义发展逻辑及与之配套的帝国式生活方式的干扰，而最终导向一种反对社会公正和生态可持续的“生态资本主义”样态。德奥版本的社会生态转型的特点恰恰在于承认了欧美国家如火如荼展开的“生态资本主义”已然成为一个事实，并在此基础上对资本主义体制内部的渐进性绿色变革进行了强有力的批判。他们看到了欧美国家绿色理论或政策形势的调整，如生态现代化、绿色国家、环境公民权及环境全球管制等，“的确带来了当代欧美国家某些政策创制与制度革新意义上的‘绿化’，但同时也凸显了渐进改善与结构性变革、责任和行动与国家培育、本土中心与全球视野需要之间的矛盾”[①]。这些绿色行为背后隐藏的是“生态资本主义”的扩张性（增长内嵌于资本主义的本质中）、趋利性（生产成本外部化）及短视性（不关注增长极限，只在乎短期经济效益），其真正的目的是在获取更多资本利润与生态可持续之间寻求遥不可及的平衡。[②] 正是“生态”与“资本”之间不可调和的矛盾，造成了“生态资本主义”无法通向可持续绿色未来。

可以说，作为一种政治哲学分析工具，“批判性政治生态学”理论对资本主义渐进性绿色变革的批判为德奥国家社会生态转型提供了重要的理论基础。但是关于一种基于生态现代化实践上的替代性变革路径，无论是

---

① 郇庆治：《当代西方生态资本主义理论》，北京大学出版社 2015 年版，第 18 页。

② 引自罗莎·卢森堡基金会，the Rosa Luxemburg Foundation（www. rosalux. de），“The ‘Green Capitalist’ Agenda in the United States：Theory，Structure，Alternatives”，Stephan Kaufmann & Tadzio Müller，*Grüner Kapitalismus*：*Krise*，*Klimawandel und kein Ende des Wachstums*，Berlin，Karl Dietz Verlag，2009。

布兰德，还是奥地利学派的其他学者都并未从宏观层面给出具有规定性的转型方案。他们将注意力转向一个没有集中约束力和领导力的分散型社会团体，如社会生态社区、团结（照料）型经济等，这种既非科学也非现实性的转型方式会使得社会生态转型在德奥国家最终不可避免地滑向一种口号式的宣传。但更需要强调的是，布兰德"批判性政治生态学"理论的意义并不在于是否提出了某种规范性转型方式，而是通过对当代资本主义社会和文化的批判性分析和阐释，为我们在生态马克思主义之外重新理解和认识当今欧美国家引领的绿色潮流的内在本质提供了有效的政治哲学分析工具。

（二）"去增长"社会变革理论

如果说以布兰德"批判性政治生态学"为代表的社会生态转型在对既定社会存在理论解构层面做出了重要贡献，那么以"去增长"理论为代表的社会生态转型则在其解构意义基础上形成了建设性主张及替代方案。该理论最早由尼古拉斯·乔治斯库 - 罗金（Georgescu - Roegen，Nicholas）提出，后受赫尔曼·戴利（Herman Daly）稳态经济学的影响在蒂姆·杰克逊（Tim Jackson）无增长的繁荣和彼得·维克多（PeterVictor）无增长管理理论下逐渐壮大，用来追踪和衡量社会生态转型的进展情况。而在现实中，法国、西班牙、意大利等国家大规模地推行经济紧缩政策的行为伤害了大多数底层人的利益，进一步推动了以社会可持续的经济"去增长"理念为主导的社会变革理论及实践。该理论的核心主张是通过合理的经济规模缩减、人类福利扩大等方式，在全球范围有层次、分阶段地开展非正义社会权力关系和社会自然关系的整体性变革，进而从多重维度推动社会进入"后碳"（post - carbon）时代。他们认为，资本主义世界经济增长带来的"外部性"不仅对代际产生严重的影响，还会在当代贫困人口中引发暴力性冲突。因此可持续的"去增长"应该是在"债务驱动型增长"与"社会自杀式紧缩政策"之外的一种"金融审慎"行为①，是为了促进人类社会反思已经沉降于日常生活的、以经济增长为考量的社会福利需求的虚假性和非可持续性。

在"去增长"理论看来，立基于发达金融体系当下，资本经济时代如

① Jackson Tim, *Prosperity Without Growth: Economics for a Finite Plant*, London: Earthscan, 2009.

果不立刻转变社会发展模式、实现社会生态转型则会在转瞬之间划向自身的坟墓。具体而言，在当下社会经济的三个主要层面中，无论是借助“赤字支付债务驱动型增长”的金融体系，还是基于技术创新创造价值的实体经济的持续发展，最终都是依靠非可再生能源“助燃”的。但是在工业资本主义社会中，社会关系和社会自然关系并非由商品的使用价值决定，而是由其交换价值决定。在社会关系领域，资本竞争及资本积累的内在逻辑通过资本套牢将人们（工人和资本家）锁定在资本增殖的整个过程中，这种以经济增值为导向的社会关系在时空中的继承和延续会进一步制造压迫与被压迫关系的生产与再生产。而在社会自然关系领域，资本主义不仅是商品和服务领域中生产和消费的不平等制度，更是一个权力和统治制度，特别是对自然的统治。与以经济增长为导向的发展逻辑相配套的是更多生产、更多消费的经济模式，这势必会导致更多的自然资源被免费或廉价地掠夺和占用。而当社会自然关系紧张到一定程度的时候，会反过来继续影响社会关系，并且会造成更严重的社会压迫。最为直接的体现是，以 GDP 作为衡量国家经济状况的工具价值并不能准确地反映经济发展对环境造成的负面影响、国家的非市场活动及国家真实的福利状况。[①]

与之相反，“去增长”理论所引领的转型为替代资本主义社会关系、实现经济规模的适度缩减及消费主义价值观的建立提供了一套相对完整的绿色转型框架和可行的现实路径。对于前者，该理论以批判经济增长的意识形态为基础，去除资本主义社会中过度生产和过度消费的意识形态与社会实践，通过绿色科技及新的绿色核算方式，转向低碳、可持续的社会形态[②]的“去增长”式转型成为了当地绿色左翼的替代性选择。对于后者，尽管不同国家或地区有不同的历史和文化背景，但是衡量一个资本主义工业体系国家是否处在社会生态转型边缘，发达国家是否正在转向低耗能、低耗物的发展方向却是统一的。显而易见，对于发达国家来说转型不仅需要改革社会机构，也需要改革金融机构。政府部门应该加强对金融衍生品和离岸银行业务的监管，以防止金融系统在不考虑实体经济的情况下无序

① Schneider F, Kallis G, Martinez - Alier J. , “Crisis or opportunity? Economic degrowth for social equity and ecological sustainability”, Introduction to this special issue, *Journal of Cleaner Production*, 2010 (6).

② ［法］费德：《经济“去增长”、生态可持续和社会公平》，王维平、张娜娜译，《国外理论动态》2013 年第 6 期。

增长；同时还应该重新审视实体经济、引入资源税、减少富人的能源消耗、发展养老体系、降低失业率，以帮助社会环境的可持续发展。在转型窗口期，它们都遵循了这样一个原则，即不仅将“去增长”视为一种应对危机或增长率放缓的长期趋势，更将其视为基于自愿、平稳和公平原则过渡到较低生产制度和消费制度价值观的有意识转变的过程。因此，可以说“去增长”的意义恰恰在于为应对当下资本主义特定社会关系下的自然商品化或绿色经济，提供了一种可持续、高质量去增长的绿色发展倡议，为发达资本主义国家在现实中转向“后碳”社会提供了可量化的指标和具有建设性的方案。

（三）“超越发展”社会变革理论

在资本主义国家之外，社会生态转型作为一种全球绿色左翼的最新表现形式在发展中国家也有重要体现，如生态激进民主理论、社会主义生态文明理论等。其中，依托于拉美社会生态学研究中心的“超越发展”理论就是在分析和研究巴西、厄瓜多尔、玻利维亚、委内瑞拉等拉美国家长期面临的发展路径、模式与理念等多重依赖困境及自身长期变革经验中形成的激进系统性转型理论及方案。其核心思想是如何将反殖民主义、反资源榨取主义、反现代化行动与本地原住民思想结合起来，突破非正义国际空间格局滋生出的“资源丰富诅咒陷阱”和“中心—边缘依附性”关系，实现符合拉美历史传统及其当下国情的社会生态转型实践。可以将该理论的贡献提炼为以下三点。

第一，在“资源丰富诅咒”陷阱下，探讨拉美国家绿色变革的现状及难度。“超越发展”理论认为，以“资源榨取主义”为主导的发展模式势必会滋生出“资源诅咒”现象，其底层逻辑是技术进步成果不规则传播、权力关系中的向心性而带来的全球权力空间格局的非均质分布，以及由此形成霸权式社会关系及非正义的国际权力关系格局。[①] 而在拉美国家所对应的则是，少数政治权力精英为了实现短期的经济增长而扭曲自身经济结构和生产要素配置，主动或被动地出让本国自然资源的超级可获得性，进而不自觉地出让本国政治权力的可获得性，最终被牢牢绑定在“中心—外围体系”的全球依附性关系中。而这种不平衡依附关系的形成和延续，会

---

① ［委］阿尔贝托·阿科斯塔：《榨取主义和新榨取主义：同一诅咒的两面》，王聪聪译，《南京工业大学学报》（社会科学版）2017年第1期。

限制拉美国家企图通过自内而外进行替代性转型的可能性。但是榨取主义经济模式与当前社会环境之间越发紧张的关系，也在另一个层面构成了重启拉美批判性思维和社会生态转型的端口。

第二，反拨发展主义话语，揭露其霸权社会自然关系。“超越发展”理论所反对的是以自由主义的新发展主义、进步主义的新发展主义和后发展主义为重要组成部分的发展主义立场。不难发现，发展主义是与增长、生产力和现代性密切相关的一种强势话语，与之相关的自然被视为“永不枯竭的资本”，这种旨在使榨取主义合法化的项目是“超越发展”理论最为痛恨的。而借助反资本主义及以民粹主义为装饰的拉美左翼进步主义同样依靠大规模的采掘项目来创造饮鸩止渴式的就业机会，这仍旧不能从根本上带来拉美国家的社会生态转型。而后发展主义则是打着以上两种新发展主义的幌子，实现商品经济的霸权共识。最为明显的体现是，欧美发达国家推出以“可持续”话语为旗帜进行的具有高技术阈限、高市场竞争的“绿色新政”是具有强烈蛊惑性和排他性的，而这种排他性作用在基于远离技术中心的、报酬递减生产活动等经济结构、依附于西方发达国家低端产业链上的拉美国家则更为明显。可以观测到的现实是，拉美国家没有因为依循西方发达国家建立起来的现代化结构而走出发展困境，更没有在发展替代上实现向绿色技术、绿色经济的跃迁。而拉美困境的症结在于无条件地复制发达国家的现代化发展模式，而这种基于工业主义和大众消费主义的当代资本主义社会关系和社会自然关系构型，所指向的是一种非可持续性的发展模型①，因此并不能带领拉美国家走向转型。

基于此，“超越发展”理论的第三点贡献是通过对“替代性发展”（development alternatives）的批判，为包括拉美国家在内的传统发展中国家提供了一种“发展替代”（alternatives to development）的可行性方案。基于拉美历史传统及其公社和社团经济的社会特征，“超越发展”理论将去殖民化、反父权制、多民主国家、多元化文化主义和“好生活”理念作为社会生态转型中新拉美思想构建的核心。而以此为基的“发展替代”则倡导构建一种重新思考人类需求及其满足手段与商品经济之间辩证关系的人道主义经济，重新制定生活标准，将看似对经济活动“无价值”的活动，

---

① ［委］阿尔贝托·阿科斯塔：《榨取主义和新榨取主义：同一诅咒的两面》，王聪聪译，《南京工业大学学报》（社会科学版）2017 年第 1 期。

如护理工作、社团工作等纳入生活本身。

不可否认，作为正在发展和构建中的理论流派，“超越发展”理论为广大发展中国家实现替代性转型提供了一种可资借鉴的未来愿景。在拉美发展困境下，它试图通过否定当下拉美国家所进行的“新资源榨取主义”折射以经济发展为主要目标的西方政治经济霸权发展模式，以打造一种全新的未来替代发展模型。[①] 其基于“好生活”理念的发展替代模式及基于历史连续性的变革传统，为处于全球进步主义语境及复杂国际秩序中的后发国家提供了一种全新的批判性思考。但不能忽视的是，在以非均质的国际空间格局和强权国际政治为主导的国际环境中，力图仅仅通过生态哲学及生态伦理变革，引导国家跳脱“发展”、步入“明智的榨取主义”甚至“必需的榨取主义”[②] 的转型是否会成为现实依旧是一个悬而未决的问题。因此，我们既要注意到“超越发展”理论对构建一种新型发展体系和认知系统的肯定，同时还要从更为现实的层面上把握社会生态转型政治哲学构建中转型路径的现实性和可行性问题。

（四）社会主义生态文明理论

同样作为发展中国家的转型理论和实践，社会主义生态文明理论及其建设则更具科学性和现实性。作为一种独特的社会经济形态，社会主义生态文明是从中国语境产生出来的科学思想理论[③]，是当代中国在着力于解决我国经济社会现代化进程中出现的生态问题时自觉形成的“生态可持续性与现代性”及“生态主义与社会主义”的双重融合。[④] 因此，无论是对全球绿色左翼化解工业文明生态现代化神话的理论创新，还是对我国经济社会现代化进程中绿色治理体系和治理能力现代化水平的提高，社会主义生态文明都代表着中国社会生态转型的发展前沿。经典马克思主义的历史唯物主义、生态马克思主义、社会生态学理论和建设性后现代主义思想都

---

① ［委］爱德华多·古迪纳斯：《拉丁美洲关于发展及其替代的论争》，刘海霞译，《国外社会科学》2017 年第 2 期。

② 这是一种为了国家和居民真实需要采取的榨取主义模式，转载于［委］爱德华多·古迪纳斯《向后榨取主义转变：方向、选择及行动领域》，李雪姣译，《南京工业大学学报》（社会科学版）2017 年第 1 期。

③ 方时姣：《论社会主义生态文明三个基本概念及其相互关系》，《马克思主义研究》2014 年第 7 期。

④ 郇庆治：《作为一种转型政治的“社会主义生态文明”》，《马克思主义与现实》2019 年第 2 期。

为其提供了重要的理论资源，这也决定了中国的社会生态转型势必具有坚定的绿色左翼立场和基于中国特色社会主义现代化背景的生态社会主义未来向路。

就价值立场而言，社会主义生态文明存在一个“红绿”意识形态逐渐增强的转型过程；而就转型实践而言，社会主义生态文明又存在一个自觉追求符合生态性生产方式、制度框架和文明体系的转型政治行动。在党的领导下，从 20 世纪 70 年代末“社会主义物质文明与精神文明”建设的提出，到 90 年代“可持续发展战略”的制定，可以体现出党对绿色议题的关注正在从政策理念上升到国家战略层面。2007 年，党在十七大报告从“生态文明观念”和“建设生态文明”两个侧面阐释了生态文明建设对社会主义现代化目标与战略的重要性，而“弱人类中心主义”价值观和绿色政治实践恰好对应了社会生态转型政治学的两个有机构件。2012 年，党在十八大报告中首次提出“社会主义生态文明”的概念，并将“生态文明”纳入社会主义现代化事业，形成了“五位一体”总体布局。2017 年，党的十九大报告提出了“人与自然和谐共生的现代化”“社会主义生态文明”的价值理念，十九届五中全会又进一步对“人与自然和谐共生的现代化”进行了系统阐释及实践路径上的明确要求，并将其作为一种战略手段和转型理念助推 2035 年碳达峰和 2060 年碳中和愿景目标和承诺的兑现。如果将改革开放后党和国家对生态环境保护及其在现代化发展总体格局中的地位和作用概括为四种政治话语，可以体现为“环境保护基本国策论”（1978—1991）、“可持续发展观”（1992—2001）、“科学发展观”（2002—2011）以及“社会主义生态文明观”（2012— ）。可以发现，这些具有强烈生态保护意向和政策导向的意识形态话语，不仅在明晰生态矛盾、把握发展动力、制定美丽中国价值目标的基础上系统构建了新时代中国特色社会主义生态文明建设的理论体系，还在否定传统现代化发展路径及对实现经济结构的深度转型、社会民生的充分关注和生态挑战的严肃回应上，有步骤地进行着一场声势浩大的绿色变革实践。

相比于其他版本的转型模式，中国的社会生态转型（社会主义生态文明）不仅在变革目标的具体阐释和科学划定中包含着深刻的绿色价值观念，更在理论自身的系统性和说服力上有着严整而明确的意指和逻辑上的统一。因此，无论是从变革理论还是政治主体和政治活动的转型实践上看，其都更加有助于转向一个符合生态理性和规律的社会经济制度。归根到底，社会主义生态文明的实践还是在于制度创新和生态新人的培养，在于“社会公正”和“生态可持续”等核心观点的体现，而这就越来越需要我们以生态系统的可承载力作为经济发展的考量（而非资本逻辑），越来越需要以社会公正性作为对社会关系和社会自然关系的考量（而非霸权主义）。这恰恰才是社会生态转型理论和实践的本质性要求。

三　社会生态转型面临的挑战

基于以上分析，我们可以发现相对于传统绿色左翼政治而言，社会生态转型理论出现了一系列的新变化，如对当代生态资本主义的批判由以往生产力和生产关系及生产条件之间的矛盾转向对更加具体的、气候变化条件下的“生态资本主义”“生态殖民主义”“帝国主义生活方式”的批判；对未来社会的构想从原来生态社会主义/共产主义转向一种对具体的、创造性的社会生态实践的探讨；辩论焦点已经从马克思恩格斯与生态的关系、生态危机是否达到崩溃点等话题，转向能源和自然资源转型[①]、市场与技术能否有效解决生态危机[②]、如何长期规范社会和生态转型[③]等问题。因此，面对日趋复杂的国际环境及资本主义不断升级的现代化转型话语，无论是在方法论层面还是研究视角上，社会生态转型都代表了绿色左翼政治的最新发展方向。尽管社会生态转型在不同国家有不同的表现形式，但却都引领着人类朝向更新的文明形态发展。[④] 它不仅是一种对既定社会非正义性及非可持续性批判的政治生态学，还关涉人及其生存环境的未来可持续发展空间，及转向这一替代性趋势的各种可能性发展路径。因而，可以说，社会生态转型构成了一套严整的、具有普遍意义的绿色批判性政治哲学。但是，作为一种政治哲学的社会生态转型，它还面临着许多难以克服的挑战。

首先，社会生态转型理论内部的政策性话语缺失致使其难以在多重转

---

① Ulrich Brand, “Beyond Green Capitalism: Social – Ecological Transformation and Perspectives of a Global Green – Left”, *Fu Dan Journal of the Humanities and Social Sciences*, 2016 (1).

② 何玉宏、冯韵东：《生态现代化理论及其对当代中国环境保护的启示》，《江西社会科学》2008 年第 1 期。

③ Bruckmeier, Karl, *Social – Ecological Transformation: Reconnecting Society and Nature*, Palgrave Macmillan Limited, 2016, p237.

④ Ulrich Brand, “Beyond Green Capitalism: Social – Ecological Transformation and Perspectives of a Global Green – Left”, *Fu Dan Journal of the Humanities and Social Sciences*, 2016 (1).

型话语空间中形成主导性优势地位。一方面，尽管社会生态转型理论可以为当下既定非可持续的社会关系提供一种认识论甚至是叙事层面的根本性替代，但是在应对现实问题时却难以提出与之对应的具体性政策措施，因而不得不暂时诉诸那些根深蒂固的、本质上是非可持续的政策工具。[1] 最终致力于根本性变革的“转型”仍会重蹈生态资本主义政策的覆辙。究其原因，不可避免地要归结于社会生态转型理论在话语构建层面的严重缺失。也就是说转型运动仅仅依靠对原有社会关系认识论、叙事层面的转变是难以成功的，还需要在对接民众的过程中实现范式层面及具体政策层面[2]的转型。这四种政治话语之间相互影响和促进，共同构成了社会生态转型的理论与实践。而“转型”政治话语结构的不断完善，恰恰是促使转型运动成功的关键。另一方面，转型话语之间的竞争在很大程度上取决于转型主体之间的物质利益斗争。霸权主义的资本主义体制占主导地位的物质利益世界中，其不利于致力于社会公正和生态可持续的“转型”运动的推行。占据优势话语地位的霸权主义体制应对生态危机的方案，更偏向于采取在不改变原有社会制度的基础上开始生态现代化政策战略，如绿色新政、绿色工业革命、绿色经济等，而非基于“好生活”理念的优生态、缓增长、良性发展逻辑的转型策略。其根本原因在于，现实世界中物质利益斗争的优势地位与话语领域优势地位的相关性直接决定了资本主义的绿化话语在政治话语层面对社会生态转型话语的挤占。而作为一种基于未来视角对当下可持续社会现状的预先性参与策略，社会生态转型运动更应该在政治话语竞争的同时获得物质利益。因此，这就不难解释为什么相较于那些生态资本主义话语，社会生态转型话语在理论上即使表现出了非常优质的变革潜能，但仍旧无法冲破重重意识形态迷雾引领社会结构变革。

其次，社会生态转型理论承受着来自外部其他多重转型话语理论与实践的挑战与冲击。即使社会生态转型理论能够谨慎地抑制滑向一种生态资本主义体制内绿化政策型转型话语，但是在“非左、非右、只是向前”等

---

① 引自于罗莎·卢森堡基金会北京代表处主任扬·图罗夫斯基（Jan Turowski）在柏林自由大学进行的题为“The Diseourse of Transformation—Transformation as Discourse：What is the relationship between discourses oftransformation that reflect changes in society and those that create such changes?”的演讲。

② 政治话语主要包含四个层面，即政策性话语、范式型话语、叙事性话语和认识论的话语，四者层级存在一个从低到高的区分。参见 Michel Aglietta，*A Theory of Capitalist Regulation：The U. S. Experience*（London：Verso，1979）。

一系列迎合现代大众多元心理需求的后现代话语下仍承受着巨大压力。特别在那些刻意回避物质资料再分配、阶级对抗等日渐兴盛的话语场景包围中，一些国家或地区的社会生态转型容易忽视物质人权与精神人权的不可分割性，转而投向具有强烈符号性、抽象生态乌托邦主义的后现代行动（毕竟相对于阶级冲突层面的斗争，精神人权层面的冲突显得更为安全、更容易被分散的大众接受）。但是以后现代政治话语为基础的转型实践，不仅在以个体生态意识对阶级关系议题的替代中造成了生态责任错置，更会由于转型话语基础的非现实性、非历史性而致使其转型目标的非现实性。"只有物质生产力的社会政治解放与心灵、意识的精神解放相一致时，人间天堂才是一个可以实现的'潜在的'空间。"[①] 因此，如何进一步提炼转型话语、增强其文化根基和时代认同性，避免在非阶级立场、文化多样性的后现代意识形态迷雾中被稀释和侵蚀，是绿色左翼政治面临的重要任务。

最后，转型动力不足是影响转型转型实践的最显性挑战。从全球转型行动来看，社会生态转型的变革动力主要依靠全球绿色左翼联盟、绿色党派及生态公民的"红绿"实践，而现实中革命主体性丧失、绿色党派转型话语低政治效能及绿色运动团体的目标混杂性都增加了转型的现实难度。其中，作为一种维护多数人利益、支持工薪阶层（特别是要对工会、抵抗活动及必要罢工给予必要帮扶的全球绿色左翼联盟），正在工人阶级主体性革命意识的丧失中（全球劳工套利和阶级主体性的削弱）宣布失效；而在绿色党派的构建中，全球左翼党的绿色转向分别基于不同的政治意识形态基础，绿党所选取的政治路向是以"绿色转型"为核心、以生态现代化为路径实现社会政治经济的转型（英国绿党除外），社会民主党则通过"有质量的增长"实现经济绿化，而左翼党则强调通过强调环境政治来达到"社会生态重建"。[②] 这就决定了这些党派在制度化和职业化中为了迎合政治选举的需要难以走向一种纯粹的"绿色"或"红绿"话语和行动；而对绿色运动团体或生态公民而言，也在与工人阶级（新无产阶级）的疏离中逐渐催生出一种"为争取与它的社会地位相匹配的政治经济权力而斗争

---

① 转引自 Richard Kearney, *Modern Movements in European Philosophy*, Manchester University Press, 1995, p. 201。

② 王聪聪：《比较视野下的德国左翼政党的"绿色转型"》，《国外理论动态》2019 年第 3 期。

的亚阶级"[①]，戴维·佩珀（DavidPepper）将其主导的运动称为"盛世太平主义"（millenarianism）的斗争。转型主体阶级涣散、转型主导力量的丧失以及转型议程或策略的非现实性，都会造成社会生态转型运动无法最终落地。但是，这并不是说社会生态转型的前景就是一片黯淡，我们仍要看到作为转型行动中的重要一环——中国的社会主义生态文明建设在中国特色社会主义实践中释放出的巨大潜能。这种潜能释放的前提在于中国共产党作为无产阶级的代理人对具有生态资本主义属性政策工具的限制、对社会主义基本经济制度基础及其大众文化的强化，如此才有经济社会现代化目标与生态环境保护目标的内在一致性（人与自然和谐共生的现代化），才会导向一种更加符合广大人民群众利益的生态社会主义未来。

正是基于此，我们知道社会生态转型理论已经构成了一套相对完整的政治哲学意义上的替代性方案，并在现实中作为绿色左翼政治的最新表现形式开始带领其走向一种新阶段。但是，任何一种转型理论的实际运行及其面临的困境都要比我们想象的复杂得多。社会生态转型运动能否克服话语层面多重意识形态迷雾的干扰、重新聚合涣散的转型动力及释放高层次政治转化效能，或者说是否能够作为一种广泛普及的政治模式带领全球绿色左翼实现一种真正的"红绿式"超越，关键在于它是否能够突破制度层面的终极障碍以及在大众意识形态方面达成统一的绿色共识。

① ［英］戴维·佩珀：《生态社会主义：从深生态学到社会正义》，刘颖译，山东大学出版社2005年版，第214—215页。

论西方生态学马克思主义的科学技术观

张星萍*

自20世纪六七十年代以来，全球性生态危机的频发、西方绿色思潮的兴起以及公众环保意识的觉醒，促使西方马克思主义理论家们纷纷介入到关乎人类生存与发展的生态学领域，从不同侧面对人与自然之间的关系展开批判性反思。其中生态学马克思主义的观点最为引人注目，这“无疑代表了我们这个世纪（指20世纪——引者注）的最后年月里马克思主义发展的一个新阶段”①。正是通过把科技批判与制度批判结合起来，生态学马克思主义理论家揭示了资本主义的反生态性，从技术非理性运用的价值层面和制度层面展开当代资本主义批判，由此形成了以生态理性为原则的科技价值观和以社会正义为导向的科技发展观。这不仅有利于塑造与生态社会主义相契合的新技术范式，而且有利于重构“人—自然—社会”之间的和谐共生关系。

一　生态学马克思主义科学技术观的生成逻辑

马克思主义哲学从来不是束之高阁的夸夸其谈，而是以批判性和现实性为其理论品格，力图在批判“旧世界”的过程中发现通往“新世界”的现实道路。这正如康德在“三大批判”中对置身其中的时代精神的深刻反思，即：“我们的时代是真正的批判时代，一切都必须接受这种批判”②。因此，作为后继者的生态学马克思主义理论家把批判的矛头指向现代科学技术是“现实逻辑”和“理论逻辑”双重作用的结果，一方面以生态危机

---

* 张星萍，中南财经政法大学马克思主义学院讲师。

① ［南］米路斯·尼科利奇：《处在21世纪前夜的社会主义》，赵培杰等译，重庆出版社1989年版，第58页。

② ［德］伊曼努尔·康德：《纯粹理性批判》，邓晓芒译，人民出版社2004年版，第XII页。

为表征的资本主义发展悖论促逼人们反躬自省，另一方面西方绿色理论尤其是“深绿”阵营对历史唯物主义的质疑要求其作出理论回应。

二战后，发达资本主义国家大多奉行凯恩斯主义经济政策，同时建立起行之有效的社会福利制度，不仅在很大程度上缓和了日益激化的社会矛盾，而且使主要资本主义国家迎来了经济发展的第二个“黄金时代”。但是，世界范围内普遍出现的重大环境公害事件以及为保护环境而发起的团体性活动，都时刻提醒着人们不能过分陶醉于对自然的胜利，更不能天真地认为资本主义条件下的科学技术是无所不能的。事实证明，现代科学技术在资本的裹挟下沦为资本家牟取暴利的工具，他们以狂悖的姿态向自然界巧取豪夺或是转嫁污染的行为，最终都无一例外地遭到了大自然的报复，如英国的伦敦烟雾事件、日本的水俣病事件、俄罗斯的切尔诺贝利核事故。自然环境是人类赖以生存和发展的外部空间和物质基础，人类正是在对自然的征服甚至是毁灭中走向了高度发达的现代文明。虽然不能把环境问题完全归咎于工业文明，“1000 年前的封建社会以及其他附属社会也对环境造成巨大的破坏。而且，早在工业革命之前，资本主义在全球范围内对环境的破坏就出现了”①，但全球性生态危机的愈演愈烈毕竟是在后工业社会②，人类正面临着资源枯竭、水土流失、森林面积锐减、全球日益变暖等更为严峻的生存考验。正因为生态危机的日益凸显和全球化趋势，人们开始反思“究竟为什么人类越来越陷入生态困境而无法自拔?”的现实问题。1962 年，美国海洋生物学家蕾切尔·卡逊的《寂静的春天》的问世，使人们妄图不加节制地压榨自然的幻想被击碎了，也使越来越多的人开始关心环境问题，在世界范围内掀起了轰轰烈烈的环境保护运动——塞拉俱乐部向内政部长莫顿提起诉讼、拉乌运河居民对附近有毒污染的抗议、绿色和平组织反对美国进行核试验。这些非官方的环保组织迅速发展，使许多国家开始重视环境问题、设立专门的环境管理机构、制定相应的环境保护法，甚至将环境问题纳入国家治理的基本框架。在环境运动蓬勃发展的过程中，又分化出了“绿派”和“红绿派”，前者以西方深绿思

---

① ［美］约翰·贝拉米·福斯特、［加］丹尼斯·瑟龙：《马克思主义生态学与资本主义》，刘仁胜译，刘涌安校，《当代资本主义与社会主义》2005 年第 3 期。

② 这里借用美国学者丹尼尔·贝尔在《后工业社会的来临》一书中的概念，他把人类社会的发展分为前工业社会、工业社会和后工业社会三个阶段，认为发达工业国家在 20 世纪七八十年进入后工业社会。

潮为核心理念、以无政府主义为社会理想，后者则是以北美生态学马克思主义为核心理念、以生态社会主义为社会理想，致力于探索一条实现人与自然全面解放的生态社会主义道路。所以，生态学马克思主义是在全球性生态危机和环境运动的现实语境中逐渐形成的，他们围绕科学技术与生态危机之间关系而展开的理论探索同样如此，力图为人类化解生态危机以及由此带来的生存困境指明前行的正确方向和现实道路。

西方“深绿”思潮以生态中心论为理论基础所形成的一种非人类中心主义的生态伦理主张，包括动物权利/解放论、生物中心论、生态中心论和深生态学。尽管他们的理论侧重点各有不同，但都严厉批评了传统人际伦理学只关心人类自身利益而忽视非人类存在物的利益，认为基于人类中心主义价值观的伦理学使人类不再敬畏自然，在对自然任意宰割的过程中损害了人的身心健康和社会的可持续发展。正因如此，他们把生态问题的症结归咎于人类中心主义价值观以及在此基础上科学技术的滥用，并极力反对生产力的发展及其带来的社会进步，这就使之把批判的矛头转向历史唯物主义，诚如日本生态学马克思主义者岩佐茂所言：“马克思曾说生产力是历史发展的最终动力，积极地肯定了生产力的发展。为此，在讨论环境问题时，马克思主义的生产力主义方面常常遭到批判”①。事实上，马克思主义经典作家认为科学技术是生产力、是一种推动历史进步的有力杠杆，人的自由而全面的发展是以高度发达的生产力为前提条件的，但同时也清醒地认识到科技异化所带来的道德败坏、生命钝化、工人普遍贫困等一系列社会负效应。因此，西方“深绿”思潮把历史唯物主义解读为有悖于现代生态科学的“生产力至上论”“经济决定论”“技术乐观主义”，甚至给马克思扣上了一顶普罗米修斯主义的帽子，还就此断定历史唯物主义的生产力理论对人类社会日益严峻的生态危机负有不可推卸的责任。针对来自“深绿”阵营的诘难，墨迪、帕斯莫尔、诺顿等人作出了理论回应，一方面为人类中心论的合理性进行有力辩护，另一方面对近代人类中心论的局限性展开批判性反思和系统性修正，由此形成了人类中心主义的新理论形态——现代人类中心主义（也称开明的人类中心主义或弱式人类中心主义）的生态价值观。尽管他们对现代工业、技术进步、经济增长与生态

---

① ［日］岩佐茂：《环境的思想——环境保护与马克思主义的结合处》，韩立新译，中央编译出版社2006年版，第125页。

环境之间潜在兼容性的强调具有一定的合理性，只不过这种基于资本主义的辩护立场的近代人类中心主义价值观重新定位实际上是一种绿色资本主义理论。归结起来，二者的理论分歧是在价值层面上的生态中心主义与人类中心主义之争，共同失误在于停留在“主—客二分”的思维范式抽象地探讨科学技术与生态危机的关系，使其既不能理解生态危机“本质上表征的是人类在生态资源占有、分配以及使用方面利益关系的冲突和矛盾”①，也无法帮助现代人克服生态危机以及由此带来的生存困境。面对西方绿色思潮的理论局限性及其对历史唯物主义的种种质疑，生态学马克思主义从资本主义制度批判入手思考生态危机问题，指认生态危机的根源在于资本主义制度及其生产方式，从而有力地驳斥了历史唯物主义与生态学之间存在断裂的观念。关于这一点，阿格尔作出了相当精辟的论述，“生态学马克思主义所以是马克思主义的，恰恰因为它是从资本主义的扩张动力中来寻找挥霍性的工业生产的原因，它并没有忽视阶级结构”②。

二 生态学马克思主义以生态理性为原则的科技价值观

科学技术价值观作为人们关于科技实践及其社会后果的稳定性认识，不仅在理论上构成了科技文化的基本内核，而且在实践上引导甚至规定着社会大众的技术选择和生存方式。对于现代科学技术的功利主义价值取向所造成的负面生态效应，西方绿色理论要么从生态中心主义的价值立场出发拒斥技术进步和经济增长，要么从人类中心主义的价值立场出发提倡技术革新和自然市场化。生态学马克思主义指责以上两种看法都是把“征兆”当作“根源”，指认在资本逻辑支配下的科学技术隐含着功利主义的价值观，一方面通过“控制自然”的意识形态把人们对自然的剥削行为合理化，另一方面通过宣扬消费主义文化把人们对自由和幸福的体验引向消费领域。基于此，生态学马克思主义理论家得出资本主义现代性价值体系有悖于“人—自然”协同发展的生态价值观的结论，试图在对“控制自然”观念和消费主义生存方式的批判中建构以人类整体利益为尺度、以生态理性为核心原则、以自然的解放为旨归的技术价值观。

生态学马克思主义科技价值观的第一个显著表现是从“控制自然”的

① 王雨辰：《当代生态文明理论的三个争论及其价值》，《哲学动态》2012年第8期。

② ［加］本·阿格尔：《西方马克思主义概论》，慎之等译，中国人民大学出版社1991年版，第420页。

观念向“解放自然”的观念转变，这使现代科学技术在生态理性的指引下更好地为人和自然的双重解放服务。莱斯在考察“控制自然”观念的历史演变基础上揭示了它的内在矛盾和真实意图，认为只有把“控制自然”的观念纳入资本主义生产体系中才会导致科技滥用和生态危机，从而达到资产阶级控制社会的根本目的，即：“如果控制自然的观念有任何意义的话，那就是通过这些手段，即通过具有优越的技术能力——一些人企图统治和控制他人”①。他仔细考察了“控制自然”观念的道德性质所呈现出的阶段性变化。在萌芽时期，原始先民对于使用工具改变自然秩序的行为产生了既渴望又恐惧的矛盾心理，通过某种宗教形式给予自然精神慰藉体现了对自然的道德敬畏。在形成时期，基督教世界观认为人类凭借其理性和知识成为仅次于上帝的宇宙主宰者，这一传统在文艺复兴运动中得到进一步发展，培根把宗教和科学分别看作是恢复人类道德清白和自然统治权的两种形式，从根本上奠定了控制自然的思想纲领。在成熟时期，人们更关心“怎么样”的问题而不是“为什么”的问题，科学技术也因彻底摆脱了作为宗教婢女的形象而在“拷问”和“统治”自然的过程中获得其现代形式，尤其是资本主义的勃兴使这一观念成为现代社会的普遍意识，人们的价值观念也实现了从“信仰理性”向“经验理性”的转变。而他极力反对的是近代以来人类通过各种科学技术手段控制自然的意志，因为“这就意味着科学思想摒弃了所有基于价值观念的考虑，如完美、和谐、意义和目的”②。当“自然界的神性的祛魅”过程排除了一切价值因素的侵扰时，控制自然的观念与资本追逐利益最大化的本性不谋而合，前者在维护人类整体利益的名义下把自在的自然转化为资本主义体系无限扩张所需的生产资料，后者为实现商品的交换价值和经济的持续增长必然要求加强对人类自身自然（即人的本能）的控制。这不仅因加剧了对外部自然的疯狂掠夺而引发生态危机，而且因强化了对内部自然的深层控制以及人与人之间的敌对关系而导致生存危机。就此而言，现代“控制自然”的观念具有了双重含义：一是人类摆脱了自然和宗教的奴役而实现对自然的控制，二是人类在生存斗争的相互冲突中实现对他人的控制。

---

① ［加］威廉·莱斯：《自然的控制》，岳长龄、李建华译，重庆出版社 1993 年版，第 109 页。

② ［加］威廉·莱斯：《自然的控制》，岳长龄、李建华译，重庆出版社 1993 年版，第 178 页。

正是通过引入生存斗争的视角，莱斯把控制自然的观念置于特定的社会关系之中加以考察，指出人们在生存压力的驱使下加剧了对外部自然和内部自然的深层控制，诚如他所言，“由于对自然的技术控制而加剧的冲突又陷入追求新的技术以进行人与人之间的政治控制，加剧了的斗争使人与人更加拼命地彼此反对并要求采取能够忍受越来越大的斗争压力的方法”①。也就是说，在资本主义条件下，人的生存与发展是以技术依赖为主要特征的，因为科学技术直接同人的需要以及由此激化的社会冲突相联系，至此它成为联结“控制自然”与“控制人”之间的桥梁。一方面科技进步推动着社会生产力水平的提高，从而满足了人们日益增长的物质文化需要；另一方面却掩盖或遮蔽了“控制自然”的意识形态，致使人们无法感知到自身充当统治集团牟利工具的严酷现实。高兹同样认为现代社会“对自然的统治必然通过技术的统治影响到对人的统治”②，这主要是因为资本主义工业体系的高度集中化和一体化趋向催生了技术官僚，统治集团在维护自身利益的过程中把对工人的总体性控制最终转化为对自然资源的竭泽而渔式开采。要言之，生态学马克思主义理论家主张生态危机产生的根源是资本主义制度及其生产方式，认为只有重构人与自然的和谐共存关系、破除资本主义不合理的控制体系，才能将科学技术从损害自然以及引发社会冲突的奴役中解放出来。既然改变人们对待自然的功利主义态度有利于为科学技术的合理使用奠定人性基础，那么至少应当注意以下两点：一是从“控制自然”到“解放自然”观念的翻转，关键在于把科学技术的本质理解为对自然和人类之间关系的控制而非作为人类统治自然能力的表征，“这种控制不再与产生于社会统治结构的压迫性需求相联系，能够实现在统治自然的原始概念中所蕴涵的进步希望”③；二是从“经济理性”到“生态理性”原则的更替，把“更好但更好”的理念作为主导现代社会可持续发展的集体意识，由此为现代技术体系设置生态约束以确保其人道化和生态化转型。

生态学马克思主义技术价值观的第二个显著表现是用劳动幸福观置换

---

① ［加］威廉·莱斯：《自然的控制》，岳长龄、李建华译，重庆出版社 1993 年版，第 141 页。

② Andre Gorz. *Ecology as Politics*, Boston: South End Press, 1980: 20.

③ ［加］威廉·莱斯：《自然的控制》，岳长龄、李建华译，重庆出版社 1993 年版，第 172 页。

消费幸福观，主张在人的创造性劳动中奠定技术生态化转向的人性基础，实现从单一化的“硬技术”向多元化的“软技术”过渡。莱斯和阿格尔认为，消费主义的价值观念和生存方式之所以大行其道是基于三方面原因：其一，从资本主义维系合法性统治来看，其通过广告操纵消费的方式增强了公众对资本主义制度的依附性和认同感。发达资本主义国家为了避免周期性的经济危机而对社会经济生活进行全面干预，这就使得以“自由竞争”和“公平交换”为核心的传统意识形态失效。为此，西方社会利用现代媒介技术（如电视、广播）对消费主义生活方式进行大肆渲染，使人们沉浸于非理性消费的狂欢和喜悦之中而无暇顾及鼓吹过度消费的真实意图。其二，从资本主义的生产方式来看，资本的逐利本性决定了生产的目的不是为了满足人们的使用价值而是为了获得更多的交换价值，这必然要求生产规模的不断扩大和世界市场的日益拓展，同时在客观上需要制造尽可能多的消费需求，否则难以完成资本从商品到货币的“惊险跳跃”。资本主义生产体系的无限扩张趋势必然造成产品的相对过剩现象，只有在全社会宣扬“越多越好”的消费主义价值观，“鼓励一切个人把消费活动置于他们日常活动的最核心地位，并同时增强对每种已经达到了的消费水平的不满足的感觉”①，才能使现代资本主义的利润动机得以实现。其三，从资本主义的生产过程来看，现代工业体系的高度程式化和一体化不仅使大批量的标准化生产成为可能，而且使人的个性和价值被湮灭在精密的控制程序之中，以至于彰显人的本质力量的创造性劳动异化为外在于人的机械性劳动。于是，工人在“劳动中缺乏自我表达的自由和意图”，把注意力从生产领域转移到消费领域，通过炫耀型或奢侈型的消费活动“弥补自己那种单调乏味的、非创造性的且常常是报酬不足的劳动”②，而且在自由地购买、占有以及使用商品的过程中体验到极大的满足感和幸福感，这就在主观方面强化了消费主义价值观对日常生活的深层影响。

尽管发达资本主义将生产和消费的社会前提和自然前提都纳入以资本为定向的组织过程使其重新焕发生机，但是这种过度生产和过度消费的辩证法必然导致对人和自然的无节制索取，以至于人类的身心健康及其生存环境遭到毁灭性破坏。就其对身心的损害而言，品类繁多的商品通常是由

① ［加］威廉·莱斯：《满足的限度》，李永学译，商务印书馆2016年版，第16页。

② ［加］本·阿格尔：《西方马克思主义概论》，慎之译，中国人民大学出版社1991年版，第493—494页。

技术合成的非自然物质，而大部分化合物是有毒性的，加之人们对其全貌也不甚清楚，这势必会对人体产生潜在的危害，而且工人大多偏居城市的边缘地带，连呼吸新鲜的空气和喝上干净的水都成了奢望①。此外，资本总是利用科学技术的隐蔽方式控制着消费的欲望和方向，一方面割裂了人们的消费行为与消费目的之间的统一性，使之在盲目的物质消费中遗忘了对意义世界的追求；另一方面把人们置于被形形色色商品符号重新定型的状态，使之无法形成独立而完整的人格。就其对环境的破坏而言，消费主义生存方式形塑了人们对待自然的功利主义态度，生产性技术在提高人类生活水平的同时也增强了其征服和破坏自然的能力，从而加剧了人与自然、他人以及自身的关系异化。因此，生态学马克思主义理论家认为只有改变以物欲至上为价值取向的消费主义价值观和生存方式，才能理顺技术、商品、消费、需求与幸福之间的关系。阿格尔把对生产和消费异化的反省过程称为“期望破灭的辩证法”，认为这一过程大致分为三个步骤：（1）生产体系的无限扩张因生态系统的有限性而不得不缩减规模，资本主义为公众提供源源不断商品的承诺就难以兑现并引发供应危机；（2）这种情况促逼人们重新思考自己内心的真实需要，改变过去把自由和幸福的实现完全等同于受广告媒体操纵的疯狂消费活动；（3）对需求结构的理性反思使人们从资本主义宣扬的消费主义价值观中觉醒，自觉树立起以“更少地生产，更好地生活”为内核的适度消费观和劳动幸福观。② 与之相适应的是，现代科学技术和生产过程逐渐走向非官僚化、分散化、民主化，因为审慎地使用合乎生态理性的“小技术”有利于遏制大规模的、高能耗的生产和消费行为，非官僚化的生产体系使工人能够直接参与生产和决策的过程。如此一来，人们不仅在“生产性闲暇”和“创造性劳动”中得到自由而全面的发展，而且自然的“返魅”和“审美”之维也同时被重新纳入社会实践的考量范围。

如果说生态学马克思主义对“控制自然”意识形态的批判旨在从改造技术理性出发使之朝着生态化方向发展，那么他们在制度批判框架下反对生产的高度集中、破除消费主义的价值观念、提倡适度消费和创造性劳动的生存方式，为构筑一种对自然、人类及其子孙后代负责的技术价值观提

① 刘燕：《大卫・哈维的生态批判路径及其启示》，《马克思主义与现实》2018 年第 6 期。

② 王雨辰：《消费批判与人的解放——评西方生态学马克思主义对消费主义价值观的批判》，《哲学动态》2009 年第 1 期。

供了良好的文化氛围。需要注意的是，他们基于责任伦理发展“小技术”“软技术”和“好技术”的主张表达了对美好生活的向往，只是脱离资本主义社会的基本矛盾去抽象地谈论变革现代科学技术的形态，在一定程度上违背了社会发展和科技发展的客观规律。

三 生态学马克思主义以社会正义为导向的科技发展观

科学技术发展观从线性模式到多向模式的转变是以20世纪六七十年代为分水岭的，前者强调技术的增长动力取决于业已存在的科学技术谱系之间的相互作用，后者则把社会选择看作是决定科学技术发展方向的根本性力量。[①] 从历史唯物主义的观点看，无论是科学技术决定论还是社会决定论在本质上都是一种极端的还原主义，马克思主张一种整体论的科技发展观，认为技术与社会之间既保持着各自的相对独立性又存在着双向的互动作用。生态学马克思主义在不同程度上秉承了这一思想，指认资本主义条件下的现代科学技术具有集中化、非人性化和反生态性的基本特征，认为在不变革资本主义制度的前提下抽象地谈论科学技术范式的生态化转向显然是不现实的。在此基础上，他们强调从哲学价值观和社会制度两个方面把生态运动引向激进的社会革命，在经济增长、技术进步与环境保护的协同发展中形成新型的生态社会主义社会，科学技术的范式也会随之从追求“经济价值”的线性发展模式转向以“社会正义”为主导的综合发展模式。

第一，生态学马克思主义科技发展观的形成在很大程度上得益于他们对解除生态威胁的市场方案和技术方案的批判性反思。就市场方案而言，西方资产阶级学者坚称环境保护兼具经济效益和生态效益，他们相信“资本主义市场经济内部可以利用的经济手段和机制（如为自然进行市场定价、向消费者征收生态税、限制碳排放权等——引者注），特别是价格机制，是解决生态问题的最好方法”[②]。实际上，这种把作为公共产品的自然资源商品化、资本化和私人化的做法对于全球生态治理来说却是收效甚微，企业之所以优先采取生态保护的策略组织生产也不过是为了攫取更多的剩余价值，那些被贴上“生态健康”“绿色”“无污染”等标签的商品因更好地迎合了生态消费意识而顺利地实现了其交换价值，于是高昂的环

---

① 郑晓松：《技术的社会塑形论的三重批判维度》，《自然辩证法研究》2012年第4期。

② ［印］萨拉·萨卡：《生态社会主义还是生态资本主义》，张淑兰译，山东大学出版社2008年版，第175页。

境成本就以不断外化的方式转嫁给社会公众乃至第三世界国家。因此，福斯特一针见血地指出："实际上，在现存的经济体系中，最终可能被证明不具有实践性；因为，其中环境成本的外化是一种固有现实。然而，寻求立即关停燃煤发电厂，并用太阳能、风能和其他可再生能源取代它们，再加上通过社会发展优先次序而改变需求一方，这些更加根本的生态解决方案被既得利益集团视为完全不受欢迎。"[①] 就技术方案而言，英国经济学家杰文斯以煤炭为例指出，技术进步对煤炭等自然资源利用效率的提高非但不会减少反而会增加资源的需求和消耗，这一悖论表明企图利用技术手段解决生态问题的看法"纯粹是一种思想混乱"[②]。福斯特则通过对美国汽车行业的技术革新与能源消耗总量之间关系的考证，认为"到目前为止，杰文斯悖论仍然适用，那就是，由于技术本身（在现行生产方式）无助于我们摆脱环境的两难境况，并且这种境况随着社会经济规模的扩大而日益严重"[③]。这是由于资本的逐利本性必然要求现代工业体系的向外扩张，而生产规模的急剧扩大是以人力和物力资源的大量投入为基础的，此时人与自然都被无情地卷入资本主义生产体系的旋涡中，一方面自然的祛魅化使之成为任人宰割的对象，另一方面人的工具化使之沦为丧失批判能力的存在，由此给西方社会带来了严重的生态危机和生存危机。而随着交通运输工具和电子信息技术的广泛应用，资本突破了时空限制并向第三世界侵袭，由此导致生态危机呈现出全球化的发展态势。这表明在资本逻辑支配下的科学技术，本质上只不过是屈从于工业生产体系的高级剥削形式，它把一切不合理性变成了合理性，这样便遮蔽了人类和自然遭到深重压迫的不争事实。所以生态学马克思主义理论家认为，既然资本扩张的无限性与自然资源的有限性之间不可调和的矛盾内在地决定了资本主义的反生态本性，那么在资本逻辑支配下的市场经济和绿色技术都不可能是解决生态问题的灵丹妙药，它们充其量也只不过是在相当有限的范围内改善了少部分人的生存环境。由此可见，生态学马克思主义所主张的生态范式革命绝对

---

① ［美］约翰·贝拉米·福斯特：《生态革命——与地球和平相处》，刘仁胜译，人民出版社2015年版，第14页。

② William Stanley Jevons. *The Coal Question*：*An Inquiry Concerning the Progress of the Nation*，*and the Probable Exhaustion of Our Coal Mines*，London and Cambridge：Macmillan & Co.，1865：140.

③ ［美］约翰·贝拉米·福斯特：《生态危机与资本主义》，耿建新、宋兴无译，上海译文出版社2006年版，第96页。

不能仅从封闭的经济系统或工具系统出发，而是应当将其置于特定的社会历史语境中加以考察，因为科学技术究竟是如何发挥对于生态环境的“为善”还是“为恶”功能的过程取决于社会制度的性质。

第二，生态学马克思主义科技发展观是坚持以“社会正义”为主导的人与自然高度协调的可持续发展模式。马克思从生产力决定生产关系的视角阐明了科学技术的范式更替是推动资本主义社会发展的重要力量，认为“随着新的生产力的获得，人们改变自己的生产方式，随着生产方式即谋生方式的改变，人们也就会改变自己的一切社会关系。手推磨产生的是封建主的社会，蒸汽磨产生的是工业资本家的社会”①。从自由资本主义走向垄断资本主义的现代社会也不例外，发达资本主义国家为维系其“高生产、高消费、高污染”的发展必然要寻求与之相适应的现代技术范式，在福特制主导下的现代科学技术系统则表现为高度集中化、大规模和系统性的显著特征。也正因如此，“唯GDP论”的资本主义发展模式把全世界都推向积重难返的全球性生态危机，同时也将现代科学技术的诸多弊端公之于众，这在客观上为科学技术从“以物为本”到“以人为本”的转变提供了发展契机。基于“社会正义或它在全球范围内的日益缺乏是所有环境问题中最为紧迫的”② 普遍共识，大多数生态学马克思主义理论家主张通过引入“环境正义”的范畴以重构人与自然、他人以及自身之间的和谐关系，从而建构一个有利于人与自然协同发展的生态社会主义社会。如此一来，不仅从哲学价值观层面上扭转了技术的功利主义价值取向，而且从制度层面上化解了技术线性发展模式的佯谬。英国生态学马克思主义者佩珀对此深表赞同，指出“如果我们想改变社会以及社会—自然之间的关系，我们就必须寻求不仅在人们思想中——他们的见解或哲学观，即他们的‘社会意识形态’，而且也在他们的物质与经济生活中的改变”③。他认为我们应该把社会正义推进到生态学领域，基于生态政治批判的视域揭示了欧美国家与第三世界国家、发达地区与落后地区、强势群体与弱势群体之间在享有环境权利和承担相应义务方面的不对等性问题及其成因。在此基础上，

---

① 《马克思恩格斯选集》第1卷，人民出版社2012年版，第222页。

② ［英］戴维·佩珀：《生态社会主义：从深生态学到社会正义》，刘颖译，山东大学出版社2005年版，第2页。

③ ［英］戴维·佩珀：《生态社会主义：从深生态学到社会正义》，刘颖译，山东大学出版社2005年版，第101页。

他进一步提出在“红”与“绿”的联盟中变革资本主义制度，实行生产资料公有制以避免自然的资本化，发展与自由、平等、民主等政治目标相容的新技术，从而使人与自然的异化关系在集体控制或占有中得以修复。美国生态学马克思主义者奥康纳则认为“生产性正义”是超越资本逻辑的关键，因为资本主义生产的高度社会化使强调社会交换关系的“分配性正义”缺乏现实性。为此，只有诉诸“能够使消极外化物最少化、使积极外化物最大化的劳动过程和劳动产品（具体劳动和使用价值）”①，才能从根本上破解资本主义“先污染、后治理”的发展逻辑，并为寻求具有生态学和人类学指向的替代性技术提供了社会动力。不仅如此，20 世纪 90 年代以后的生态学马克思主义理论家着眼于人类共同命运反思全球性问题，指出发达资本主义国家利用“空间转移”策略缓解生态危机实则是让发展中国家“吃下污染”，强调把“地方性行动”与“全球性行动”结合起来重构平等互利的国际新秩序，在全球生态共治过程中实现社会发展与环境保护的双赢局面。

第三，在生态社会主义条件下所形成的新型科学技术系统是一种更加符合人类根本利益的综合性发展模式。大多数生态学马克思主义者主张变革资本主义高度集中化的生产方式，提倡用分散化的小规模技术替代集中化的大规模技术。在他们看来，资本主义国家在经济利益的驱使下不断扩大生产规模和刺激消费需求，作为生产工具的科学技术也呈现出高度一体化、集权化和程式化的基本特征，不仅把生机勃勃的自然变成了工业生产的原材料，而且把富有创造力的工人变成了工业生产的零部件，生态系统因遭到资本的严重侵蚀而每况愈下。为了避免资本主义条件下科学技术体系规模化的弊端，莱斯、阿格尔等人主张推行“稳态经济”发展模式以及与之相适应的小规模技术，认为有计划地缩减生产规模和选择合适的科学技术尽管限制了经济的增速，却在很大程度上降低了自然资源的消耗和浪费，同时分散化管理体制和小规模技术的运用有利于人们直接参与生产和决策的过程，使之在创造性的劳动而非过度的消费中体验到自由和幸福。莱斯认为科学技术使用方式的改变有赖于以稳态经济为基础的“较易于生存的社会”的建构，因为稳态经济意味着生产方式的分散化和满足方式的

---

① ［美］詹姆斯·奥康纳：《自然的理由》，唐正东、臧佩洪译，南京大学出版社 2003 年版，第 538 页。

多元化，科技进步的目标也就不再是片面地追求经济增长，“工业化的积极方面和尖端技术可以向当代社会提供以前社会所不可能有的舒适环境，即提供一种丰富多彩的生活环境”[①]。阿格尔同样认为稳态经济的发展模式“通过使现代生活分散化和非官僚化，我们就可以保护环境的不受破坏的完整性（限制工业增长），而且在这一过程中我们可以从性质上改变发达资本主义社会的主要社会、经济、政治制度”[②]。他通过借用和改造舒马赫“小技术”概念提出了“小规模技术”的理念，强调分散化的技术形式不仅倾向于选择风能、水力、太阳能等可再生资源，而且有利于科学技术朝着人性化和民主化的方向发展。之所以如此，是因为它具有简易性、小规模、低成本、易取性等优势，在一定程度上扭转了技术被政府或大企业垄断的局面。高兹在《作为政治的生态学》一书中把技术划分为性质不同的两类——资本主义独裁式的“硬技术”和社会主义民主式的“软技术”，强调后者表征的是以生态理性为内核的生产方式和消费模式，“旨在以最少量的劳动、资本和能源来提供最基本的、使用价值最大的和最耐用的东西”[③]。与莱斯和阿格尔一样，他提出的“软技术”也是以人的解放为目标的人性化技术。它非但不会像资本主义性质的技术那样污染自然和压抑人性，反而还有助于实现社会的生态社会主义转型，只是因过分期待不同技术模式引发社会质变而不免有“技术决定论”之嫌。由此可见，生态学马克思主义理论家是将科学技术的范式革命置于广阔的社会文化语境中的，主张扬弃资本主义“有增长而无发展”的病态模式，倡导在科学技术的使用过程中遵循生态化、人性化和民主化的原则，强调科学技术革命之于社会转型的重要性。

综上所述，生态学马克思主义理论家是在对全球性生态危机的现实关怀和西方绿色思潮的全面清算中指认，科学技术的资本主义使用而非科学技术本身是环境问题的始作俑者，把哲学价值观和社会制度的双重变革看作是消弭这一问题的根本出路。正是基于资本主义制度批判的理论框架重审科学技术及其非理性运用的社会后果，同时广泛地汲取现代生态学的最新理论成果，生态学马克思主义才逐渐形成了以生态理性为核心的科技价

---

① William Leiss. *The Limits to Satisfaction*, Toronto: University of Toronto Press, 1976: 107.

② ［加］本·阿格尔：《西方马克思主义概论》，慎之等译，中国人民大学出版社 1991 年版，第 499—500 页。

③ Andre Gorz. *Capitalism*, *Socialism*, *Ecology*, London and New York: Verso, 1994: 32.

值观和以社会正义为导向的科技发展观。尽管生态学马克思主义对当代资本主义的科学技术所进行的生态政治学批判和生态社会主义建构带有一定的乌托邦色彩，也不完全符合我国的国情，但其中不乏有利于推进我国生态现代化建设的宝贵思想资源，对于我们如何看待科学技术及其应用的社会后果、如何规避科技进步带来的发展悖论、如何利用科技创新助力生态文明建设，无疑都具有十分重要的理论和现实意义。

理解国外马克思主义空间批判理论的三重视域
——以列斐伏尔、哈维和索亚为线索

高晓溪*

现代性的共时态逻辑强调空间的话语地位，随着全球资本危机和地方性矛盾的加剧，空间不仅对于资本主义生产关系的再生产有支持作用，而且在社会财富的生产与分配以及调试和规范主体社会关系的过程中也具有重要意义。据此，对于空间性的反思和批判引发了左翼学者的共同关注。从主要代表人物看，主要包括列斐伏尔、卡斯特、哈维、索亚和马西等人。遵循国外马克思主义的理论构图，本文主要根据列斐伏尔、哈维和索亚的理论展开论述，一方面因为他们之间具有明确的师承关系，且在阐发空间的社会关系属性、意识形态内涵和解放构想的过程中呈现了某种学术相似性；另一方面则由于他们分属经典西方马克思主义、晚期马克思主义和后马克思主义阵营，在叙事理念、视角和方法等层面又存在思想差异，这就不仅为我们结合理论阐发过程中的共性与个性，历时态地梳理空间批判的演进脉络和共时态地把握理论构图提供了便利，也有助于我们将空间批判的理论考察纳入国外马克思主义的宏观视野，在综合评判其意义和限度的基础上，提炼可资借鉴的理论资源和实践智慧。

一　列斐伏尔：人本主义总体观的空间呈现

就经典西方马克思主义的空间批判理论而言，列斐伏尔的研究具有典型性，正如佩里·安德森所言，“亨利·列斐弗尔是我曾经探讨的西方马

---

* 高晓溪，中南财经政法大学马克思主义学院讲师。

克思主义传统最老的至今尚在人世的幸存者。”[1] 所谓西方马克思主义传统，是指西方具有马克思主义倾向的学者在探索本土革命路径过程中形成的“批判性”的学术传统[2]，即对于资本的物化逻辑带来的普遍压抑展开技术理性、大众文化、意识形态以及性格结果和心理机制等方面的批判。在他们看来，苏俄马克思主义立足于近代理性主义哲学立场，不仅无法呈现马克思哲学变革的实质内容，也遮蔽了其批判价值功能。据此，西方马克思主义理论家以重释马克思主义的哲学内涵为核心，形成了以阿尔都塞为分界的人本主义和结构主义两种叙事。列斐伏尔则延续了卢卡奇的人本主义路向，主张资本的异化逻辑已经全面渗透于政治、经济、文化和思想领域，只有立足于日常生活领域的微观透视，方可解决从劳动的社会分工到意识形态中的拜物教和神秘化问题。不同于卢卡奇，列斐伏尔主张将马克思在《巴黎手稿》中的异化理论和实践学说泛化为一种以日常生活为关注的存在论哲学，其落脚点不是激进的主体意识，而是能够彰显差异、张扬个性的“总体人”，即“在这种人道主义中，最高的权力机关不是社会，而是总体人。……它是在差别无穷的各种可能性的个性中充分发展的个性”[3]。显然，除了关注主体性问题和人学救赎之外，法兰克福学派敞开的个体化的生活政治领域和存在主义抗争也反映在列斐伏尔的早期规划中，体现了一种经典西方马克思主义的学术立场。

列斐伏尔后期开始关注空间问题，形成了以空间生产、空间辩证法和城市权利为核心的空间批判理论。对于上述转换，学界有两种截然不同的评价，例如埃尔登认为“空间”内在于“日常生活批判”的理论主题，它与“节奏”分析共同构成了现代性诊断的时空之维[4]；索亚则将空间批判看作列斐伏尔的理论高峰，因为它不仅通过空间性的“三重辩证法”导引了后现代主义的激进叙事，也凭借“空间本体论”打破批判理论与实证科学素不往来的对立现状，通过哲学、建筑学、城市社会学和地理学的辩证互动，拓展了左翼政治的理论空间。实际上，“日常生活”和“空间”具

---

① ［英］佩里·安德森：《当代西方马克思主义》，余文烈译，东方出版社 1989 年版，第 34 页。

② 王雨辰：《西方马克思主义的学术传统与问题逻辑》，《中国社会科学》2010 年第 5 期。

③ 《西方学者论〈1844 年经济学哲学手稿〉》，复旦大学出版社 1983 年版，第 199 页。

④ 参看 Stuart Elden, *Understanding Henri Lefebvre: Theory and Possible*, Continuum, 2004, p. 37。

有逻辑关联，它既是内嵌于日常生活批判的理论视野，也是对“经典西方马克思主义理论的又一重要的理论贡献”①，其相对独立性只限于方法论层面，即通过结构主义的共时态方法，揭示了空间生产时代的资本意识形态策略、技术官僚社会和“消费受控制的科层社会”的理论工具，用列斐伏尔的话说，“社会空间理论，一方面包括对都市现实的批判分析，另一方面包括对日常生活的批判分析；……日常生活与城市，是不可分割的联系在一起的”②。即便是在解构主义滥觞的20世纪70年代，列斐伏尔亦主张面向现代性逻辑的政治求解，并笃信“异化理论和‘完整的人’理论依然是日常生活批判背后的推动力量”③，而空间批判理论正是维系理论张力的关键环节。

从理论运思层面看，列斐伏尔一方面继承了经典西方马克思主义的人本主义立场，围绕异化理论和实践学说，建构了以“栖居”为旨趣的区域自治和都市革命策略；另一方面遵循了阿尔都塞的结构主义方法，即通过“去时间化”的解释路径系统演绎了所谓“地形学隐喻”④，将教堂、学校和剧院等意识形态国家机器引申为在前提和结果的双重层面表征社会关系及其生产策略的空间结构，即不仅被特定的社会形态和生产方式所生产，也指向并支持该生产过程本身，用列斐伏尔的话说，“每个社会都处于既定的生产模式架构里，内含于这个架构的特殊性质则形塑了空间。空间性的实践界定了空间，它在辩证性的互动里指向了空间，又以空间为其前提条件”⑤。而经由“空间、社会与生产”这三者间的辩证互释通达的“空间化社会存在”及其再生产机制，正是列斐伏尔从事空间批判的起点。在他看来，资本借由现代性（历史性）优势获取的统治合法性几近丧失，唯有采取共时态的积累手段和结构化的意识形态策略，方可维系自身的当代存续。因此，不论是对于资本的形而上学批判，还是政治经济学解剖，必须以空间的现象学还原为前提；但不论是将空间敞开为历史辩证法的基本

---

① 王雨辰：《经典西方马克思主义在当代西方的理论效应及其当代价值》，《武汉大学学报》（哲学社会科学版）2019年第5期。

② ［法］勒菲弗：《空间与政治》，李春译，上海译文出版社2008年版，第1页。

③ ［法］列斐伏尔：《日常生活批判》（第一卷），叶齐茂译，社会科学文献出版社2018年版，第72页。

④ ［法］阿尔都塞：《论再生产》，吴子枫译，西北大学出版社2019年版，第446页。

⑤ ［法］列斐伏尔：《空间：社会产物与使用价值》，包亚明主编：《现代性与空间的生产》，上海教育出版社2003年版，第48页。

视野，还是将其纳入生产力和分工领域，都要从“空间的生产”出发，它不仅可以在揭示“资本一般”的时代表达机制的同时，“填补”列斐伏尔谓之马克思“未完成的关于生产的理论”①；也有利于在打破诸如经济基础和上层建筑、历史与结构等二元对立的同时，通过整合被技术主义和官僚政治碎片化了的社会现实，凝聚足以引申为行动逻辑的总体性辩证想象。

为理解上述问题，列斐伏尔从空间概念的理解入手，指出牛顿的绝对空间观和康德的先验空间观代表了空间认识论的两种演进趋势，前者囿于经典力学体系及其实体框架，主张场景化和经验性的理解模式，并最终被18世纪法国唯物主义引申为关于物质世界的本体论假设；后者将空间视为基于人类几何思维的先验抽象物，强调以空间和心灵的关系论阐释替换充满神学色彩的目的论阐释，但浓厚的主观主义倾向注定无法进入马克思的主流论域。为消除上述分歧，列斐伏尔主张将空间纳入生产的逻辑范畴，但不同于传统的物质生活资料，作为“具体抽象物”② 的空间既是一个对象化了的建成环境，类似阿尔都塞赋形的意识形态国家机器（学校、教会、剧院等）那样内嵌于生活世界，同时也是社会关系的表征，亦如布迪厄的“场域”概念，能够反注思维路径乃至行为逻辑，这种内含社会属性并兼具过程与结果、基础和派生、目的和手段的空间概念正是列斐伏尔谓之生产的理论所指。

据此，列斐伏尔界定了“空间生产的历史”③。在他看来，前资本主义时期的空间依次经历了“绝对—神圣—历史性”的生产过程，不断积累的世俗权力和政治因素为现代性提供介入契机的同时，也肇始了时空向度的叙事分裂，用吉登斯的话说，“社会关系从彼此互动的地域性关联中，从通过对不确定的时间的无限穿越而被重构的关联中‘脱离出来’”④。资本强势的生产伦理和实证原则极化了上述趋势，特别是随着时空的感性关联被降格为时间意识的单向度支配，不仅空间与历史的辩证互释遭遇了形而上学的贬黜，空间生产的知识也沦为唯名论的共相，丧失了总体把握的可能性。列斐伏尔则认为“每一个社会——因此每一种生产方式及其亚变

① Henri Lefebver, “Space and Mode Production”, *State*, *Space*, *World*, University of Minnesota Press, 2009, p. 211。

② ［法］列斐伏尔：《空间的生产》，刘怀玉等译，商务印书馆2021年版，第104页。

③ ［法］列斐伏尔：《空间的生产》，刘怀玉等译，商务印书馆2021年版，第71页。

④ ［英］安东尼·吉登斯：《现代性的后果》，田禾译，译林出版社2000年版，第18页。

种——都生产出一个空间"[①]，只有通过"生产"概念将表征过程之绝对性的"历史"复归于空间的总体场域，方可理解社会演进和结构转型的实质内涵。就资本的空间逻辑而言，"资本空间化"和"空间资本化"构成了前者的策略表征。前者着眼于资本"按照自己的面貌为自己创造出一个世界"[②]的运作机制，强调商品化的空间及其承载的生产关系之于资本存续的支持效应，后者将空间视为"资本一般"的当代形态，相当于资本积累和价值增值的能动过程，意味着空间不只是社会关系或权力机制的消极铭刻，而是本体论化的动态且异质的实践过程，正是凭借空间生产的批判性分析，列斐伏尔给出了资本存续的空间秘密和抵抗策略。

在列斐伏尔看来，资本的空间生产等同于景观拜物教的意识形态再现，它不仅可以整合那些被切割为交换碎片的功能性"地方"，也能够通过解构辩证法的历史效应，将资本的统治幻象渗透于日常生活乃至主体形而上学的全部领域，并导致"同质化的趋势以一种任由它支配的方式实施着压制和压迫"[③]；而这也恰好反证了作为对立面的"差异性"的解放特质。但列斐伏尔却始终蜷缩于形而上学的思辨空间，即所谓"差异性"，与其说是反抗资本同一性暴力的政治经济学中介，不如理解为是在马克思的"总体人"、尼采的"永恒轮回"和海德格尔的"基础存在论"的三位一体中敞开的生存论空间，虽然他申辩"差异并不是要忽略同一性……不能忽略历史和人类的历史性"[④]，但卢卡奇试图通达的哲学"总体"，终究被都市空间的整体生产所替代，列斐伏尔正是在"诗性栖居"和"城市权"的诉求和争论中，肇始了经典西方马克思主义的逻辑终结。

二 哈维：不平衡的空间生产及其解放旨趣

如果说列斐伏尔的空间理论只是"五月风暴"中式微的经典西方马克思主义的"微弱回响"，那么在后结构主义泛滥的70年代，空间则以其结构（后结构）主义的叙事亲缘性演绎了更多的理论可能。具体来说，围绕资本全球化问题、后现代主义和资本逻辑的关系问题以及政治解放问题，

① ［法］列斐伏尔：《空间的生产》，刘怀玉等译，商务印书馆2021年版，第48页。

② 《马克思恩格斯文集》第2卷，人民出版社2009年版，第36页。

③ ［法］列斐伏尔：《空间的生产》，刘怀玉等译，商务印书馆2021年版，第454页。

④ ［法］列斐伏尔：《日常生活批判》（第二卷），叶齐茂译，社会科学文献出版社2018年版，第348页。

形成了晚期马克思主义和后马克思主义的视域分野。在前者看来，上述问题不过是资本面向后工业和全球性语境的策略转换，不仅资本的运作逻辑并未脱离马克思的政治经济学框架，针对生产方式的激进规划依旧是政治解放的核心遵循。在学术阵营内部，哈维的视角较为独特，他将列斐伏尔形而上学的空间直觉转化为地理学的敏感性，一方面揭示了资本全球化的本质即权力和领土逻辑的地理学表征，其目的在于缓解过剩的积累危机；另一方面立足于空间生产与地缘政治对抗的关系论阐释，主张全球性的金融危机、生态问题和后殖民的政治图景等，实际上是资本规训多元尺度空间的地理学后果，然而空间的强制耦合将导致“资本主义的地理组织把这些矛盾内化到了价值形式当中。这正是资本主义不可避免的不平衡地理发展这个概念的含义”①。通过对资本不平衡的历史地理状况的批判性阐释，哈维重构了传统的乌托邦精神，并力图在差异正义、阶级政治和生态社会主义的辩证互动中，建构一种兼容后现代状况的政治议程。

在哈维看来，新自由主义旨在“重建资本积累的条件并恢复经济精英的权力”②，它表明针对资本积累的政治经济哲学审视，有较之于文化和意识形态批判的优先性，马克思的《资本论》则给予理论和实践的双重指引。具体而言，哈维认为资本的空间生产实际上是“剥夺性积累”的隐蔽手段，即通过“非生产性”的剥夺方式维系剩余价值生产，而这种外在于“扩大再生产”的积累诉求相当于再造了一个生产资料和劳动的结合机会，类似原始积累那样，只不过它已经被常态化或内化为资本的运作条件而非前提。哈维进一步指出，“通过剥夺造成的不均衡地理学发展，乃是资本主义稳定性的必然结果。”③ 哈维曾自诩“不平衡问题”是“最值得大力研究和关注的概念”④，的确，作为社会历史演进的基础结构，不平衡所表征的非均质性既有来自“种族中心主义”“历史特殊伦”和“文化相对论”的狭义呈现，也包括“全球现代性”“东方主义”乃至“多元决定论”之广义言说；马克思也曾在《1857—1858 年经济学手稿》中提醒自

---

① ［美］哈维：《资本的限度》，张寅译，中信出版社 2017 年版，第 638 页。

② ［美］哈维：《新自由主义简史》，王钦译，上海译文出版社 2010 年版，第 22 页。

③ ［美］哈维：《新自由主义化的空间》，王志弘译，群学出版社 2008 年版，第 88 页。

④ ［美］哈维：《正义、自然和差异地理学》，胡大平译，上海人民出版社 2010 年版，第 6 页。

己："真正困难之点是：生产关系作为法的关系怎样进入了不平衡的发展。"[①] 且不论历史辩证法本有的不平衡旨趣，就问题本身来说，表明马克思已经由广义历史唯物主义之于"物质生产"的一般性表述，转向"经济力量颠倒地决定人与社会这样一种特定的历史情境的指认"[②]，使得马克思能够在否定任何目的论预设和形而上学悬置的基础上，通过"历史性的科学抽象"[③] 揭示资本权力结构及其市民社会基础的阶段性和暂时性。

针对马克思的论述，哈维一方面继承了列斐伏尔的空间解读，另一方面借助过程辩证法的认知图式和对于"社会—生态"过程的不平衡解读，凝聚了包含差异旨趣的生态社会主义策略。具体而言，哈维强调"在任何时候，过程地位都优先于物和系统"[④]。它意味着我们不能只从物化的实体层面把握资本的景观塑造，而是应当在动态的空间过程及其诸环节的关系论阐释中寻求"可能的世界"的建构路径。据此，哈维将马克思把资本"概念化为一种过程或关系"[⑤] 的做法视为过程辩证法的杰出代表，认为它不仅避免了重蹈笛卡尔之原子主义的因果模型，也同时丰富了"对立统一"的辩证法理念。在《正义、自然和差异地理学》中，哈维借助莱文斯和莱温廷（Levins and Lewontin）、怀特海（Whitehead）和马克思的观点批判了笛卡尔的二元论，认为这种"狂热的理性主义"虽然奠定了经典物理学的叙事基础，但却由于排除了"过程和历史"而导致"方法论个人主义"或马克思谓之"抽象的和意识形态的观念"[⑥]。显然，哈维试图凸显过程辩证法在描述事物的运动、变化和联系等方面的优势，特别是"过程"的介入相当于泛化了非此即彼的矛盾论假设，因为讨论过程及其诸环节的辩证关联，既可赋予实体化的矛盾双方以开放且流动的特质，也同时为列斐伏尔（甚至阿尔都塞）的再生产机制提供细节论证。我们知道，上述二者泛化了社会关系的表征形态，但具体的赋形机制却非"空间辩证法"或

---

① 《马克思恩格斯文集》第 8 卷，人民出版社 2009 年版，第 34 页。

② 张一兵：《马克思哲学的历史原像》，人民出版社 2019 年版，第 278 页。

③ 张一兵：《回到马克思：经济学语境中的哲学话语》（第三版），江苏人民出版社 2014 年版，第 565 页。

④ ［美］哈维：《正义、自然和差异地理学》，胡大平译，上海人民出版社 2010 年版，第 72 页。

⑤ ［美］哈维：《正义、自然和差异地理学》，胡大平译，上海人民出版社 2010 年版，第 72 页。

⑥ 《马克思恩格斯文集》第 5 卷，人民出版社 2009 年版，第 429 页。

“偶然相遇”可蔽之，但如果将“过程”视作资本生产和流通意义上的“周期”概念，则有助于在政治经济学批判的辩证图式中把握上述问题，并在祛魅的空间意义上洞穿复杂地理尺度下的资本生产逻辑。

就哈维的解放政治学而言，全球、城市和生态构成了核心论域。在他看来，新自由主义主导的全球化既是资本凭借其全球权力关系实现剥夺性积累的过程，亦是资本矛盾跃升于全球地理学尺度的过程，具体来说，一方面，资本试图以全球性空间转嫁其生产危机，但物理形态的空间界限意味着资本的空间生产的不可持续性，何况无限度的地理扩张无法扬弃作为危机根源的私有化和社会分工；所以在另一方面，哈维呼吁抵抗者们不仅应当关注微观层面的城市或身体的抗争，同时也应当在宏观的全球层面争取空间的取用和支配权利。因为随着资本的金融化，资本涌流、财富转移以及商品交换等已经摆脱了地方的限制，而全球性的积累活动必然导致财富占有的极化，只有充分把握宏观和微观二重尺度的空间斗争，方可为不同地理学尺度的抵抗力量建构整合的平台，从而使区域化的阶级斗争泛化为全球性的联合，形塑公正合理的全球空间秩序。对于城市空间而言亦是如此，哈维一向视其为“一种政治、社会与物质组织形式——如同身体政治——是未来好社会的基础”[①]，但资本的城市化难以落实栖居的要旨，而是生产出诸多服务于资本积累的时空节点，城市的形成、扩容、改造甚至消亡依据的不是日常生活的伦理诉求，而是资本积累的策略使然，哈维也据此将城市视为“创造、榨取和集中剩余产品的装置”[②]。

哈维还将人与自然关系的生态维度纳入了空间正义的考察。在哈维看来，作为社会关系表征的空间包含着社会和环境的二重维度，而资本的全球化造成了比以往任何时期都要严重的生态问题，立足于不同生态价值观的行动者们怀着惴惴不安的心情要么耽于行动中的乌托邦困境，要么陷入了独裁主义的精英政治，忽视了日益嵌入生活系统的“越轨行为”。因此，哈维反对流于价值观层面的抽象说教，而是寄希望于在“生命之网”中建立“辩证的时空乌托邦”，前者“假定一个辩证法能够公开而直接地阐明时空动态，还能够描述把我们如此紧密地束缚在当代社会—生态生活这个精致罗网中的多重交叉物质过程”[③]。由于破除了资本单一化的空间生产模

---

① Harvey, *Paris, the Capital of Modernity*, New York: Routledge, 2003, p. 64.

② David Harvey, *Social Justice and the City*, Johns Hopkins University Press, 1973, p. 237.

③ ［美］哈维：《希望的空间》，胡大平译，南京大学出版社2006年版，第195页。

式，时空乌托邦能够容纳“自然”“环境”和“他者”等要素，将以往作为问题两面的“社会”与“环境”辩证统一于空间生产的过程中，即能够将散落的“战斗的特殊主义”通过制度化的空间秩序泛化为反对资本主义的普遍斗争，用哈维的话说，“全部有关环境的提议都必然是社会变迁的提议，针对他们的行动总是需要用某种评价体制的‘自然’来做具体的例证”①。可以说，作为替代性方案的时空乌托邦体现了生态社会主义理想，它一方面表明确立社会主义制度意味着人和自然的关系已经从资本普遍的异化状态中剥离出来，另一方面也向我们展示了“历史—地理”唯物主义的生态敏感性及其对于揭示资本空间悖论的关键意义。

三 索亚：空间正义语境中的边缘叙事与激进退守

“五月风暴”前后，资本生产技术范式的持续变迁引发了左翼政治的普遍转型，拉克劳和墨菲的后马克思主义粉墨登场。该思潮遵循后结构主义的阐释逻辑，强调任何包含元理论意味的宏观诉求已经“失效”，唯有在缝合各色边缘主体的基础上引申话语政治，方可落实解放的现实可能。后马克思主义对于生产方式、阶级主体和解放政治的解构，契合了西方民粹主义抬头、阶级政治衰落和左派分化的社会现实，但“解构”自身的不稳定性似乎同时写照了思潮的命运起伏：鼓吹如德里达者趋之若骛，批判如哈贝马斯者笔耕不辍，交锋与诘难的共时态盘桓在催生了日趋零散的叙事倾向的同时，亦形成了广泛的理论效应。洛杉矶学派理论家爱德华·索亚空间性地讨论了上述问题，形成了具有后现代特色的地理学和景观学批判。

索亚在《后现代地理学》和《第三空间》等文本中试图揭示“后大都市”时代的资本空间策略。据此，他系统梳理了“空间转向”以来的西方马克思主义理论家所关注的城市区域和全球化研究，强调只有在完成空间本体论转换的基础上，通过马克思主义与空间的激进“链接”，方能走出“马克思主义在时下的危机”②。具体来说，索亚综合吸收了存在主义、结构主义马克思主义和列斐伏尔思想中蕴含的后现代思想酵素，形成了包含社会、历史和空间在内的三元辩证法：他一方面批评传统的“物质资

---

① ［美］哈维：《正义、自然和差异地理学》，胡大平译，上海人民出版社 2011 年版，第 136 页。

② ［美］苏贾：《后现代地理学》，王文斌译，商务印书馆 2004 年版，第 62 页。

料”生产无法对“隐藏于资本主义的地理不平衡发展背后的各种更一般的更多层的过程进行概念化并在经验上加以检视”①。另一方面试图通过文学、女权、种族和生态等关键词的诉诸，开启“第三空间”的辩证认识论想象。这里，索亚致敬了他的老师列斐伏尔，认为空间构成了资本复制生产关系主要手段，“各种地理景观永无休止的形成和革新”② 不仅恰当表征了流动化和碎片化的资本样态，也体现了资本追求超额利润和剩余价值的空间后果；索亚进一步将资本主义视为“地方化了的历史地理学”③，强调要在为空间之存在论、认识论和价值论意义确权的同时，凸显以反抗空间霸权为旨趣的地理学政治的重要性。

索亚将激进的空间反抗落脚于不同地理尺度中的正义实践，认为它既有助于激发历史唯物主义的空间敏感性，也可以缓解阶级政治日趋“无力”的现实感，从而为获取“后大都市”时代的城市权利提供话语基础。在索亚看来，就当前的资本主义国家而言，自由和解放理念已经不可避免地沾染了保守主义色彩，所谓空间正义也因为区域或空间概念的模糊而略显抽象；因此，正义不能仅仅充当理想状态的价值表征，更应当作为集结抵抗力量的前提或依托，为占据各色地形的空间主体能够整合为区域化的行动者联盟，为不同空间中的民主权利和空间正义而共同斗争。从思想史层面看，亚里士多德提出了原初意义上的正义观，它以善的品质和德性而出场，关乎的是共同体的整体秩序，但亚氏认为共同体内部的成员是有等级区分的，所谓正义不是要消除既有的社会差异，而是要在各得其所、各司其职的意义上实现分配正义。可见，自亚氏以降直至现当代的正义理念基本延续了上述理路，索亚则在看重空间分配正义的同时，也强调对空间生产过程的关注，因为后者不仅指向了空间失范的现实根源，也预示了一种反抗空间霸权的努力。正如哈维的过程辩证法揭示的那样，索亚试图在地理学景观的拆毁与重建的过程中找寻消除霸权的可能性，但与哈维主张将空间正义回溯至社会关系领域不同，索亚更为青睐空间本身的辨识与建构，这种方法论层面的固执与坚守恰当体现了他的本体论冲动，用他自己的话说，“目的在于改变人类生活的空间性，它是一种独特的批判性空间

---

① ［美］苏贾：《后现代地理学》，王文斌译，商务印书馆 2004 年版，第 173 页。
② ［美］苏贾：《后现代地理学》，王文斌译，商务印书馆 2004 年版，第 241 页。
③ ［美］苏贾：《后现代地理学》，王文斌译，商务印书馆 2004 年版，第 155 页。

意识"①。

应当指出的是，索亚眼中的空间正义和列斐伏尔主张的空间正义有明显不同，如果说后者是以"差异"为核心的解放政治，表征的解放蓝图依旧是试图赋予空间生产的真实主体以回归"主流"的权利（列氏称之为"空间权"或"接近空间的权利"），那么索亚虽然也将话语指向了失范的城市空间关系，但他对于前者的关注更多的是为了探讨如何通过激进的空间实践将对霸权的反抗话语嵌入到深层次的地理脉络，也就是在更宽泛的意义上对正义做出界定。其一，面对全球化、区域化和城市化持续勃兴的当下，索亚认为我们需要的不仅是列斐伏尔言说的"进入城市空间的权利"，更是后大都市时代的"进入城市区域的权利"，意味着城市并不构成对抗资本权力关系的空间界限，乡村等尚未城市化的地带也应纳入斗争的视野之中；其二，索亚眼中的城市权不仅仅是城市空间的秩序重建，也是对城市不正义形成过程和关系的批判。② 因此，需要团结的不仅仅是传统意义上的产业工人，还应包括那些身处边缘地带的被压迫群体和少数族裔，而空间正义恰恰构成了凝聚组织力和战斗力的能指符号。可见，如果列斐伏尔和哈维等学者眼中的空间正义来自社会生产方式的替代，那么索亚则迈向了微观政治学视域中的话语正义，其在本质上是一种协调多元主体联盟的集体行动逻辑，而非马克思意义上的基于物质资料生产的历史性道德规范。

---

① ［美］索亚：《第三空间》，陆扬译，上海教育出版社2005年版，第12页。

② 王志刚：《历史唯物主义与空间政治思想——以索亚为例》，《天津社会科学》2014年第4期。